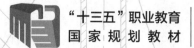

"十三五"职业教育 国家规划教材 | 职业教育机电类 系列教材

AutoCAD 2016
机械设计教程

第2版 | 附微课视频

陆玉兵 权秀敏 / 主编

马辉 刘先梅 杨晶 / 副主编

张晓东 / 主审

ELECTROMECHANICAL

人民邮电出版社

北京

图书在版编目（CIP）数据

AutoCAD 2016机械设计教程：附微课视频 / 陆玉兵，权秀敏主编. -- 2版. -- 北京：人民邮电出版社，2023.1

职业教育机电类系列教材

ISBN 978-7-115-59940-7

Ⅰ. ①A… Ⅱ. ①陆… ②权… Ⅲ. ①机械设计－计算机辅助设计－AutoCAD软件－高等职业教育－教材 Ⅳ. ①TH122

中国版本图书馆CIP数据核字(2022)第156484号

内 容 提 要

本书根据职业院校机械类和近机类专业"机械制图""机械零部件测绘""AutoCAD"等课程的性质和教学特点编写。在内容的选择上，本书以工作过程为导向，突出技能性和实用性，围绕培养学生职业能力和提升学生职业素质的目的来构建知识体系。

本书主要内容包括 14 个由简单到复杂的项目，每个项目都由项目导入、项目知识、项目实施、检测练习和提高练习 5 部分组成。本书还配有微课视频，供学生自学时参考。

本书突出职业教育的特点，实用性强，范例丰富多样，讲解通俗易懂，便于学生自学，适合作为职业院校机械类或近机类专业"AutoCAD"课程的教学用书，也可作为从事计算机绘图工作的有关技术人员的参考书。

◆ 主　　编　陆玉兵　权秀敏

　　副主编　马　辉　刘先梅　杨　晶

　　主　　审　张晓东

　　责任编辑　刘晓东

　　责任印制　王　郁　焦志炜

◆ 人民邮电出版社出版发行　　北京市丰台区成寿寺路 11 号

　　邮编　100164　电子邮件　315@ptpress.com.cn

　　网址　https://www.ptpress.com.cn

　　涿州市京南印刷厂印刷

◆ 开本：787×1092　1/16

　　印张：18.25　　　　　　　　　　2023 年 1 月第 2 版

　　字数：457 千字　　　　　　　　2025 年 8 月河北第 8 次印刷

定价：59.80 元

读者服务热线：(010)81055256　印装质量热线：(010)81055316

反盗版热线：(010)81055315

前 言

习近平总书记在党的二十大报告中强调，各级党委和政府要高度重视技能人才工作，大力弘扬劳模精神、劳动精神、工匠精神，激励更多劳动者特别是青年一代走技能成才、技能报国之路，培养更多高技能人才和大国工匠，为全面建设社会主义现代化国家提供有力人才保障。在我国，AutoCAD 已经广泛应用于机械、建筑、测绘及装潢等行业，成为工程技术人员必须掌握的设计绘图工具之一。本书以全面贯彻党的二十大精神为指导思想，以社会主义核心价值观为引领，传承中华优秀传统文化，坚定文化自信，使内容更好体现时代性、把握规律性、富于创造性，以职教 20 条"提出的"建设一大批校企'双元'合作开发的国家规划教材""配套开发信息化资源""岗课赛证"综合育人和相应专业"1+X"证书的要求为目标，详细介绍 AutoCAD 的操作方法、绘图方法和绘图技巧。

本书以 AutoCAD 2016 为平台，以工作过程为导向，采用项目教学的方式组织内容，详细讲解 14 个由简单到复杂的项目的实施过程。各项目符合相关专业建设标准，以识图和绘图基本技能的培养贯穿始终，结合职业资格证书（制图员）、全国大学生先进成图技术与产品信息建模创新大赛等学生技能竞赛的规程要求，着重培养学生绘制工程图样的能力。各项目中的"提高练习"主要围绕项目任务中需要掌握的重点绘图知识和技巧，设计相对复杂的图例供学有余力的学生练习，以进一步加强其学习效果。

本书为新形态立体化教材，提供丰富的教学资源，相关教学资源可在人邮教育社区（www.ryjiaoyu.com）中下载使用，教师（学生）也可直接登录精品在线开放课程平台（安徽省网络课程学习中心平台）进行混合式教学（学习）。

本书的参考学时为 58～62 学时，建议采用理论实践一体化的教学模式，各项目的参考学时见下面的学时分配表。

学时分配表

序号	项目名称	学时	备注
绪论		1	
项目一	线段要素构成的平面图形的绘制	3	
项目二	圆要素构成的平面图形的绘制	4	
项目三	多要素构成的平面图形的绘制	4	
项目四	均布及对称结构图形的绘制	4	
项目五	机座三视图的绘制	4	
项目六	剖视图形的绘制	4	
项目七	标准件和常用件的绘制	4	
项目八	轴类零件图的绘制	4	◆

续表

序号	项目名称	学时	备注
项目九	齿轮零件图的绘制	4	◆
项目十	减速器机座零件图的绘制	4	
项目十一	减速器装配图的绘制	4	◆▲
项目十二	简单组合体三维建模	4	
项目十三	复杂组合体三维建模	4	
项目十四	减速器机座零件三维建模	6～10	◆▲
合计		58～62	

说明：备注"▲"的为近机类专业选学项目，备注"◆"的为电类专业选学项目。

本书由陆玉兵、权秀敏任主编，马辉、刘先梅、杨晶任副主编。权秀敏编写了绪论、项目一和项目二，马辉编写了项目三～项目五，刘先梅编写了项目六～项目八，杨晶编写了项目九和项目十，陆玉兵编写了项目十一～项目十四、附录 A、附录 B 及参考文献。全书由陆玉兵统稿，由皖西学院机械与车辆工程学院张晓东教授主审。

本书在修订过程中，听取并采用了企业工程技术人员的建议和意见，得到六安钢铁控股集团有限公司等企业的大力支持，部分项目内容来自企业提供的真实项目，体现了"做中学，做中教"等职业教育理念，保证了本书的职教特色。

由于编者水平有限，书中不足之处恳请读者批评指正。

编　者
2023 年 5 月

目　录

绪 论

一、AutoCAD 概述

AutoCAD 是美国 Autodesk 公司开发的通用计算机辅助设计软件，从 1982 年开发出第一个版本以来，现已经发布了 30 多个版本。早期的版本仅支持二维绘图的简单工具，绘制图形的速度较慢。因为 AutoCAD 具有强大的辅助绘图功能，所以它已成为工程设计领域应用最广泛的计算机辅助设计和绘图软件之一。

计算机辅助设计（Computer Aided Design，CAD）是工程技术人员在 CAD 系统的辅助下，根据产品的设计程序进行设计的一项新技术，CAD 系统的运行和工作思路的提供离不开系统使用者的创造性思维活动，因此计算机辅助设计是人的创造力与计算机系统的巧妙结合。工程技术人员通过人机交互的方式进行产品设计的构思与论证、零部件的设计和有关零件的输出，以及技术文档和有关技术报告的编制。因此，使用计算机绘图系统的工程技术人员也属于系统组成的一部分。将软件、硬件和人合在一起，是进行计算机辅助设计的前提。将软件、硬件和人有效地融为一体的系统，才是真正的计算机绘图系统。

计算机绘图是基于计算机图形学理论及其技术发展起来的新型学科。将数字化的图形信息通过计算机存储、处理后，再通过输出设备将图形显示和打印出来，这个过程被称为计算机绘图。而计算机图形学则是研究计算机绘图领域中各种理论与解决实际问题的学科。

CAD 作为信息技术的重要组成部分，将计算机快速的运算能力、海量数据的存储、处理和挖掘能力与人的综合分析和创造性思维能力结合起来，对加速工程和产品开发、缩短产品制造周期、提高产品质量、降低生产成本、增强企业市场竞争力与创新能力具有重要作用。用于实现辅助设计的 AutoCAD，能够快速进行二维图形的绘制、三维模型的创建、尺寸标注、图形渲染和图纸输出，易于掌握，方便使用，其体系结构开放，彻底改变了传统的手工绘图模式，将工程技术人员从繁重的手工绘图中解放出来，极大地提高了设计效率和绘图质量。

由于 AutoCAD 具有设计效果专业、操作方便、功能强大、便于及时调整效果等优点，所以被广泛应用于机械、建筑、电子、航天、造船、石油化工、土木工程、冶金、地质、气象、纺轻、商业、印刷等领域，已成为广大工程技术人员的必备工具之一。

AutoCAD 2016 在原有版本的基础上对界面和功能进行了很大的改动，添加了许多新功能，使 2D 和 3D 设计、文档编制与协同工作流程更加方便、快捷。AutoCAD 2016 的性能和功能方面相比之前的版本都有所增强，其操作界面与 Office 2016 的界面相似，具有绘图界面简洁、形象生动和处理快速的优点，同时与低版本完全兼容。

二、AutoCAD 的基本功能

AutoCAD 经过多次更新，其设计功能逐渐完善，有利于用户快速实现设计效果。AutoCAD 的基本功能如下。

1. 创建与编辑图形

AutoCAD 包含二维和三维绘图工具，使用这些工具可以绘制线段、矩形、多边形和圆等基本的二维图形，也可将绘制的线框图形转换成面域，从而创建三维模型，还可使用编辑工具创建各种类型的 CAD 图形，如图 0.1 所示。

对于一些二维图形，通过拉伸、设置高度和厚度等操作，可将其轻松地转换为三维模型。使用基本实体或曲面功能，可以快速创建圆柱体、球体、长方体等基本实体，使用编辑工具可以快速创建出各种各样的三维模型，如图 0.2 所示。

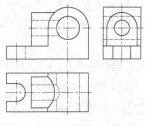
图 0.1　组合体的三视图

图 0.2　机件的三维模型

为了方便地观察图形的结构和特征，可切换到轴测模式绘制轴测图，用二维绘图技术模拟三维对象，如图 0.3 所示。

2. 创建图形标注

AutoCAD 包含尺寸标注工具和尺寸编辑工具，可使用这些工具创建各种类型的标注，如图 0.4 所示。

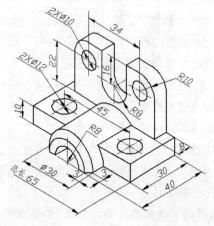
图 0.3　组合体的正等轴测图

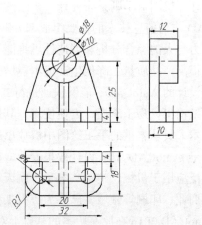
图 0.4　三视图

3. 渲染和观察三维模型

在 AutoCAD 中，可应用雾化、光源和材质功能将模型渲染为具有真实感的图像。如果需要演示模型的真实效果，则可以渲染全部对象；如果时间有限或显示设备和图形设备不能提供足够的灰度级别和颜色，则不必进行精确渲染；如果需要快速查看设计的整体效果，可进行简单消隐或设置视觉样式操作。

如果需要查看三维模型各方位的显示效果，可在三维操作环境中使用动态观察器观察模型，也可设置漫游和飞行方式来观察模型，还可录制运动动画和使用观察相机，更方便地观察模型结构。

4. 输出和打印图形

AutoCAD 允许将所绘图形以不同方式通过绘图仪或打印机输出，可将不同格式的图形导入 AutoCAD，或将 AutoCAD 图形输出为所需的文件格式，以方便在其他应用程序中使用。

5. 图形显示功能

AutoCAD 可以任意调整图形的显示比例，以便观察全部图形或局部图形，并可使图形上、下、左、右移动。AutoCAD 提供了 6 个标准视图（6 种视角）和 4 个轴测图，可利用视点工具设置任意视角，还可利用三维动态观察器设置任意的视觉效果。

6. 二次开发功能

在 AutoCAD 中，用户可根据需要自定义各种菜单或与图形有关的一些属性。AutoCAD 提供了内部的 Visual Lisp 编辑开发环境，用户可使用 Lisp 语言定义新命令，也可以开发新的语言。

项目一
线段要素构成的平面图形的绘制

【能力目标】

- 能够启动 AutoCAD 2016，熟悉 AutoCAD 2016 的工作空间界面，能够新建、打开、保存文件，能够运用 AutoCAD 2016 的"极轴追踪""对象捕捉"等基本辅助绘图工具。
- 能够设置 AutoCAD 2016 的图形界限与单位等。
- 能够设置、管理图层。
- 能够应用"直线"命令绘制简单的平面图形。

【知识目标】

- 掌握 AutoCAD 2016 的启动、新建文件、打开文件、退出及保存文件的操作。
- 熟悉 AutoCAD 2016 的工作空间界面。
- 掌握图层的设置及管理方法。
- 掌握绝对直角坐标、相对直角坐标、绝对极坐标和相对极坐标的输入方法。
- 掌握"极轴追踪""对象捕捉"等辅助绘图工具的使用方法。
- 掌握"直线"命令的使用方法和使用技巧。

一、项目引入

按 1∶1 的比例绘制图 1.1 所示的平面图形。要求：选择合适的线型，不标注尺寸，不绘制图框与标题栏。

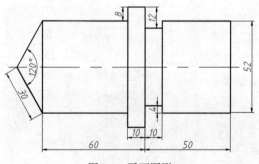

图 1.1　平面图形

二、项目知识

（一）AutoCAD 2016 的启动

启动 AutoCAD 2016 有以下 3 种常用方法。

（1）双击计算机桌面上的 AutoCAD 2016 快捷方式图标 ▨ 。

（2）单击 Windows 任务栏中的"开始"按钮，在打开的菜单中选择"Autodesk"｜"AutoCAD 2016 Simplified Chinese"｜"AutoCAD 2016"命令。

（3）双击已经存盘的任意一个 AutoCAD 图形文件（扩展名为.dwg 的文件）。

（二）AutoCAD 2016 的工作空间界面

中文版 AutoCAD 2016 主要提供"草图与注释""三维基础""三维建模"3 种工作空间界面，可供用户分别进行二维图形的绘制与编辑、三维模型的创建与编辑。

1．"草图与注释"工作空间界面

"草图与注释"工作空间界面是 AutoCAD 2016 启动后的默认工作空间界面，如图 1.2 所示。在该工作空间界面的"默认"选项卡中，可以使用"绘图""修改""注释""图层""块""特性""组""实用工具""剪贴板""视图"等功能区中的按钮方便地绘制和标注二维图形。

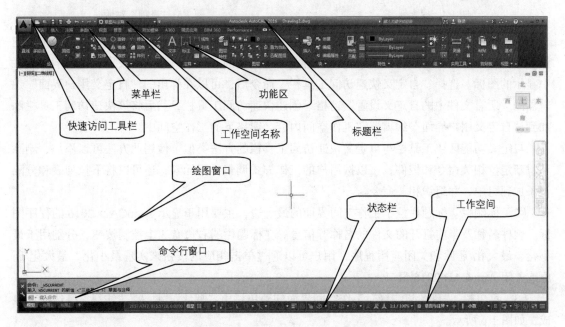

图 1.2 "草图与注释"工作空间界面

（1）快速访问工具栏。快速访问工具栏位于 AutoCAD 2016 工作空间界面的左上角，用于显示"新建""打开"等经常使用的命令的图标，如图 1.3 所示。如果要放弃或重做的不是最新的修改，可单击"放弃"按钮和"重做"按钮。使用快速访问工具栏也可以直接访问定义的命令集。

图 1.3　快速访问工具栏

快速访问工具栏的主要作用如下：显示常用的文件操作命令及其子菜单，方便用户查看或访问最近打开的文件；用户可单击"菜单浏览器"按钮 ，在弹出下拉菜单上方的"搜索命令"文本框中输入条件进行搜索，并可直接双击搜索结果中列出的项目以访问关联的内容，如图 1.4 所示。单击列表下方的"选项"按钮 ，系统将弹出"选项"对话框，如图 1.5 所示。在此对话框中，用户可以设置 AutoCAD 2016 的背景颜色、文件密码等系统参数。

图 1.4　搜索列表

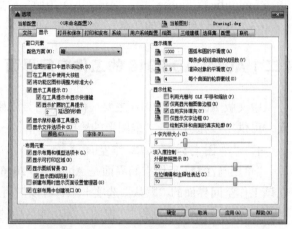

图 1.5　"选项"对话框

快速访问工具栏中的命令不随当前工作空间的改变而改变。用户可以用鼠标右键单击快速访问工具栏，在弹出的快捷菜单中选择"自定义快速访问工具栏"命令，设置快速访问工具栏中显示的图标。选择"自定义快速访问工具栏"命令后，可以在弹出的"自定义用户界面"编辑器的"所有文件中的自定义设置"窗格下创建快速访问工具栏，然后将该快速访问工具栏添加到"自定义用户界面"编辑器"工作空间内容"窗格下的工作空间中。

自定义功能区或工具栏与自定义快速访问工具栏的方法类似。使用此方法可以添加、删除和重新定位相关命令和控件；可以按用户的工作方式调整界面元素；还可以将下拉列表和分隔符添加到组中，并组织相关命令。

（2）标题栏。标题栏位于工作空间界面的最上边，主要用于显示 AutoCAD 2016 的程序图标、软件名称及当前打开的文件的名称等信息。在标题栏的右边有 3 个控制按钮，分别用于最小化、最大化/还原和关闭应用程序，用户可以通过单击相应的按钮来实现最小化、最大化/还原或关闭 AutoCAD 2016 窗口。

（3）菜单栏。"草图与注释"工作空间界面的菜单栏由"默认""插入""注释"等选项卡组成，如图 1.6 所示。

图 1.6　"草图与注释"工作空间界面的菜单栏

每个选项卡对应不同的功能区，功能区几乎包含了工作空间界面中所有的功能按钮。单击某个选项卡，功能区中会显示相应的功能按钮，如单击"视图"选项卡的结果如图1.7所示。

图1.7 "视图"选项卡

（4）功能区。功能区由许多按钮组成，将鼠标指针悬停在相应按钮上，可以显示对应的提示，单击这些按钮可执行相应的命令。功能区包含了创建或修改图形所需的所有工具。可以将这些工具水平固定在绘图窗口的顶部（默认），也可以将其垂直固定在绘图窗口的左边或右边，还可以使其浮动在绘图窗口或第二个监视器中。功能区中部分面板右下方有一个"对话框启动器"按钮■。

（5）绘图窗口。绘图窗口是用户绘制图形的主要区域，所有的绘图结果都反映在这个窗口中。用户可以根据需要隐藏或关闭绘图窗口周围的选项板和工具栏来扩大绘图区域。AutoCAD 2016的高级用户还可以单击工作空间界面右下角的"全屏显示"按钮■（也可以按Ctrl+O组合键）在"非全屏显示"和"全屏显示"之间切换。在全屏显示模式下，AutoCAD 2016的工作空间界面只显示菜单栏、绘图窗口、命令行窗口和状态栏，如图1.8所示。

图1.8 全屏显示界面

绘图窗口中有一个类似光标的"十"字线，称为"十"字光标，其交点反映了光标在当前坐标系中的位置，"十"字光标线段的方向分别与当前用户坐标系的X轴、Y轴方向平行。绘图窗口的左下角显示了当前使用的坐标系类型及X轴、Y轴的方向和坐标原点。默认情况下，坐标系为世界坐标系（WCS）。在绘图窗口的下方还有"模型"和"布局"选项卡，单击相应的选项卡可以在模型空间和布局空间之间切换。

（6）命令行窗口。在默认情况下，命令行窗口位于绘图窗口的下方，用于输入命令和显示命令提示，如图1.9所示。用户可以根据需要拖动命令行窗口的边框来改变命令行窗口的大小，使其显示更多的信息。另外，用户还可以拖动命令行窗口的标题栏，使其处于浮动状态。

图 1.9　命令行窗口

 初学者可利用命令行窗口的"显示命令提示"功能来熟悉命令的执行过程，这有利于提高绘图速度。

（7）状态栏。状态栏在工作空间界面的底部，状态栏的左侧显示的是绘图窗口中"十"字光标定位点的 X 轴、Y 轴坐标，在右侧依次是"模型或图纸空间""显示图形栅格""捕捉模式""推断约束""动态输入""正交限制光标""按指定角度限制光标（极轴追踪）""等轴测草图""显示捕捉参照线（对象捕捉追踪）""将光标捕捉到二维参照点（对象捕捉）""显示/隐藏线宽"等按钮，如图 1.10 所示。用户将鼠标指针悬停在相应按钮上，系统将显示按钮名称，这样有利于用户熟悉各按钮的名称。

2074.8470, 992.6275, 0.0000　模型　　　　　　　　　　　　　　　　　　　　　　　　　　1:1 / 100%

图 1.10　状态栏

默认情况下，状态栏中不会显示所有的工具，用户可以通过单击状态栏最右侧的按钮，选择"自定义"命令，自定义状态栏中显示的工具。状态栏中显示的工具可能会发生变化，具体取决于当前的工作空间及当前显示的是"模型"选项卡还是"布局"选项卡。

（8）工作空间名称。可将当前工作空间切换为"三维基础""三维建模"等带有相应工具栏、选项卡和功能区的其他工作空间。用户如需切换工作空间，可单击 草图与注释 下拉按钮，此时系统将弹出下拉列表，用户可以通过它切换至需要的工作空间或组织，也可以自定义工作空间。

2. "三维基础"工作空间界面

"三维基础"工作空间界面主要用于绘制简单的三维模型，"三维基础"工作空间界面的功能区中集合了最常用的三维建模和二维绘图命令，如图 1.11 所示。该界面较"三维建模"工作空间界面更简单，按钮较少，但大多数按钮另设有下拉列表供用户使用。

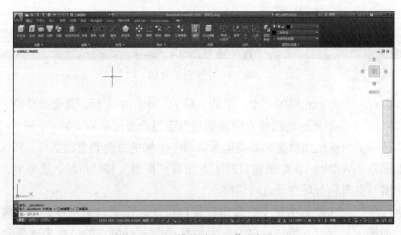

图 1.11　"三维基础"工作空间界面

3. "三维建模"工作空间界面

使用"三维建模"工作空间界面，可以更加方便地在三维空间中绘制图形。"三维建模"工作空间界面的功能区中集成了"建模""网格""实体编辑""绘图""修改""截图""坐标""视图"等面板，包含了常用的二维图形的绘制与编辑命令，为绘制三维图形、观察图形、创建动画、设置光源、为三维对象添加材质等操作提供了便利，如图 1.12 所示。

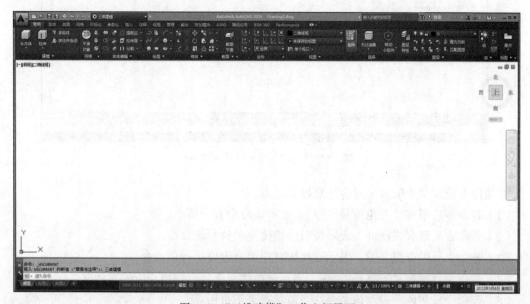

图 1.12　"三维建模"工作空间界面

习惯使用传统菜单栏或对图标按钮不熟悉的用户，可以单击"工作空间"下拉列表框右边的按钮，在弹出的下拉列表中选择"显示菜单栏"命令。执行此操作后，下拉列表中的"显示菜单栏"命令将变为"隐藏菜单栏"命令，如图 1.13 所示。若需关闭传统菜单栏，可单击按钮，在弹出的下拉列表中选择"隐藏菜单栏"命令。

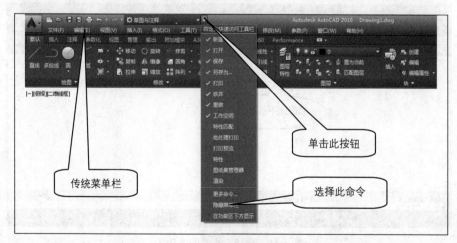

图 1.13　传统菜单栏调用方法

传统菜单栏中几乎包含了 AutoCAD 2016 中的所有功能和命令。单击某个菜单，会弹出相应的下拉菜单，其中显示了对应的命令，部分命令还包含子菜单，如图 1.14 所示。

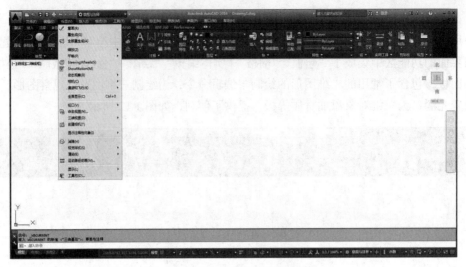

图 1.14　"视图"菜单及其下拉菜单

在使用下拉菜单中的命令时应注意以下几点。

（1）若命令后跟有"三角符号" ▶ ，表示该命令有子菜单。

（2）若命令后跟有快捷键，表示按对应快捷键可执行该命令。

（3）若命令后跟有组合键，表示直接按对应组合键可执行该命令。

（4）若命令后跟有"省略号" ，表示选择该命令后会弹出相应的对话框。

（5）若命令呈灰色，表示该命令在当前状态下不可用。

4. 选择工作空间

如果在绘图时要在 3 种工作空间之间切换，可使用以下两种方法。

（1）单击"工作空间"下拉列表框右边的下拉按钮 ，在弹出的下拉列表中选择需要的工作空间，如图 1.15 所示。

图 1.15　选择工作空间方法 1

（2）在状态栏中单击"切换工作空间"下拉按钮 ，在弹出的下拉列表中选择需要的工作空间，如图 1.16 所示。

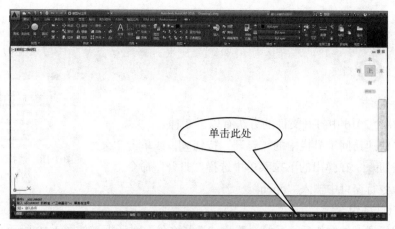

图 1.16　选择工作空间方法 2

（三）文件的基本操作

在 AutoCAD 2016 中，文件的基本操作主要包括新建文件、打开文件、保存文件和加密文件等。

1. 新建文件

在 AutoCAD 2016 中新建文件的方法有以下 3 种。

（1）单击快速访问工具栏中的"新建"按钮，或单击"菜单浏览器"按钮，在弹出的下拉菜单中选择"新建"命令。

（2）在命令行窗口中输入"new"或"qnew"。

（3）按 Ctrl+N 组合键。

执行上方任意一种操作后，系统会弹出"选择样板"对话框，如图 1.17 所示。在该对话框中选择需要的样板文件，右侧的"预览"框中将显示文件的预览效果，单击"打开"按钮即可按所选样板创建新的文件。

图 1.17　"选择样板"对话框

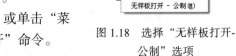

图 1.18　选择"无样板打开-
公制"选项

> **提示**　如果不使用样板文件，可单击"打开"按钮右边的下拉按钮▾，在弹出的下拉列表中选择"无样板打开-公制"命令，创建一个没有任何设置的新文件，如图 1.18 所示。

2. 打开文件

在 AutoCAD 2016 中打开文件的方法有以下 3 种。

（1）单击快速访问工具栏中的"打开"按钮，或单击"菜单浏览器"按钮，在弹出的下拉菜单中选择"打开"命令。

（2）在命令行窗口中输入"open"。

（3）按 Ctrl+O 组合键。

执行上方任意一种操作后，系统会弹出"选择文件"对话框，如图 1.19 所示。在该对话框的文件列表框中选择要打开的文件，右侧的"预览"框中将显示文件的预览效果，单击"打开"按钮即可打开所选的文件。

> **说明**　打开已存在的文件，需要明确要打开文件的准确路径。在打开图形文件时，可单击"打开"按钮右边的下拉按钮▾，在弹出的下拉列表中选择合适的打开方式。系统提供了"打开""以只读方式打开""局部打开""以只读方式局部打开"4 种打开文件的方式，如图 1.20 所示。如果以"打开"或"局部打开"方式打开图形文件，用户可以编辑图形文件；如果以"以只读方式打开"或"以只读方式局部打开"方式打开图形文件，用户不能编辑打开的图形文件。

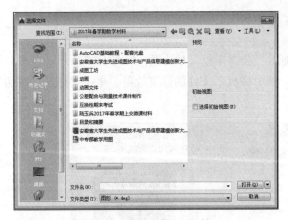

图 1.19　"选择文件"对话框

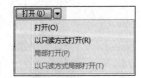

图 1.20　打开图形文件的方式

3. 保存文件

在 AutoCAD 2016 中保存文件的方法有以下 4 种。

（1）单击快速访问工具栏中的"保存"按钮，或单击"菜单浏览器"按钮，在弹出的下拉菜单中选择"保存"命令。

（2）单击快速访问工具栏中的"另存为"按钮，或单击"菜单浏览器"按钮，在弹出的下拉菜单中选择"另存为"命令。

（3）在命令行窗口中输入"qsave"或"saveas"。

（4）按 Ctrl+S 组合键。

第一次保存文件时，系统会弹出"图形另存为"对话框，如图 1.21 所示。如果用户没有为文件命名，则系统会为文件指定一个默认的名称，用户也可以在"文件名"文本框中为文件指定名称。系统默认的文件保存类型为".dwg"，用户也可以在"文件类型"下拉列表中选择其他文件类型，然后单击"保存"按钮。如果不是第一次保存文件，那么执行上述操作后就可以直接保存图形文件。

> 文件名应以能具体表达图形对象内容的文字为宜，以方便管理文件。

4. 加密文件

为加强文件的安全性，用户在保存文件时可以为文件添加"数字签名"。"数字签名"是指添加到某些文件的加密信息块，用于标识创建者并在应用"数字签名"后指示文件是否被更改。带有"数字签名"的文件可以向接收者提供关于创建者的可靠信息，也可以向创建者提供关于对文件进行"数字签名"后该文件是否被修改的可靠信息等。将"数字签名"附着到单个文件的操作方式有以下两种。

（1）单击"菜单浏览器"按钮，在弹出的下拉菜单中单击"选项"按钮，在弹出的"选项"对话框的"打开和保存"选项卡中，单击"数字签名"按钮，弹出"数字签名"对话框，如图 1.22 所示，勾选"保存图形后附着数字签名"复选框。

图 1.21　"图形另存为"对话框　　　　　　图 1.22　"数字签名"对话框

（2）单击"菜单浏览器"按钮，在弹出的下拉菜单中选择"另存为"命令或单击快速访问工具栏中的"另存为"按钮，在弹出的"图形另存为"对话框中依次单击"工具"按钮和"数字签名"按钮，在弹出的"数字签名"对话框中，勾选"保存图形后附着数字签名"复选框。

若要将"数字签名"附着到文件，就必须具有相关证书颁发机构颁发的数字证书，或者使用应用程序创建自签名证书。如果用户正在处理协作性项目，或者收到了可执行文件，那么检查文件的数字签名操作非常重要。为图形文件添加数字签名后，"数字签名"图标将显示在状态栏中。

签名所有文件后，将显示"签名完成"消息，包括已签名的文件数目。单击"数字签名"对话框中的"确定"按钮后，在"要签名的文件"列表的"状态"列中，已成功签名的文件将显示"已签名"。

说明　如果获取数字签名时选择了"中"或"高"安全级别，则每次尝试将数字签名附着到文件时，系统都会显示一条提示消息。

（四）图层的设置

在 AutoCAD 2016 中，用户可以在图层特性管理器中设置图层，打开它的方法有以下两种。

微课：图层的设置

（1）在"默认"选项卡功能区的"图层"面板中，单击"图层特性"按钮 。

（2）在命令行窗口中输入"layer"。

执行以上任意一种操作即可打开图层特性管理器，如图 1.23 所示，用户可以在此对图层进行各种操作。

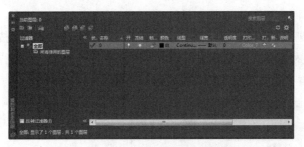

图 1.23　图层特性管理器

① 创建图层。在图层特性管理器中单击"新建图层"按钮 ，可新建一个图层，图层名将被添加到"图层"列表中，且新图层将继承当前所选图层的特性（滚动条所在的图层），用户可在亮显的图层名上输入新图层名。图层名不能包含<、>、/、\、"、：、、；、？、*、|、=、'等字符，图层名最多可以包含 255 个字符，并且可以包含字母、数字、空格和几个特殊字符。

对于具有多个图层的复杂图形，可以在"说明"列中输入相应的说明性文字加以区分。在图层的相应位置单击，可以指定新的图层设置和特性。

AutoCAD 2016 默认提供一个图层，图层名为"0"，颜色为黑色，线型为实线，线宽为默认值。

② 重命名图层。在图层特性管理器中，选择一个图层，单击图层名或按 F2 键，输入新的名称即可重命名该图层。

③ 删除图层。在图层特性管理器中，选择一个图层，单击"删除图层"按钮 ，可以删除所选图层。但"0"图层、"Defpoints"图层、包含对象（包括块定义中的对象）的图层、当前图层、在外部参照中已被使用的图层不可被删除。

④ 设置为当前图层。在图层特性管理器中选择一个图层，单击上方的"置为当前"按钮 ，可将所选图层设置为当前图层。

⑤ 设置线型。图层的线型是指在该图层上绘制图形对象时采用的线型，每个图层都有对应的线型。单击图层特性管理器"线型"列中的线型名称，弹出"选择线型"对话框，如图 1.24 所示，在该对话框中选择需要的线型。如果"选择线型"对话框中没有需要的线型，可以单击

"加载"按钮，在弹出的"加载或重载线型"对话框中选择合适的线型，如图 1.25 所示。

图 1.24 "选择线型"对话框

图 1.25 "加载或重载线型"对话框

⑥ 设置颜色。图层的颜色是指在该图层上绘制图形对象时采用的颜色，每一个图层都有对应的颜色。单击图层特性管理器中"颜色"列下的色块，弹出"选择颜色"对话框，如图 1.26 所示。该对话框中有 3 个选项卡，分别为"索引颜色""真彩色""配色系统"，这是系统提供的 3 种配色方法，用户可以根据不同的需要使用不同的配色方案为图层设置颜色。

⑦ 设置线宽。图层的线宽是指在该图层上绘制图形对象时采用的线的宽度，每一个图层都有对应的线宽。单击图层特性管理器中"线宽"列下的"方形区域"，弹出"线宽"对话框，如图 1.27 所示。用户可以根据需要为图层设置线宽，设置好的图层将显示在"默认"选项卡功能区"图层"面板的"图层"列表中。

图 1.26 "选择颜色"对话框

图 1.27 "线宽"对话框

（五）"极轴追踪"和"对象捕捉"辅助绘图工具的使用

1. 极轴追踪

单击状态栏中的"按指定角度限制光标（极轴追踪）"按钮███（弹起为关闭，凹下为打开），启用"极轴追踪"辅助绘图工具，在绘图窗口中可以方便地绘制水平线段、竖直线段和任意角度的倾斜线段。

2. 对象捕捉

单击状态栏中的"将光标捕捉到二维参照点（对象捕捉）"按钮███（弹起为关闭，凹下为打开），启用"对象捕捉"辅助绘图工具，可以在绘图窗口中绘制几条相互连接或相交的线。

在 AutoCAD 2016 中，可在"将光标捕捉到二维参考点（对象捕捉）"按钮上单击鼠标右键，在弹出的快捷菜单中选择"对象捕捉设置"命令，在弹出的"草图设置"对话框中单击"对象捕捉"选项卡，如图 1.28 所示，在该选项卡中选择需要的对象捕捉模式，然后勾选"启用对象捕捉"复选框即可。

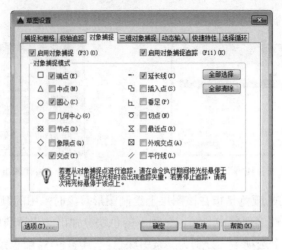

图 1.28　"对象捕捉"选项卡

　在 AutoCAD 2016 中，每一个图形对象上都有一些特殊的点，如端点、中点、交点、垂足和圆心等，如果只凭肉眼观察来拾取这些点，很难做到精确拾取。AutoCAD 2016 提供了一组对象捕捉工具，使用这些对象捕捉工具可以迅速、准确地捕捉到对象上的特殊点。

（六）绘图环境的设置

一般来讲，使用 AutoCAD 2016 的默认配置就可以绘制图形，但为了能够使用绘图仪、打印机等设备，或为了提高绘图效率，用户应对系统参数、绘图环境进行必要的设置。

1. 设置参数

如果用户需要设置系统环境，以方便绘图，可以在绘图窗口中单击鼠标右键，在弹出的快捷菜单中选择"选项"命令，从而在弹出的"选项"对话框中进行设置，如图 1.29 所示。

"选项"对话框中有 11 个选项卡，各选项卡的功能如下。

（1）"文件"选项卡：用于设置支持文件、驱动程序、临时文件的位置和临时外部参照文件的搜索路径。

（2）"显示"选项卡：用于设置窗口元素、布局元素、显示精度、显示性能及"十"字光标大小和淡入度控制。

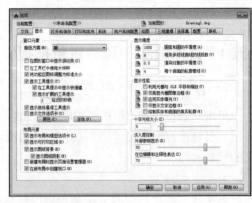

图 1.29　"选项"对话框

（3）"打开和保存"选项卡：用于设置 AutoCAD 2016 中有关文件的打开和保存选项。

（4）"打印和发布"选项卡：用于设置打印机和打印参数。

（5）"系统"选项卡：用于设置 AutoCAD 2016 的系统配置。

（6）"用户系统配置"选项卡：用于优化 AutoCAD 2016 的系统配置，使其在更好的状态下发挥作用。

（7）"绘图"选项卡：用于设置 AutoCAD 2016 的一些基本编辑选项，如自动捕捉与追踪等。

（8）"三维建模"选项卡：用于设置三维"十"字光标、UCS 图标、动态输入、三维对象显示和三维导航等系统属性。

（9）"选择集"选项卡：用于设置选择对象的方法，如靶框和夹点的大小及颜色等。

（10）"配置"选项卡：用于控制配置的使用，配置包含新建系统配置文件、重命名系统配置文件和删除系统配置文件。

（11）"联机"选项卡：用于设置使用 Autodesk A360 进行联机工作的选项，并提供对存储在云账户中的设计文档的访问。

2．设置图形单位

用户在绘图时，如果需要设置显示坐标、距离和角度的格式、精度等，可通过"图形单位"对话框实现，系统会自动将其中的设置应用到当前图形中。在 AutoCAD 2016 中，用户可以单击"菜单浏览器"按钮▲，在弹出的下拉菜单中单击"图形实用工具" | "单位"按钮 0.0 或在命令行窗口中输入"units"，打开"图形单位"对话框设置图形单位，如图 1.30 所示。

图 1.30 "图形单位"对话框

"图形单位"对话框中各选项的功能如下。

（1）"长度"选项组：设置绘图时的长度单位和精度。

① "类型"下拉列表框。用于设置测量单位的当前显示格式，包括"建筑""小数""工程""分数""科学"。其中，"工程"和"建筑"格式提供英尺和英寸两种单位，并假定每个图形单位表示1 英寸（1 英寸≈2.54 厘米），其他格式可表示任何真实世界单位。

② "精度"下拉列表框。用于设置线性测量值显示的小数位数或分数值。

（2）"角度"选项组：用于设置绘图时的角度单位类型和精度。

① "类型"下拉列表框。用于设置角度的当前显示格式。各种显示格式的表示形式如下。

- 十进制度数：小数。
- 百分度：小写 g 后缀。
- 弧度：小写 r 后缀。
- 度/分/秒：d 表示度，' 表示分，" 表示秒，如 123d45'56.7"。
- 勘测单位：N 或 S 表示北或南，E 或 W 表示东或西，度/分/秒表示东或西偏离正北或正南的角度，如 N 45d0'0" E，该角度始终小于 90°，如果角度正好是正北、正南、正东或正西，则只显示表示方向的单个字母。

② "精度"下拉列表框。用于设置角度的显示精度。

（3）"插入时的缩放单位"选项组：用于控制插入当前图形中的块和图形的测量单位。

（4）"方向"按钮：单击此按钮，在弹出的"方向控制"对话框中可确定角度的零度方向。

3．设置图形界限

在 AutoCAD 2016 中，用户可以设置图形界限。单击状态栏中的"显示图形栅格"按钮▦，打开栅格，栅格的显示区域即设置的图形界限。执行设置图形界限命令的方法是在命令行窗口中输入"limits"。例如，设置图形界限的大小为 A4 图纸，执行此命令后，命令行提示如下。

```
命令：_limits
重新设置模型空间界限：（系统提示）
指定左下角点或[开(ON)/关(OFF)] <0.0000,0.0000>：
                              //指定图形界限的左下角点坐标（在绘图窗口中指定一点以确定左下角点）
指定右上角点 <297.0000,210.0000>：//指定图形界限的右上角点坐标，结束命令（输入 "@297，210" 并按
                                Enter 键确认，结束命令）
```

 执行以上操作后，需要在命令行窗口中输入 "Z"（zoom），再输入 "A"（all），系统才会启用设置的绘图窗口。

（七）"直线" 命令

线段是二维图形中最基本的图形对象之一。在 AutoCAD 2016 中，执行 "直线" 命令的方法有以下两种。

（1）单击 "默认" 选项卡功能区 "绘图" 面板中的 "直线" 按钮 。

（2）在命令行窗口中输入 "line" 或 "l"（简化）。

执行 "直线" 命令后，命令行提示如下。

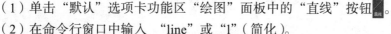

微课："直线" 命令

```
命令：_line
指定第一点：          //指定线段的第一点（在绘图窗口中任意指定一点或输入点坐标以确定线段的起始点）
指定下一点或[放弃(U)]：在屏幕上任意指定第二点（在绘图窗口中指定第二点或输入点坐标并按 Enter 键，绘
                    制出第一条线段，如果要结束命令，则再次按 Enter 键）
指定下一点或[放弃(U)]：在屏幕上任意指定第三点（在绘图窗口中指定第三点或输入点坐标并按 Enter 键，绘
                    制出第二条线段，如果要结束命令，则再次按 Enter 键）
……
```

 选择 "放弃（U）" 选项（输入 "U" 并按 Enter 键）表示放弃前一次操作，删除线段序列中最近绘制的线段，多次输入 "U" 可按绘制顺序的逆序逐条删除线段。

选择 "闭合（C）" 选项（输入 "C" 并按 Enter 键），以第一条线段的起始点作为最后一条线段的结束点，从而形成一个闭合的线段环。只有绘制两条或两条以上线段之后，才可以使用 "闭合（C）" 选项。

在 "按指定角度限制光标（极轴追踪）" 状态下，执行 "直线" 命令，沿水平或竖直方向移动鼠标指针，在追踪线（虚线）的指引下，输入具体数值后按 Enter 键，可以直接得到定长的线段，但在绘制倾斜线段时，此种方法不适用。

（八）AutoCAD 2016 坐标系及坐标点的输入方法

1. 坐标系

在绘图过程中常常需要使用某个坐标系作为参照，以实现通过拾取点的位置来精确定位某个对象的目的。AutoCAD 2016 提供的坐标系可以用来准确设计并绘制图形。坐标（x, y）是表

示点最基本的方法。

在 AutoCAD 2016 中，坐标系分为世界坐标系（World Coordinate System，WCS）和用户坐标系（User Coordinate System，UCS），如图 1.31 和图 1.32 所示。在这两种坐标系下都可以通过坐标（x, y）来精确定位点。

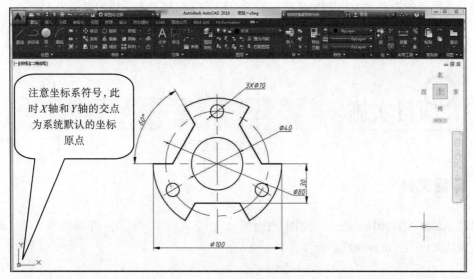

图 1.31　世界坐标系

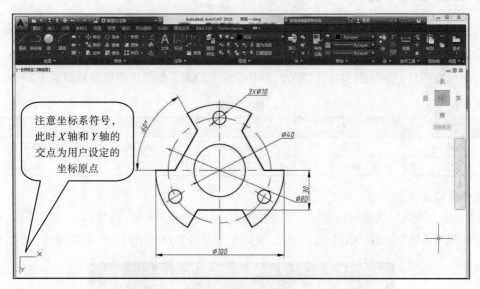

图 1.32　用户坐标系

2. 点的确定方式

在 AutoCAD 2016 中，点的确定可以通过单击和输入点的坐标两种方式实现，而点的坐标可以使用绝对直角坐标、绝对极坐标、相对直角坐标和相对极坐标 4 种方法表示。确定点的方法有以下几种。

（1）单击确定点。在绘图窗口中移动鼠标指针到所需位置并单击。

（2）输入绝对直角坐标来确定点，格式为"X, Y, Z"，X、Y 和 Z 中间用逗号隔开。例如，（5, 7, 9）

表示当前点相对于世界坐标系原点的位置的位移为（5，7，9）。

（3）输入相对直角坐标来确定点，格式为"@*X, Y, Z*"。例如，（@5，7，9）表示当前点相对于前一点的位移为（5，7，9）。

（4）输入绝对极坐标来确定点，格式为"距离 < 角度"。例如，"10 < 45"表示该点相对于世界坐标系原点的距离为 10，与世界坐标系原点的连线相对于水平线的夹角为 45°。

（5）输入相对极坐标来确定点，格式为"@距离 < 角度"。例如，"@10 < 45"表示该点相对于前一点的距离为 10，与前一点的连线相对于水平线的夹角为 45°。

三、项目实施

（一）新建文件

启动 AutoCAD 2016，进入"草图与注释"工作空间界面，建立一个新图形文件，此时文件名为默认文件名"drawing1.dwg"。

（二）设置绘图环境

（1）设置图形界限，设置绘图窗口的大小为 297×210，左下角点为坐标原点（若没特殊要求可不设置）。

（2）设置图层，新建粗实线（CSX）和中心线（ZXX）图层，图层参数如表 1.1 所示。

表 1.1　　　　　　　　　　　　　　　图层参数

图层名	颜色	线型	线宽	用途
CSX	红色	Continuous	0.50mm	粗实线
ZXX	绿色	Center	0.25mm	细实线

操作步骤如下。

① 单击"默认"选项卡功能区"图层"面板中的"图层特性"按钮。

打开图层特性管理器，如图 1.33 所示，此时图层特性管理器中只有一个名称为"0"的图层。

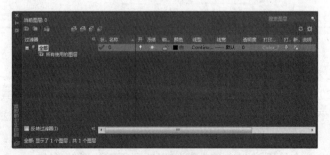

图 1.33　图层特性管理器

② 单击上方的"新建图层"按钮，新建一个图层，新图层将继承"0"图层的特性。新

图层的名称为"图层 1",如图 1.34 所示。

图 1.34 新建图层

③ 选中新建的图层,此时滚动条在新建图层上。单击图层1 区域,将名称"图层 1"改为"CSX"(粗实线汉语拼音首字母)。单击"颜色"列中的口白,弹出"选择颜色"对话框,在其中选择"红色"选项;单击"线宽"列中的 —— 默认,弹出"线宽"对话框,在其中选择"0.5mm"选项。用同样的方法新建"ZXX"(中心线)图层,结果如图 1.35 所示。

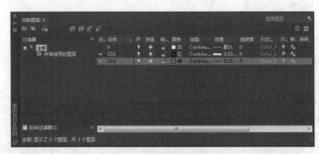

图 1.35 设置好的图层

④ 关闭图层特性管理器,设置好的图层将显示在"默认"选项卡功能区"图层"面板的"图层"列表中。

(三)绘制图形

按 1∶1 的比例绘制图 1.1 所示的平面图形,不标注尺寸,不绘制图框与标题栏。

操作步骤如下。

(1)调整绘图窗口的大小,以方便绘图。在绘图窗口中绘制一条长 10mm 的线段,滚动鼠标滚轮使所画线段的显示长度与视觉目测长度相差不大。

(2)启用"极轴追踪"和"显示/隐藏线宽"辅助绘图工具,如图 1.36 所示。

图 1.36 启用"极轴追踪"和"显示/隐藏线宽"辅助绘图工具

(3)绘制中心线。选择"ZXX"图层,单击"绘图"面板中的"直线"按钮,命令行提示如下。

命令: _line
指定第一点: //指定线段的第一点（在绘图窗口的合适位置单击以确定线段的起点，向右水平移
                                    动鼠标指针）

指定下一点或[放弃(U)]:   //在绘图窗口中任意指定第二点,结束命令（在出现水平追踪线的情况下，输入
                                    "140<20+60+50+10",10 为左右超出轮廓线 5,并按 Enter 键确认，结束命令）

绘制出一条长 140 的水平中心线，如图 1.37 所示。

图 1.37　绘制中心线

（4）绘制轮廓线。选择"CSX"图层，单击"直线"按钮，命令行提示如下。

命令: _line
指定第一点: //指定绘图起点（移动鼠标指针至线段左端点（但不单击），稍等片刻后向右水平移动，
                                    此时输入"5"（左端超出轮廓线 5），并按 Enter 键确认，拾取轮廓线的左端点）

绘制结果如图 1.38 所示。

图 1.38　绘制下半部分斜线

此时命令行提示如下。

指定下一点或[放弃(U)]:   //输入"@30<-60"并按 Enter 键。向右水平移动鼠标指针，在出现水平追踪线时
                                    输入"50(60-10)"并按 Enter 键，绘制出下半部分的斜线段

执行结果如图 1.39 所示。

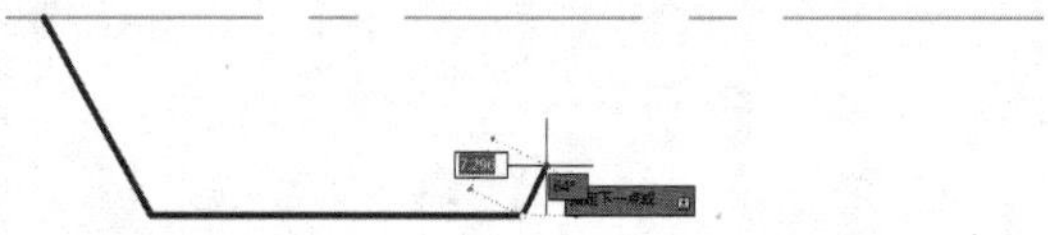

图 1.39　绘制下半部分长度为 50 的水平线段

命令行提示如下。

指定下一点或[放弃(U)]:   //向下水平移动鼠标指针，在出现竖直向下的追踪线时输入"8[(56-40)/2]"并
                                    按 Enter 键

依次向右移动鼠标指针，输入 10 并按 Enter 键，向上移动鼠标指针，输入 12 并按 Enter 键，向右移动鼠标指针，输入 10 并按 Enter 键，向下移动鼠标指针，输入 4 并按 Enter 键，向右移动鼠标指针，输入 40 并按 Enter 键，完成下半部分轮廓线的绘制。

结果如图 1.40 所示。

执行"直线"命令，命令行提示如下。

命令: _line
指定第一点: //移动鼠标指针至左端绘图起点处，捕捉线段端点并单击，绘制出线段起点

命令行提示如下。

指定下一点或[放弃(U)]：　　//输入"@30<60"并按 Enter 键绘制出上半部分的斜线段

结果如图 1.41 所示。

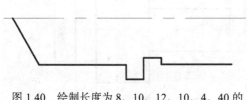

图 1.40　绘制长度为 8、10、12、10、4、40 的
　　　　水平、竖直线段

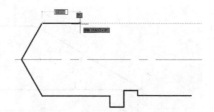

图 1.41　绘制上半部分的斜线段

用相同方法向右水平移动鼠标指针，输入 50 并按 Enter 键，向上移动鼠标指针，输入 8 并按 Enter 键，向右移动鼠标指针，输入 10 并按 Enter 键，向下移动鼠标指针，输入 12 并按 Enter 键，向右移动鼠标指针输入 10 并按 Enter 键，向上移动鼠标指针，输入 4 并按 Enter 键，向右移动鼠标指针，输入 40 并按 Enter 键，完成上半部分各线段的绘制。

结果如图 1.42 所示。

执行"直线"命令，依次绘制中间各竖直线段，完成全图的绘制，结果如图 1.43 所示。

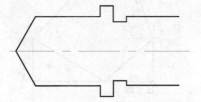

图 1.42　绘制上半部分各水平、竖直线段

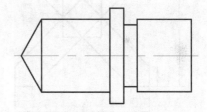

图 1.43　绘制中间各竖直线段

（5）保存文件，根据用户图形管理要求指定文件的存储位置，设置文件名为"图 1.1.dwg"

　　用户可以分别采用输入绝对坐标、输入极坐标的方式完成此图，也可以混合使用各种方法。但在绘制水平线段时，在确定起点位置后，向右移动鼠标指针，将出现一条水平虚线（追踪线），直接输入数值后按 Enter 键，便可绘制出一条长度为指定数值的水平线段。同理将鼠标指针向上移动，将出现一条竖直虚线，输入数值后按 Enter 键，便可绘制出一条长度为指定数值的竖直线段。

值得提醒的是，鼠标指针所在位置的点相对于起点的方向为正方向，如果在数值前加"−"号，则所绘线段的方向与鼠标指针所在位置的点相对于起点的方向相反。

四、检测练习

（1）按 1∶1 的比例绘制图 1.44 所示的各图形（不标注尺寸）。

中心线图层名称为"ZXX"，加载线型名称为"CENTER"，线宽为 0.25mm，颜色自定义。

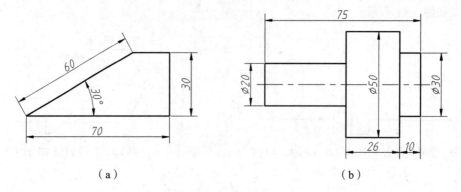

（a）　　　　　　　　　　　　　　　　（b）

图 1.44　检测练习 1

（2）按 1∶1 的比例绘制图 1.45 所示的各图形（不标注尺寸）。

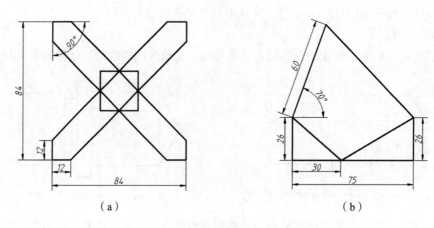

（a）　　　　　　　　　　　　　　　　（b）

图 1.45　检测练习 2

（3）按 1∶1 的比例绘制图 1.46 所示的各图形（不标注尺寸）。

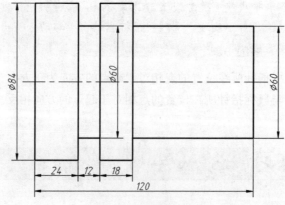

图 1.46　检测练习 3

五、提高练习

按 1：1 的比例绘制图 1.47 所示的图形（不标注尺寸）。

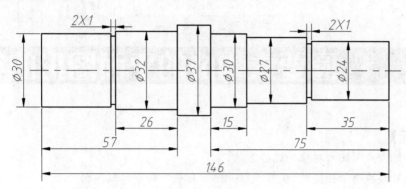

图 1.47　提高练习

项目二
圆要素构成的平面图形的绘制

【能力目标】

- 能够综合应用图形对象的选择方法。
- 能够综合应用"删除""偏移""修剪""拉长"命令编辑图形。
- 能够综合应用"直线""圆"命令和"删除""偏移""修剪""拉长"命令绘制与编辑中等复杂程度的平面图形。

【知识目标】

- 掌握"圆"命令的操作方法与技巧。
- 掌握常用图形对象的选择方法。
- 掌握"删除""偏移""修剪""拉长"命令的操作方法与技巧。

一、项目导入

按 1：1 的比例绘制图 2.1 所示的平面图形。要求：选择合适的线型，不绘制图框与标题栏，不标注尺寸。

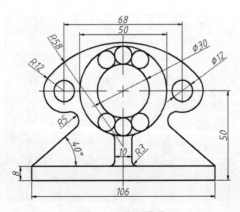

图 2.1　平面图形

二、项目知识

（一）"圆"命令

"圆"命令是绘图过程中常用的绘图命令之一，在 AutoCAD 2016 中，执行"圆"命令的方法有以下两种。

（1）在"默认"选项卡功能区中单击"绘图"面板中的"圆"按钮 （系统默认为"圆心，半径"法），或单击此按钮下方的下拉按钮 ，在图 2.2 所示的下拉列表中选择其他绘制圆的方式（系统将最近一次绘圆方式图标显示在上方）。

（2）在命令行窗口中输入"circle"。

在以上两种方法中，常用方法为第（1）种，即在下拉列表中选择绘制圆的命令。

下面介绍图 2.2 所示下拉列表中各命令对应的各种绘制圆的方式。

微课："圆"命令

图 2.2 "圆"下拉列表

1. "圆心，半径"法绘制圆

"圆心，半径"法是指定圆的圆心和半径绘制圆的方法。选择"圆心，半径"命令，命令行提示如下。

```
命令：_circle
指定圆的圆心或[三点(3P)/两点(2P)/相切、相切、半径(T)]：
                    //指定圆的圆心（在绘图窗口中的合适位置单击指定圆的圆心）
指定圆的半径或[直径(D)] <10.0000>：  //指定圆的半径（输入圆的半径并按 Enter 键确认）
```

2. "圆心，直径"法绘制圆

"圆心，直径"法是指定圆的圆心和直径绘制圆的方法。选择"圆心，直径"命令，命令行提示如下。

```
命令：_circle
指定圆的圆心或[三点(3P)/两点(2P)/切点、切点、半径(T)]：指定圆的圆心（在绘图窗口中的合适位置单击
                                      指定圆的圆心）
指定圆的半径或[直径(D)] <10.0000>：_d指定圆的直径 <20.0000>：
                    //指定圆的直径（输入圆的直径并按 Enter 键确认）
```

3. "两点"法绘制圆

"两点"法是指定两点，并以两点间距离为直径绘制圆的方法。选择"两点"命令，命令行提示如下。

```
命令：_circle
指定圆的圆心或[三点(3P)/两点(2P)/切点、切点、半径(T)]：_2p指定圆直径的第一个端点：
```

	指定圆直径的第一个端点（在绘图窗口中的合适位置单击指定圆直径的第一个端点）
指定圆直径的第二个端点：	指定圆直径的第二个端点，命令结束（在绘图窗口中的合适位置单击指定圆直径的第二个端点，结束命令）

4. "三点"法绘制圆

"三点"法是指定圆周上的 3 个点来绘制圆的方法。选择"三点"命令，命令行提示如下。

命令： _circle	
指定圆的圆心或[三点(3P)/两点(2P)/切点、切点、半径(T)]： _3p 指定圆上的第一个点：	
	指定圆上的第一个点（在绘图窗口中的合适位置单击指定圆上的第一个点）
指定圆上的第二个点：	指定圆上的第二个点（在绘图窗口中的合适位置单击指定圆上的第二个点）
指定圆上的第三个点：	指定圆上的第三个点，命令结束(在绘图窗口中的合适位置单击指定圆上的第三个点，结束命令)

5. "相切，相切，半径"法绘制圆

"相切，相切，半径"法是指定圆的两个切点和半径来绘制圆的方法。选择"相切，相切，半径"命令，命令行提示如下。

命令： _circle	
指定圆的圆心或[三点(3P)/两点(2P)/切点、切点、半径(T)]： _ttr	
	（命令行自动提示）
指定对象与圆的第一个切点：	指定对象与圆的第一个切点（在相切线或圆弧上的合适位置单击指定圆上的第一个切点）
指定对象与圆的第二个切点：	指定对象与圆的第二个切点（在相切线或圆弧上的合适位置单击指定圆上的第二个切点）
指定圆的半径 <7.9916>： 10	指定圆的半径，命令结束（输入圆的直径 10 并按 Enter 键确认，结束命令）

使用"相切，相切，半径"法绘制的圆如图 2.3 所示。

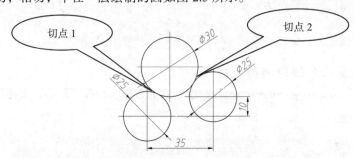

图 2.3　使用"相切，相切，半径"法绘制的圆

6. "相切，相切，相切"法绘制圆

"相切，相切，相切"法是指定圆周上的 3 个切点来绘制圆的方法。选择"相切，相切，相切"命令，命令行提示如下。

命令： _circle	
指定圆的圆心或[三点(3P)/两点(2P)/切点、切点、半径(T)]： _3p 指定圆上的第一个点： _tan 到	
	指定圆上的第一个点（在相切线或圆弧上的合适位置单击指定圆上的第一个切点）
指定圆上的第二个点： _tan 到	指定圆上的第二个切点(在相切线或圆弧上的合适位置单击指定圆上的第二个切点)

指定圆上的第三个点：_tan 到　//指定圆上的第三个切点(在相切线或圆弧上的合适位置单击指定圆上的第三个切点，结束命令)

使用"相切，相切，相切"法绘制的圆如图 2.4 所示。

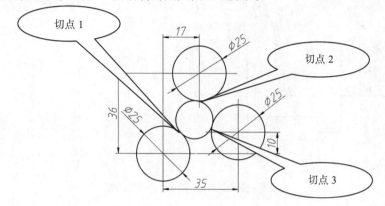

图 2.4　使用"相切、相切、相切"法绘制的圆

　绘制多个大小相同的圆时，使用"圆"命令绘制完一个圆后，设置的半径(或直径) 会被"记忆"，在绘制后面的圆时，只需要在指定圆心的位置后按 Enter 键即可，这样可以大大提高绘图速度。

　单击"绘图"面板中的"圆"按钮，依次选择命令行窗口中的选项也可以绘制各类圆（"相切，相切，相切"法除外）。

（二）图形对象的选择方法

执行绘制对象命令后，系统通常会提示"选择对象"，这时鼠标指针会变成小方块形状，这个小方块叫作拾取框，用户必须选中图形对象，然后才能对其进行编辑。在 AutoCAD 2016 中，选择对象的方法有很多种，用户可以选择单个对象进行编辑，也可以选择多个对象进行编辑。被选中的对象边框显示为虚线（又称为亮显）。

微课：图形对象的选择方法

选择对象的方法有多种，常用的有以下两种。

1. 单击选择对象

执行编辑命令后，当命令行窗口中出现"选择对象"提示时，绘图窗口中的"十"字光标就会变成一个拾取框，移动鼠标指针到对象上，单击即可选中相应对象。

2. 用矩形拾取框选择对象

在选择多个对象时，如果需要同时选中多个对象，使用单击选择对象的方法会非常麻烦，此时用户可以用拾取框选择需要的对象。当命令行窗口提示"选择对象"时，在需要选中的多个对象附近单击，然后按住鼠标左键，并拖动鼠标指针形成一个矩形框，该矩形框就是拾取框，当要选中的多个对象被拾取框框住或与之相交时，再次单击即可将其选中。根据拾取框形成的方式，可以将拾取框分为以下两种。

（1）移动鼠标指针从左到右形成拾取框时（称为"框选"），拾取框以实线显示，表示被选择的对象只有全部被框在拾取框内时才会被选中，如图 2.5 所示。

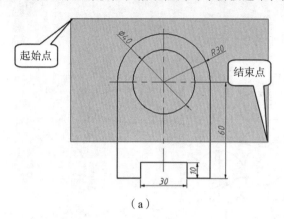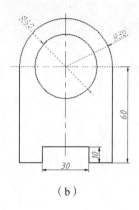

（a）　　　　　　　　　　　　　　　　（b）

图 2.5　拖动鼠标从左到右形成矩形框

（2）移动鼠标指针从右到左形成拾取框时（称为"窗选"），拾取框以虚线显示，表示包含在拾取框内的对象和与拾取框相交的对象都会被选中，如图 2.6 所示。

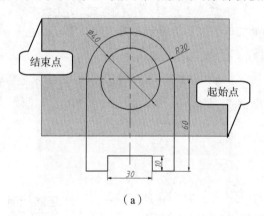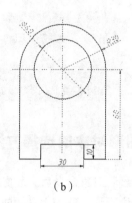

（a）　　　　　　　　　　　　　　　　（b）

图 2.6　移动鼠标指针从右到左形成拾取框

　　在选择多个对象时，当命令行窗口提示"选择对象"时，用户在需要选中的图形对象附近单击，然后在按住鼠标左键的情况下移动，鼠标指针形成一个套索框。若从左向右移动鼠标指针，则位于套索框内的对象被选中，若从右向左移动鼠标指针，则位于套索框内和与框相交的对象均被选中。

（三）"删除"命令

在绘制与编辑图形时，如果绘制的图形不符合要求，需要将其删除重新绘制，此时就可以使用"删除"命令。在 AutoCAD 2016 中，执行"删除"命令的方法有以下两种。

（1）在"默认"选项卡功能区中单击"修改"面板中的"删除"按钮。

（2）在命令行窗口中输入"erase"。

微课："删除"命令

执行"删除"命令后，命令行提示如下。

```
命令：_erase
选择对象：                //选择要删除的对象（单击拾取或框选要删除的对象）
选择对象：                //结束对象的选择（按 Enter 键确认，结束命令）
```

在实际操作中，可以先选择要删除的图形对象，再执行"删除"命令将要删除的对象删除；也可以先选择要删除的图形对象，然后按 Delete 键，将要删除的对象删除。相对而言，后者操作较为方便。

（四）"偏移"命令

"偏移"命令用于将图形对象按指定距离平行复制，或通过指定点将图形对象平行复制。在 AutoCAD 2016 中，执行"偏移"命令的方法有以下两种。

（1）在"默认"选项卡功能区中单击"修改"面板中的"偏移"按钮。

（2）在命令行窗口中输入"offset"。

执行"偏移"命令后，命令行提示如下。

微课："偏移"命令

```
命令：_offset
当前设置：  删除源=否   图层=源   OFFSETGAPTYPE=0（系统提示）
指定偏移距离或[通过(T)/删除(E)/图层(L)] <通过>：   //指定偏移距离（输入偏移距离并按 Enter 键确认）
选择要偏移的对象，或[退出(E)/放弃(U)] <退出>：       //选择要偏移的对象（单击要偏移的对象）
指定要偏移的那一侧上的点，或[退出(E)/多个(M)/放弃(U)] <退出>：
                                                 //指定要偏移的那一侧上的点（移动鼠标指针指定偏
                                                   移的方向并单击）
选择要偏移的对象，或[退出(E)/放弃(U)] <退出>：       //选择要偏移的对象或结束命令（单击要偏移的对象
                                                   继续执行"偏移"命令或按 Enter 键结束命令）
```

在 AutoCAD 2016 中，使用"偏移"命令可以偏移的对象有线段、射线、圆、圆弧、正多边形、椭圆、椭圆弧、多段线、样条曲线等。偏移后的圆、椭圆及多边形与原对象类似，但又有所不同，具体表现如下。

① 圆"偏移"后，其圆心保持不变，但其半径发生了改变。

② 椭圆"偏移"后，其焦点位置不变，但其长、短轴发生了改变。

③ 多边形"偏移"后，其中心点不变，但其大小发生了改变。

④ 圆弧和椭圆弧"偏移"后，其圆心角和焦点不变，但其大小发生了改变。

在绘制标题栏、轴类零件时，图中定距平行线较多，可集中执行"偏移"命令偏移复制平行线，在执行过程中利用命令重复执行方式（按 Enter 键结束命令，再按 Enter 键重复执行命令）可在较大程度上提高绘图速度。

（五）"修剪"命令

使用"修剪"命令可以精确地剪去图形对象中指定边界外的部分。在 AutoCAD 2016 中，

可修剪的对象包括线段、多段线、矩形、圆、圆弧、椭圆、椭圆弧、构造
线、样条曲线、块、图纸空间的布局视口等，甚至是三维对象也可以进行
修剪。执行"修剪"命令的方法有以下两种。

微课："修剪"命令

（1）在"默认"选项卡功能区中单击"修改"面板中的"修剪"按钮
`-/- 修剪 ▾`。

（2）在命令行窗口中输入"trim"。

执行"修剪"命令后，命令行提示如下。

```
命令：_trim
当前设置：投影=UCS，边=无
选择剪切边...
选择对象或 <全部选择>：    //选择作为剪切边界的对象（单击拾取或框选作为剪切边界的对象）
选择对象：               //继续选择或结束剪切边界对象的选择（按 Enter 键确认，结束对象选择）
选择要修剪的对象，或按住 Shift 键选择要延伸的对象，或[栏选(F)/窗交(C)/投影(P)/边(E)/删除(R)/放弃(U)]：
                        //选择要剪切的对象（单击拾取或框选剪切对象要剪掉的部分）
选择要修剪的对象，或按住 Shift 键选择要延伸的对象，或[栏选(F)/窗交(C)/投影(P)/边(E)/删除(R)/放弃(U)]：
                        //继续或结束剪切对象的选择（按 Enter 键确认，结束对象选择，结束命令）
```

在 AutoCAD 2016 中，"修剪""延伸"两命令被合并在一起，
系统默认按钮为"修剪"，单击"修剪"按钮 `-/- 修剪 ▾` 右边的下拉
按钮 `▾` 时，系统弹出"修剪"-"延伸"下拉列表，如图 2.7 所示。
用户可选择"延伸"命令，选择后，系统将默认显示的"修剪"
按钮 `-/- 修剪 ▾` 替换为"延伸"按钮 `-/ 延伸 ▾`。

图 2.7 "修剪"-"延伸"
下拉列表

执行"修剪"命令时第一次选择的对象为边界对象，第二次选择的对象为被
修剪对象，单击位置处将被修剪。

例如，绘制图 2.8 所示的图形，然后修剪该图形，修剪结果如图 2.9 所示。

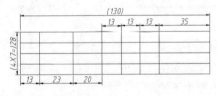

图 2.8 "修剪"前的图形

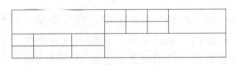

图 2.9 "修剪"后的图形

具体操作方法如下。

在绘图窗口中绘制两条长度为 28 和 130 的相互垂直的线段，然后执行"偏移"命令，参照
图 2.8 所示尺寸，偏移绘制的线段，绘制图 2.8 所示的图形。单击"修改"面板中的"修剪"
按钮 `-/- 修剪 ▾`，命令行提示如下。

```
命令：_trim
当前设置：投影=UCS，边=无（系统提示）
选择剪切边...              //选择作为剪切边的对象（单击拾取或框选作为剪切边界的对象）
选择对象或 <全部选择>：    //选择对象（按 Enter 键选择所有对象互相作为剪切边）
```

选择要修剪的对象,或按住 Shift 键选择要延伸的对象,或[栏选(F)/窗交(C)/投影(P)/边(E)/删除(R)/放弃(U)]:
‖继续或结束剪切对象的选择(按 Enter 键确认,结束对象的选择,结束命令)

(六)"拉长"命令

"拉长"命令用于改变非闭合对象的长度或角度。在 AutoCAD 2016 中,执行"拉长"命令的方法有以下两种。

(1)在"默认"选项卡功能区中单击"修改"面板下拉菜单(单击"修改"右边的下拉按钮▼)中的"拉长"按钮。

微课:"拉长"命令

(2)在命令行窗口中输入"lengthen"。

执行"拉长"命令后,命令行提示如下。

命令:_lengthen
选择要测量的对象或[增量(DE)/百分比(P)/总计(T)/动态(DY)] <总计(T)>:
　　　　　　　　　　　　　　　　‖选择要测量的对象(单击要测量的对象)
当前长度: 30.0000　　　　　　　　‖(系统自动显示)
选择要测量的对象或[增量(DE)/百分比(P)/总计(T)/动态(DY)] <总计(T)>:
　　　　　　　　　　　　　　　　‖选择"<总计(T)>"默认选项(按 Enter 键确认,结束对象的选择)
指定总长度或[角度(A)] <30.0000>: 50　‖指定总长度(输入 50 并按 Enter 键确认)
选择要修改的对象或[放弃(U)]:　　‖选择要拉长的对象(单击要拉长对象的伸长方向端)
选择要修改的对象或[放弃(U)]:　　‖继续选择要拉长的对象或结束命令(继续单击要拉长的另一对象的伸长方向端或按 Enter 键,结束命令)

在命令执行过程中,各选项对应的功能如下。

① 增量(DE):用户给定一个长度或角度增量值,值为正则增加,值为负则缩短。对象总是从距离选择点最近的端点处开始增加或缩短增量值。

② 百分比(P):用户给定一个百分数,AutoCAD 2016 以对象的总长度或总角度乘以这个百分比得到的值来改变对象的长度或角度。

③ 总计(T):用户给定一个长度或角度,AutoCAD 2016 以当前值改变对象的长度或角度,此时长度值的取值范围是正整数,角度值的取值范围是大于 0°小于 360°。

④ 动态(DY):这种方法不用给定具体的值,只需要拖动鼠标指针就可以改变对象的长度或角度。

例如,对图 2.10(a)所示图形执行"拉长"|"百分比(P)"(输入长度百分比 200.0000)命令进行修改,效果如图 2.10(b)所示,具体操作方法如下。

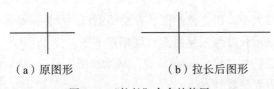

(a)原图形　　　　　　(b)拉长后图形

图 2.10 "拉长"命令的使用

命令:_lengthen
选择要测量的对象或[增量(DE)/百分比(P)/总计(T)/动态(DY)]:　‖选择要测量的对象(单击要测量的对象)

当前长度：40.0000	//（显示对象的长度）
选择要测量的对象或[增量(DE)/百分比(P)/总计(T)/动态(DY)]:	//选择"百分比(P)"选项（输入 P）
输入长度百分数 <100.0000>:	//输入拉长百分比（输入 200）
选择要修改的对象或[放弃(U)]:	//选择要修改的对象[选择图 2.10(a) 所示图形中的水平线]
选择要修改的对象或[放弃(U)]:	//结束命令（按 Enter 键确认，结束命令）

三、项目实施

（一）新建文件

启动 AutoCAD 2016，进入"草图与注释"工作空间界面，新建一个无样板图形文件，将此文件命名为"图 2.1.dwg"。

> **提示** 为防止绘图过程中因某些不可预见因素造成文件丢失，建议在新建一个无样板图形文件后立即保存此空白文件，并在绘图过程中每隔一段时间保存一次。

（二）设置绘图环境

（1）设置图形界限，设定绘图窗口的大小为 297×210，窗口左下角点为坐标原点。

（2）设置图层，设置粗实线（CSX）和中心线（ZXX）两个图层，图层参数如表 2.1 所示。

表 2.1　图层参数

图层名	颜色	线型	线宽	用途
CSX	红色	Continuous	0.50mm	粗实线
ZXX	绿色	Center	0.25mm	中心线

（三）绘制图形

按 1：1 的比例绘制图 2.1 所示的平面图形。要求：选择合适的线型，不绘制图框与标题栏，不标注尺寸。

操作步骤如下。

（1）调整绘图窗口的大小，以方便绘图。在绘图窗口中绘制一条长度为 10mm 的线段，滚动鼠标滚轮使所绘线段显示长度与视觉目测长度相差不多。

（2）启用"极轴追踪"和"显示/隐藏线宽"辅助绘图工具。

（3）绘制基准线及重要位置线。

单击"默认"选项卡功能区"图层"面板 中的下拉按钮 ，将"CSX"图层设置为当前图层，单击"绘图"面板中的"直线"按钮 ，绘制长度为 106 的水平线，结果如图 2.11 所示的线 1。

单击"修改"面板中的"偏移"按钮，命令行提示如下。

```
命令: _offset
当前设置: 删除源=否  图层=源  OFFSETGAPTYPE=0（系统提示）
指定偏移距离或[通过(T)/删除(E)/图层(L)] <通过>:          //输入偏移距离（输入偏移距离50）
选择要偏移的对象，或[退出(E)/放弃(U)] <退出>:            //选择要偏移的对象（选择线1）
指定要偏移的那一侧上的点，或[退出(E)/多个(M)/放弃(U)] <退出>://指定偏移的方向（指向"线1"上方，
                                                        得到偏移距离为50的平行线1-1)
```

再次单击"绘图"面板中的"直线"按钮，将鼠标指针移至线1中间处，捕捉线1中点 A（但不单击）后，向下移动鼠标指针，在出现竖直追踪线时输入5并按Enter键，即指定要画线段的第一个点，向上移动鼠标指针，在出现竖直追踪线时输入90并按Enter键，绘制出长度为90的竖直线段，结果如图2.11所示的线2。

再次单击"修改"面板中的"偏移"按钮，在命令行提示下，输入偏移距离34，分别向左、向右指定偏移方向（操作同上，此处不再重复说明），即得到偏移距离为34的两条平行线2-1、2-2，结果如图2.11所示的线2-1、线2-2。

在未执行命令的情况下（此时鼠标指针显示为十，用户可注意不同状态下的鼠标指针的显示区别）单击，选中线1-1（此时在线1-1上左、中、右处各有一个蓝色的小正方形，即夹点），再次单击"默认"选项卡功能区"图层"面板 CSX 中的下拉按钮，选中"ZXX"图层，此时线1-1将由"CSX"图层改变为"ZXX"图层，结果如图2.12所示。

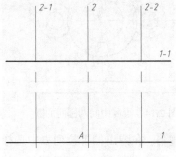
图2.11 绘制基准线及重要位置线

图2.12 改变已绘图线图层

（4）绘制底部轮廓及各位置已知圆。

单击"修改"面板中的"偏移"按钮，在命令行窗口中输入偏移距离8，向上指定偏移方向，得到可偏移距离为8的平行线3，结果如图2.13所示的线3。

执行"直线"命令，连接线1和线3左、右两端点。

单击"绘图"面板中的"圆"按钮，系统默认为"圆心，半径"绘圆方式，若当前绘圆方式不是"圆心，半径"，可以单击"圆"按钮下方的下拉按钮，在弹出的下拉列表中选择"圆心，半径"命令。执行"圆"命令后，命令行提示如下。

```
命令: _circle
指定圆的圆心或[三点(3P)/两点(2P)/切点、切点、半径(T)]: //捕捉圆心（单击交点 B 捕捉圆心）
指定圆的半径或[直径(D)]: 15                          //指定圆的半径（输入半径15并按Enter键，
                                                     结束命令）
```

完成直径为 30 的圆的绘制。

再次执行"圆"命令后（用户也可按空格键或按 Enter 键重复执行"圆"命令），命令行提示如下。

```
命令：_circle
指定圆的圆心或[三点(3P)/两点(2P)/切点、切点、半径(T)]：捕捉圆心（再次单击交点 B 捕捉圆心）
指定圆的半径或[直径(D)] <15.0000>：25              //指定圆的半径（输入半径 25 并按 Enter 键，
                                                         结束命令）
```

完成直径为 50 的圆的绘制。

运用同样方法，分别以交点 C、D 为圆心绘制直径为 12、24 的圆各两个，结果如图 2.13 所示。

单击"绘图"面板中的"圆"按钮下方的下拉按钮，在弹出的下拉列表中选择"两点"命令，命令行提示如下。

```
命令：_circle
指定圆的圆心或[三点(3P)/两点(2P)/切点、切点、半径(T)]：_2p 指定圆直径的第一个端点：捕捉一个端点
                                  //指定圆直径的第一个端点（单击交点 E 捕捉一个端点）
指定圆直径的第二个端点：捕捉另一个端点    //指定圆直径的第二个端点（单击交点 F 捕捉另一个端点）
```

完成直径为 30 与直径为 50 间的圆的绘制，结果如图 2.14 所示。

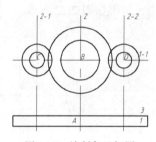
图 2.13　绘制各已知圆

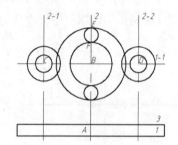
图 2.14　绘制中间两圆间的圆

单击"绘图"面板中"圆"按钮下方的下拉按钮，在弹出的下拉列表中选择"相切，相切，相切"命令，命令行提示如下。

```
命令：_circle
指定圆的圆心或[三点(3P)/两点(2P)/切点、切点、半径(T)]：_3p 指定圆上的第一个点：_tan 到确定第一个切点
                    //指定圆上第一个切点（单击直径为 50 的圆的 J 位置，捕捉切点 J）
指定圆上的第二个点：_tan 到    确定第二个切点
                    //指定圆上的第二个切点（单击中间小圆的 K 位置，捕捉切点 K）
指定圆上的第三个点：_tan 到    确定第三个切点
                    //指定圆上的第三个切点（单击直径为 30 的圆的 L 位置，捕捉切点 L）
```

完成中间两圆间的 4 个小圆，结果如图 2.15 所示。

单击"绘图"面板中"圆"按钮下方的下拉按钮，在弹出的下拉列表中选择"相切，相切，半径"命令，命令行提示如下。

```
命令：_circle
指定圆的圆心或[三点(3P)/两点(2P)/切点、切点、半径(T)]：_ttr
```

指定对象与圆的第一个切点：捕捉一个切点

　　　　　　　　　　　//指定第一个切点（单击左边半径为 12 位置的圆 G 点,捕捉切点 G）

指定对象与圆的第二个切点：捕捉另一个切点

　　　　　　　　　　　//指定第二个切点（单击右边半径为 12 位置的圆 H 点,捕捉切点 H）

指定圆的半径 <5.0000>: 58　　//指定圆的半径（输入半径 58,并按 Enter 键,结束命令）

完成半径为 58 的圆的绘制。

在"默认"选项卡功能区中单击"修改"面板中的"修剪"按钮，命令行提示如下。

命令: _trim

当前设置:投影=UCS, 边=无

选择剪切边...　　　　　　　　　　//选择第一个边界对象（单击左边半径为 12 的圆,即选择第一个剪切边）

选择对象或 <全部选择>:　找到 1 个　//选择第二个边界对象（单击左边半径为 12 的圆,即选择第二个剪切边）

选择对象: 找到 1 个, 总计 2 个　结束边界对象的选择（按 Enter 键,结束边界对象的选择,也可单击鼠标

　　　　　　　　　　　　　　右键,结束边界对象选择。单击鼠标右键结束边界对象的选择操作相对较快）

选择对象:

选择要修剪的对象,或按住 Shift 键选择要延伸的对象,或

[栏选(F)/窗交(C)/投影(P)/边(E)/删除(R)/放弃(U)]:

　　　　　　　　　　　　//选择要修剪的对象（单击半径为 58 的大圆下半部分的任意位置,即选择要

　　　　　　　　　　　　修剪的对象,以边界为界,单击的部分被删除）

选择要修剪的对象,或按住 Shift 键选择要延伸的对象,或

[栏选(F)/窗交(C)/投影(P)/边(E)/删除(R)/放弃(U)]:

　　　　　　　　　　　　//结束修剪对象的选择（按 Enter 键,结束命令）

结果如图 2.16 所示。

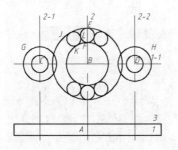

图 2.15　绘制中间两圆间的 4 个小圆

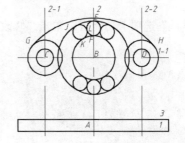

图 2.16　绘制半径为 58 的圆并修剪

（5）绘制左右连接线及连接弧。

执行"直线"命令，命令行提示如下。

命令: _line

指定第一个点:　　　　　　　　　//指定线段一端点（捕捉下方线段的左端点 M）

指定下一点或[放弃(U)]: @60<40　//（输入相对坐标"@60<40",长度 60 为自定义的,定义时宜长不短,

　　　　　　　　　　　　　　角度为 40°）

指定下一点或[放弃(U)]:　　　　　//结束命令（按 Enter 键,结束命令）

再次执行"直线"命令，命令行提示如下。

命令：_line	
指定第一个点：	//指定线段一端点（捕捉下方线段的右端点 "N"）
指定下一点或[放弃(U)]：@60<140	//指定线段一端点（输入相对坐标 "@60<140"，长度 60 为自定义的，定义时宜长不短，角度为 140°）
指定下一点或[放弃(U)]：	//结束命令（按 Enter 键，结束命令）

完成左右两端连接线的绘制，结果如图 2.17 所示。

执行"相切，相切，半径"命令，命令行提示如下。

命令：_circle	
指定圆的圆心或[三点(3P)/两点(2P)/切点、切点、半径(T)]：_ttr	//（命令行自行提示）
指定对象与圆的第一个切点：	//捕捉一个切点（单击左边半径为 12 的圆，捕捉到一个切点 O）
指定对象与圆的第二个切点：	//捕捉另一个切点（单击左边斜线中间位置，捕捉到一个切点 P）
指定圆的半径 <58.0000>：5	//指定圆的半径（输入半径 5，并按 Enter 键，结束命令）

结果如图 2.18 所示。

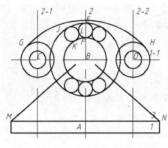

图 2.17　绘制左右两端连接线

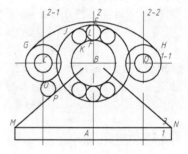

图 2.18　绘制连接弧

在"默认"选项卡功能区中单击"修改"面板中的"修剪"按钮，命令行提示如下。

命令：_trim	
当前设置：投影=UCS，边=无	
选择剪切边…	//选择第一个边界对象（单击半径为 58 的圆，选择第一个剪切边）
选择对象或 <全部选择>： 找到 1 个	//选择第二个边界对象（单击左边半径为 12 的圆，选择第二个剪切边）
选择对象：找到 1 个，总计 2 个	//选择第三个边界对象（单击左边半径为 5 的圆，选择第三个剪切边）
选择对象：找到 1 个，总计 3 个	//选择第四个边界对象（单击左侧的斜线，选择第 4 个剪切边）
选择对象：找到 1 个，总计 4 个	//结束边界对象选择（按 Enter 键，结束边界对象的选择，也可以单击鼠标右键，结束边界对象的选择）
选择对象：	
选择要修剪的对象，或按住 Shift 键选择要延伸的对象，或	
[栏选(F)/窗交(C)/投影(P)/边(E)/删除(R)/放弃(U)]：	//选择要修剪的第一个对象（单击半径为 12 的圆的右侧部分任意位置，选择要修剪的对象，以边界对象为界，单击的部分被删除）
选择要修剪的对象，或按住 Shift 键选择要延伸的对象，或	
[栏选(F)/窗交(C)/投影(P)/边(E)/删除(R)/放弃(U)]：	//选择要修剪的第二个对象（单击半径为 5 的圆的左侧部分任意位置，选择要修剪的对象，以边界对象为界，单击的部分被删除）
选择要修剪的对象，或按住 Shift 键选择要延伸的对象，或	

[栏选(F)/窗交(C)/投影(P)/边(E)/删除(R)/放弃(U)]: //选择要修剪的第三个对象(单击斜线上的任意位置,选择要修剪的对象,以边界对象为界,单击的部分被删除)

选择要修剪的对象,或按住 Shift 键选择要延伸的对象,或

[栏选(F)/窗交(C)/投影(P)/边(E)/删除(R)/放弃(U)]: //结束修剪对象的选择,结束命令(按 Enter 键结束命令)

使用相同方法完成右边半径为 5 的圆的绘制及相应修剪操作,结果如图 2.19 所示。

(6)调整左右两竖直中心线的长度。

在未执行命令状态下(鼠标指针空闲状态),选中左边竖直中心线,此时在中心线的上、中、下 3 个位置上会出现 3 个夹点(的方块),移动鼠标指针至上方夹点处,单击然后向下移动鼠标指针到合适位置后再次单击,缩短该中心线上半部分长度。结果如图 2.20 所示。

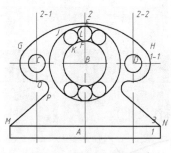

图 2.19　绘制连接圆弧

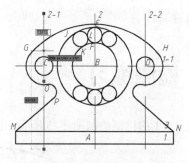

图 2.20　修改中心线长度 1

按照同样的方法,完成左边中心线下半部分及右边中心线上、下部分长度的修改。完成全图,结果如图 2.21 所示。

提示

在绘图过程中,若出现图 2.21 所示的中心线在"间隔-线"处相交的情况,则需要将其修改成在"线-线"处相交,具体操作方法有两种。一种是在命令行窗口中输入"ltscale"(全局比例因子命令),并按 Enter 键,此时命令行提示输入新线型比例因子 <1.0000>,系统默认是 1,将其设为一个较小值(如 0.3)即可。另一种在命令行窗口中输入"linetype"(线型命令),并按 Enter 键,此时系统弹出"线型管理器"对话框,如图 2.22 所示。单击"显示细节"按钮,此时该对话框将变为图 2.23 所示的状态。此时将"全局比例因子"修改为较小值(如 0.3)即可(系统默认是 1.0000)。

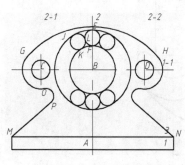

图 2.21　修改中心线长度 2

图 2.22　"线型管理器"对话框

修改"全局比例因子"后，全图效果如图 2.24 所示。

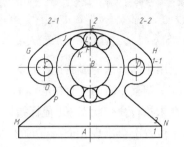

图 2.23　单击"显示细节"按钮后的"线型管理器"对话框　　图 2.24　调小"全局比例因子"后的效果

（7）保存文件。

四、检测练习

（1）按 1∶1 的比例绘制图 2.25 所示的图形（不标注尺寸）。

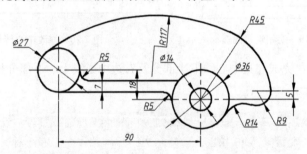

图 2.25　检测练习 1

（2）按 1∶1 的比例绘制图 2.26 所示的图形（不标注尺寸）。

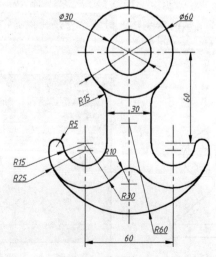

图 2.26　检测练习 2

（3）按 1:1 的比例绘制图 2.27 所示的图形（不标注尺寸）。

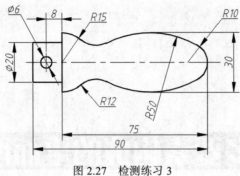

图 2.27　检测练习 3

五、提高练习

按 1:1 的比例绘制图 2.28 所示的图形（不标注尺寸）。

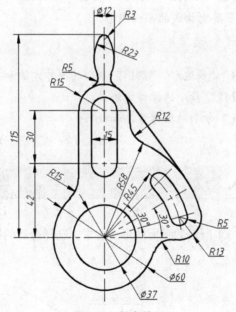

图 2.28　提高练习

项目三
多要素构成的平面图形的绘制

【能力目标】

- 能够运用"圆弧""矩形""多边形""椭圆"命令绘制图形。
- 能够简单运用"圆环""多段线"命令绘制图形。
- 能够运用"复制""分解"命令编辑图形。
- 能够运用"直线""圆""圆弧""矩形""多边形""椭圆"命令和"偏移""复制""分解"等命令绘制由多要素构成的平面图形。

【知识目标】

- 掌握"圆弧""矩形""多边形""椭圆"命令的操作方法和技巧。
- 了解"圆环""多段线"命令的操作方法。
- 掌握"复制""分解"命令的操作方法和技巧。

一、项目导入

按 1∶1 的比例绘制图 3.1 所示的平面图形。要求：选择合适的线型，不标注尺寸，不绘制图框与标题栏。

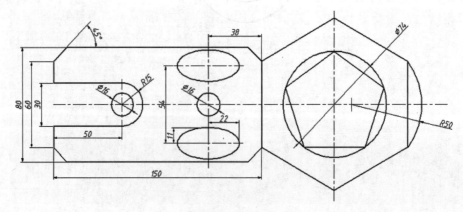

图 3.1　平面图形

二、项目知识

（一）"圆弧"命令

在 AutoCAD 2016 中，执行"圆弧"命令的方法有以下两种。

（1）单击"默认"选项卡功能区"绘图"面板中的"圆弧"按钮（系统默认为"三点"法），或单击此按钮下方的下拉按钮 ▼，在弹出的下拉列表中选择其他绘圆弧方式（系统将最近一次选择的绘圆弧的方法图标显示在上方），即可执行"圆弧"命令。

微课："圆弧"命令

（2）在命令行窗口中输入"arc"。

AutoCAD 2016 共提供了 11 种绘制圆弧的方法，如图 3.2 所示。

① "三点"法绘制圆弧。

"三点"法是指定圆弧上的 3 个点来绘制圆弧的方法。单击"默认"选项卡功能区"绘图"面板中的"圆弧"按钮，即可用"三点"法绘制圆弧（此时系统应显示为默认的"三点"法）。执行"三点"命令后，命令行提示如下。

```
命令：_arc
指定圆弧的起点或[圆心(C)]：        //指定起点（在绘图窗口中单击指定圆弧上
                                    的第一个点）
指定圆弧的第二个点或[圆心(C)/端点(E)]：
                                  //指定第二个点（在绘图窗口中单击指定圆
                                    弧上的第二个点）
指定圆弧的端点：                   //指定端点（在绘图窗口中单击指定圆弧上
                                    的第三个点，结束命令）
```

图 3.2 "圆弧"命令

使用"三点"法绘制的圆弧如图 3.3 所示。

② "起点，圆心，端点"法绘制圆弧。

"起点，圆心，端点"法是指定圆弧的起点、圆心、端点来绘制圆弧的方法。单击"默认"选项卡功能区"绘图"面板中"圆弧"按钮◢下方的下拉按钮 ▼，在弹出的下拉列表中选择"起点，圆心，端点"命令，命令行提示如下。

```
命令：_arc
指定圆弧的起点或[圆心(C)]：              //指定起点（在绘图窗口中单击指定圆弧的起点）
指定圆弧的第二个点或[圆心(C)/端点(E)]：_c  //选择"圆心(C)"选项（系统自动执行）
指定圆弧的圆心：                         //指定圆心（在绘图窗口中单击指定圆弧的圆心）
指定圆弧的端点(按住 Ctrl 键以切换方向)或[角度(A)/弦长(L)]：
                                       //指定端点（在绘图窗口中单击指定圆弧的端点，结束命令）
```

使用"起点，圆心，端点"法绘制的圆弧如图 3.4 所示。

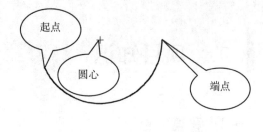

图 3.3 使用"三点"法绘制的圆弧　　　　图 3.4 使用"起点，圆心，端点"法绘制的圆弧

③ "起点，圆心，角度"法绘制圆弧。

"起点，圆心，角度"法是指定圆弧的起点、圆心、角度来绘制圆弧的方法。单击"默认"选项卡功能区"绘图"面板中"圆弧"按钮下方的下拉按钮▼，在弹出的下拉列表中选择"起点，圆心，角度"命令，命令行提示如下。

```
命令：_arc
指定圆弧的起点或[圆心(C)]：                 //指定起点（在绘图窗口中单击指定圆弧的起点）
指定圆弧的第二个点或[圆心(C)/端点(E)]：_c    //选择"圆心(C)"选项（系统自动执行）
指定圆弧的圆心：                           //指定圆心（在绘图窗口中单击指定圆弧的圆心）
指定圆弧的端点(按住Ctrl键以切换方向)或[角度(A)/弦长(L)]：_a   //选择"角度(A)"选项（系统自动执行）
指定夹角(按住Ctrl键以切换方向)：            //指定夹角（输入包含角150°，结束命令）
```

使用"起点，圆心，角度"法绘制的圆弧如图 3.5 所示。

④ "起点，圆心，长度"法绘制圆弧。

"起点，圆心，长度"法是指定圆弧的起点、圆心、弦长来绘制圆弧的方法。单击"默认"选项卡功能区"绘图"面板中"圆弧"按钮下方的下拉按钮▼，在弹出的下拉列表中选择"起点，圆心，长度"命令，命令行提示如下。

```
命令：_arc
指定圆弧的起点或[圆心(C)]：                 //指定起点（在绘图窗口中单击指定圆弧上的起点）
指定圆弧的第二个点或[圆心(C)/端点(E)]：_c    //选择"圆心(C)"选项（系统自动执行）
指定圆弧的圆心：                           //指定圆心（在绘图窗口中单击指定圆弧的圆心）
指定圆弧的端点(按住Ctrl键以切换方向)或[角度(A)/弦长(L)]：_l
                                         //选择"弦长(L)"选项（系统自动执行）
指定弦长(按住Ctrl键以切换方向)：            //指定弦长或输入弦长数值（输入弦长35，结束命令）
```

使用"起点，圆心，长度"法绘制的圆弧如图 3.6 所示。

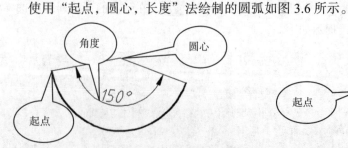

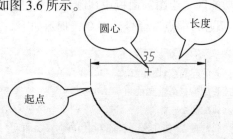

图 3.5 使用"起点，圆心，角度"法绘制的圆弧　　　图 3.6 使用"起点，圆心，长度"法绘制的圆弧

⑤ "起点，端点，角度"法绘制圆弧。

"起点，端点，角度"法是指定圆弧的起点、端点、角度来绘制圆弧的方法。单击"默认"选项卡功能区"绘图"面板中"圆弧"按钮下方的下拉按钮▼，在弹出的下拉列表中选择"起点，端点，角度"命令，命令行提示如下。

```
命令：_arc
指定圆弧的起点或[圆心(C)]：                    //指定起点（在绘图窗口中单击指定圆弧上的起点）
指定圆弧的第二个点或[圆心(C)/端点(E)]：_e      //选择"圆心(C)"选项（系统自动执行）
指定圆弧的端点：                              //指定端点（在绘图窗口中单击指定圆弧上的端点）
指定圆弧的中心点(按住 Ctrl 键以切换方向)或[角度(A)/方向(D)/半径(R)]：_a
                                            //选择"角度(A)"选项（系统自动执行）
指定夹角(按住 Ctrl 键以切换方向)：            //指定夹角数值80（输入角度值80并按Enter键,结束命令）
```

使用"起点，端点，角度"法绘制的圆弧如图 3.7 所示。

⑥ "起点，端点，方向"法绘制圆弧。

"起点，端点，方向"法是指定圆弧的起点、端点、方向来绘制圆弧的方法。单击"默认"选项卡功能区"绘图"面板中"圆弧"按钮下方的下拉按钮▼，在弹出的下拉列表中选择"起点，端点，方向"命令，命令行提示如下。

```
命令：_arc
指定圆弧的起点或[圆心(C)]：                    //指定起点（在绘图窗口中单击指定圆弧上的起点）
指定圆弧的第二个点或[圆心(C)/端点(E)]：_c      //选择"圆心(C)"选项（系统自动执行）
指定圆弧的端点：                              //指定端点（在绘图窗口中单击指定圆弧上的端点）
指定圆弧的中心点(按住 Ctrl 键以切换方向)或[角度(A)/方向(D)/半径(R)]：_d
                                            //选择"方向(D)"选项（系统自动执行）
指定圆弧起点的相切方向(按住 Ctrl 键以切换方向)：//指定圆弧起点的相切方向（在圆弧任一侧单击指定
                                              圆弧起点的相切方向，结束命令）
```

使用"起点，端点，方向"法绘制的圆弧如图 3.8 所示。

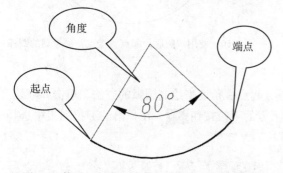

图 3.7　使用"起点，端点，角度"法绘制的圆弧

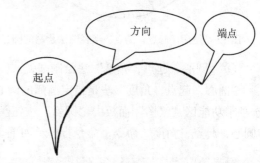

图 3.8　使用"起点，端点，方向"法绘制的圆弧

⑦ "起点，端点，半径"法绘制圆弧。

"起点，端点，半径"法是指定圆弧的起点、端点、半径来绘制圆弧的方法。单击"默认"选项卡功能区"绘图"面板中"圆弧"按钮下方的下拉按钮▼，在弹出的下拉列表中选择"起点，端点，半径"命令，命令行提示如下。

```
命令：_arc
指定圆弧的起点或[圆心(C)]：                //指定圆弧的起点（在绘图窗口中单击指定圆弧上的起点）
指定圆弧的第二个点或[圆心(C)/端点(E)]：_e   //选择"端点(E)"选项（系统自动执行）
指定圆弧的端点：                          //指定圆弧的端点（在绘图窗口中单击指定圆弧上的端点）
指定圆弧的中心点(按住 Ctrl 键以切换方向)或[角度(A)/方向(D)/半径(R)]：_r
                                         //选择"半径(R)"选项（系统自动执行）
指定圆弧的半径(按住 Ctrl 键切换方向)：     //指定圆弧的半径 10（输入圆弧的半径 10 并按 Enter 键，
                                         结束命令）
```

使用"起点，端点，半径"法绘制的圆弧如图 3.9 所示。

⑧ "圆心，起点，端点"法绘制圆弧。

"圆心，起点，端点"法是指定圆弧的圆心、起点、端点来绘制圆弧的方法。单击"默认"选项卡功能区"绘图"面板中"圆弧"按钮下方的下拉按钮 ▼ ，在弹出的下拉列表中选择"圆心，起点，端点"命令，命令行提示如下。

```
命令：_arc
指定圆弧的起点或[圆心(C)]：_c         //选择"圆心(C)"选项（系统自动执行）
指定圆弧的圆心：                     //指定圆弧的圆心（在绘图窗口中单击指定圆弧的圆心）
指定圆弧的起点：                     //圆弧的起点（在绘图窗口中单击指定圆弧上的起点）
指定圆弧的端点(按住 Ctrl 键以切换方向)或[角度(A)/弦长(L)]：
                                    //指定圆弧的端点（在绘图窗口中单击指定圆弧的端点，结束命令）
```

使用"圆心，起点，端点"法绘制的圆弧如图 3.10 所示。

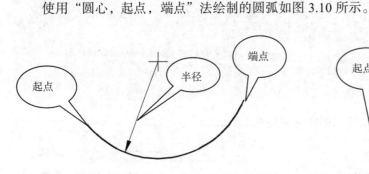

图 3.9　使用"起点，端点，半径"法绘制的圆弧　　图 3.10　使用"圆心，起点，端点"法绘制的圆弧

⑨ "圆心，起点，角度"法绘制圆弧。

"圆心，起点，角度"法是指定圆弧的圆心、起点、角度来绘制圆弧的方法。单击"默认"选项卡功能区"绘图"面板中"圆弧"按钮下方的下拉按钮 ▼ ，在弹出的下拉列表中选择"圆心，起点，角度"命令，命令行提示如下。

```
命令：_arc
指定圆弧的起点或[圆心(C)]：_c         //选择"圆心(C)"选项（系统自动执行）
指定圆弧的圆心：                     //指定圆弧的圆心（在绘图窗口中单击指定圆弧的圆心）
指定圆弧的起点：                     //指定圆弧的起点（在绘图窗口中单击指定圆弧上的起点）
指定圆弧的端点(按住 Ctrl 键以切换方向)或[角度(A)/弦长(L)]：_a
                                    //选择"角度(A)"选项（系统自动执行）
指定夹角(按住 Ctrl 键以切换方向)：    //指定圆弧的夹角（输入圆弧的夹角 130°并按 Enter 键，结束命令）
```

使用"圆心，起点，角度"法绘制的圆弧如图 3.11 所示。

⑩ "圆心，起点，长度"法绘制圆弧。

"圆心，起点，长度"法是指定圆弧的圆心、起点、弦长来绘制圆弧的方法。单击"默认"选项卡功能区"绘图"面板中 "圆弧"按钮下方的下拉按钮 ，在弹出的下拉列表中选择"圆心，起点，长度"命令，命令行提示如下。

```
命令：_arc
指定圆弧的起点或[圆心(C)]：_c            //选择"圆心(C)"选项（系统自动执行）
指定圆弧的圆心：                         //指定圆弧的圆心（在绘图窗口中单击指定圆弧的圆心）
指定圆弧的起点：                         //指定圆弧的起点（在绘图窗口中单击指定圆弧上的起点）
指定圆弧的端点(按住 Ctrl 键以切换方向)或[角度(A)/弦长(L)]：_l
                                       //选择"弦长(L)"选项（系统自动执行）
指定弦长(按住 Ctrl 键以切换方向)：        //指定圆弧的弦长[输入圆弧的弦长数值（或在绘图窗口中单击指
                                         定圆弧的弦长）并按 Enter 键确认，结束命令]
```

使用"圆心，起点，长度"法绘制的圆弧如图 3.12 所示。

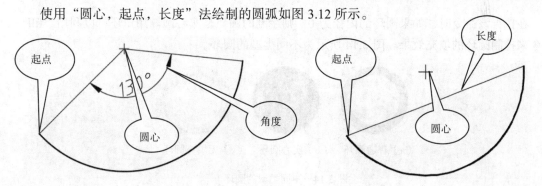

图 3.11 使用"圆心，起点，角度"法绘制的圆弧　　图 3.12 使用"圆心，起点，长度"法绘制的圆弧

⑪ "连续"法绘制圆弧。

"连续"法是以上一步操作的终点为起点绘制圆弧的方法。单击"默认"选项卡功能区"绘图"面板中"圆弧"按钮下方的下拉按钮 ，在弹出的下拉列表中选择"连续"命令，命令行提示如下。

```
命令：_arc
指定圆弧的起点或[圆心(C)]：
        //指定圆弧的起点（系统自动捕捉前圆弧的终点）
指定圆弧的端点（按住 Ctrl 键以切换方向）：
        //指定圆弧的端点,结束命令（在绘图窗口中单击指定圆弧上的端点）
```

绘制的圆弧如图 3.13 所示。

图 3.13 "连续"法绘制圆弧

（二）"圆环"命令

圆环可以认为是具有填充效果的环或实体填充的圆，即有宽度的闭合多段线。执行"圆环"命令的方法有以下两种。

（1）单击"默认"选项卡功能区"绘图"面板中"绘图"按钮 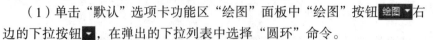 右边的下拉按钮 ，在弹出的下拉列表中选择"圆环"命令。

微课："圆环"命令

（2）在命令行窗口中输入"donut"。

执行命令后，命令行提示如下。

```
命令：_donut
指定圆环的内径 <0.5000>：        //指定圆环的内径（输入圆环的内径）
指定圆环的外径 <1.0000>：        //指定圆环的外径（输入圆环的外径）
指定圆环的中心点或 <退出>：      //指定圆环的中心点（在绘图窗口中单击确定圆环的中心点）
指定圆环的中心点或 <退出>：      //按 Enter 键确认，结束命令
```

在执行该命令时，如果圆环的内径为 0，则绘制的圆环是实心圆。用户还可以利用"fill"命令来控制圆环的填充效果。图 3.14 所示为不同类型的圆环。

（a）普通圆环　（b）实心圆环　（c）无填充圆环

图 3.14　不同类型的圆环

① 普通圆环的绘制。执行"圆环"命令后，命令行提示如下。

```
命令：_donut
指定圆环的内径 <0.5000>：        //输入圆环的内径（输入圆环的内径30）
指定圆环的外径 <1.0000>：        //输入圆环的外径（输入圆环的外径40）
指定圆环的中心点或 <退出>：      //指定圆环的中心点（在绘图窗口中单击拾取一点作为中心点）
指定圆环的中心点或 <退出>：      //结束命令（按 Enter 键，结束命令）
```

② 实心圆环的绘制。执行"圆环"命令后，命令行提示如下。

```
命令：_donut
指定圆环的内径 <30.0000>：       //输入圆环的内径（输入圆环的内径30）
指定圆环的外径 <40.0000>：       //输入圆环的外径（输入圆环的外径40 或直接按 Enter 键）
指定圆环的中心点或 <退出>：      //指定圆环的中心点（在绘图窗口中单击一点作为中心点）
指定圆环的中心点或 <退出>：      //结束命令（按 Enter 键，结束命令）
```

③ 无填充圆环的绘制。在命令行窗口中输入"fill"后按 Enter 键，命令行提示如下。

```
输入模式[开(ON)/关(OFF)] <开>：  //输入"off"，按 Enter 键确认
```

执行"绘图"｜"圆弧"命令，命令行提示如下。

```
命令：_donut
指定圆环的内径 <0.0000>：        //输入圆环的内径（输入圆环的内径30）
指定圆环的外径 <40.0000>：       //输入圆环的外径（输入圆环的外径40）
指定圆环的中心点或 <退出>：      //指定圆环的中心点（在绘图窗口中单击拾取一点作为中心点）
指定圆环的中心点或 <退出>：      //结束命令（按Enter键，结束命令）
```

（三）"多段线"命令

多段线是由线段和圆弧连接而成的独立的线性对象。组成多段线的线段和圆弧可以是任意多个，但无论组成多段线的线段和圆弧有多少个，这条多段线始终都被视为一个实体对象进行编辑。

微课："多段线"
命令

在AutoCAD 2016中，执行"多段线"命令的方法有以下两种。

（1）单击"默认"选项卡功能区"绘图"面板中的"多段线"按钮 。

（2）在命令行窗口中输入"pline"。

执行"多段线"命令后，命令行提示如下。

```
命令：_pline
指定起点：  //指定多段线的起点（在绘图窗口适当位置单击指定起点）
当前线宽为0.0000（系统提示）
指定下一点或[圆弧(A)/半宽(H)/长度(L)/放弃(U)/宽度(W)]：
            //指定多段线的下一个端点或执行选项功能（指定多段线的下一个端点或输入选项字母）
指定下一点或[圆弧(A)/闭合(C)/半宽(H)/长度(L)/放弃(U)/宽度(W)]：
            //继续指定下一点或执行选项功能或结束命令（指定多段线的下一个端点或输入选项字母或按Enter
            键确认，结束命令）
```

在命令执行过程中，各选项对应的功能如下。

① 圆弧（A）：选择此选项，将弧线段添加到多段线中。命令行提示如下。

```
指定圆弧的端点或[角度（A）/圆心（CE）/闭合（CL）/方向（D）/半宽（H）/直线（L）/半径（R）/第二个点（S）
/放弃（U）/宽度（W）]：
```

其中各选项的功能如下。

- 圆弧的端点：绘制弧线段。弧线段从多段线上一段的最后一点开始并与多段线相切。
- 角度（A）：指定弧线段从起点开始的包含角。输入正数将按逆时针方向创建弧线段，输入负数将按顺时针方向创建弧线段。
- 圆心（CE）：指定弧线段的圆心。
- 闭合（CL）：用弧线段将多段线闭合。
- 方向（D）：指定弧线段的起始方向。
- 半宽（H）：指定多段线线段的中心到其一边的宽度。
- 直线（L）：退出"圆弧"选项并返回"pline"命令的初始提示。
- 半径（R）：指定弧线段的半径。
- 第二个点（S）：指定三点圆弧的第二个点和端点。
- 放弃（U）：删除最近一次添加到多段线上的弧线段。

- 宽度（W）：指定下一条弧线段的宽度。

②闭合（C）：绘制一条线段（从当前位置到多段线的起点）以闭合多段线。

③半宽（H）：指定具有宽度的多段线的线段中心到其一边的宽度。

④长度（L）：在与前一段相同的角度方向上绘制指定长度的线段。如果前一段是圆弧，程序将绘制与该弧线段相切的新线段。

⑤放弃（U）：删除最近一次添加到多段线上的线段。

⑥宽度（W）：指定下一条线段的宽度。起点宽度将成为默认的端点宽度。端点宽度在再次修改宽度之前将作为所有后续线段的统一宽度。宽线线段的起点和端点位于宽线的中心。

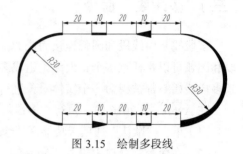

图 3.15 所示的多段线的绘制过程如下。

图 3.15　绘制多段线

单击"默认"选项卡功能区"绘图"面板中的"多段线"按钮，命令行提示如下。

```
命令: _pline
指定起点:                        //指定多段线的起点（在绘图窗口中单击拾取一点）
当前线宽为 0.0000（系统默认线宽为 0）
指定下一点或[圆弧(A)/半宽(H)/长度(L)/放弃(U)/宽度(W)]:
                                 //指定多段线的下一个端点（系统默认为绘制直线状态，水平移动鼠标指针输
                                   入 20，并按 Enter 键确认）
指定下一点或[圆弧(A)/闭合(C)/半宽(H)/长度(L)/放弃(U)/宽度(W)]:
                                 //选择"宽度(W)"选项（输入 W 并按 Enter 键确认）
指定起点宽度 <0.0000>:            //指定起点宽度（输入起点宽度 4 并按 Enter 键确认）
指定端点宽度 <4.0000>:            //指定端点宽度（输入端点宽度 0 并按 Enter 键确认）
指定下一点或[圆弧(A)/半宽(H)/长度(L)/放弃(U)/宽度(W)]:
                                 //指定多段线的下一个端点（水平移动鼠标指针输入 10，按 Enter 键确认）
指定下一点或[圆弧(A)/闭合(C)/半宽(H)/长度(L)/放弃(U)/宽度(W)]:
                                 //选择"宽度(W)"选项（输入 W 并按 Enter 键确认）
指定起点宽度 <0.0000>:            //指定起点宽度（输入起点宽度 0 并按 Enter 键确认）
指定端点宽度 <0.0000>:            //指定端点宽度（输入端点宽度 0 并按 Enter 键确认或按 Enter 键重复执行）
指定下一点或[圆弧(A)/半宽(H)/长度(L)/放弃(U)/宽度(W)]:
                                 //指定多段线的下一个端点（水平移动鼠标指针输入 20 并按 Enter 键确认）
指定下一点或[圆弧(A)/闭合(C)/半宽(H)/长度(L)/放弃(U)/宽度(W)]:
                                 //选择"宽度(W)"选项（输入 W 并按 Enter 键确认）
指定起点宽度 <0.0000>:            //指定起点宽度（输入起点宽度 2 并按 Enter 键确认）
指定端点宽度 <2.0000>:            //指定端点宽度（输入端点宽度 2 并按 Enter 键确认或直接按 Enter 键重复执行）
指定下一点或[圆弧(A)/半宽(H)/长度(L)/放弃(U)/宽度(W)]:
                                 //指定多段线的下一个端点（水平移动鼠标指针输入 10 并按 Enter 键确认）
指定下一点或[圆弧(A)/闭合(C)/半宽(H)/长度(L)/放弃(U)/宽度(W)]:
                                 //选择"宽度(W)"选项（输入 W 并按 Enter 键确认）
指定起点宽度 <0.0000>:            //指定起点宽度（输入起点宽度 0 并按 Enter 键确认）
指定端点宽度 <0.0000>:            //指定端点宽度（输入端点宽度 0 并按 Enter 键确认或按 Enter 键重复执行）
指定下一点或[圆弧(A)/半宽(H)/长度(L)/放弃(U)/宽度(W)]:
```

```
                                        //指定多段线的下一个端点（水平移动鼠标指针输入20并按 Enter 键确认）
指定起点宽度 <0.0000>:               //指定起点宽度（输入起点宽度4并按 Enter 键确认）
指定端点宽度 <4.0000>:               //指定端点宽度（输入端点宽度0并按 Enter 键确认）
指定下一点或[圆弧(A)/闭合(C)/半宽(H)/长度(L)/放弃(U)/宽度(W)]:
                                        //选择"圆弧(A)"选项（输入A并按 Enter 键确认，转为绘制圆弧的状态）
指定圆弧的端点或[角度(A)/圆心(CE)/闭合(CL)/方向(D)/半宽(H)/直线(L)/半径(R)/第二个点(S)/放弃(U)/
宽度(W)]:                            //选择"角度(A)"选项（输入A并按 Enter 键确认，确定包含角的输入方式）
指定包含角:                          //指定包含角（输入包含角180°并按 Enter 键确认）
指定圆弧的端点或[圆心(CE)/半径(R)]:
                                        //选择"半径(R)"选项（输入R并按 Enter 键确认，确定半径的输入方式）
指定圆弧的半径:                      //指定圆弧的半径（输入半径30并按 Enter 键确认）
指定圆弧的弦方向 <0>:               //指定圆弧的弦方向（输入长度90，并按 Enter 键确认）
指定圆弧的端点或[角度(A)/圆心(CE)/闭合(CL)/方向(D)/半宽(H)/直线(L)/半径(R)/第二个点(S)/放弃(U)/
宽度(W)]:                            //选择"宽度(W)"选项（输入W并按 Enter 键确认）
指定起点宽度 <0.0000>:               //指定起点宽度(输入端点宽度0并按 Enter 键确认或按 Enter 键执行默认值）
指定端点宽度 <0.0000>:               //指定端点宽度(输入端点宽度0并按 Enter 键确认或按 Enter 键重复执行）
指定圆弧的端点或[角度(A)/圆心(CE)/闭合(CL)/方向(D)/半宽(H)/直线(L)/半径(R)/第二个点(S)/放弃(U)/
宽度(W)]:                            //选择"直线(L)"选项（输入L并按 Enter 键确认，转为绘制直线的状态）
……
```

　　绘制多段线后，还可以利用"多段线编辑"命令对绘制的多段线进行编辑。在命令行窗口中输入"多段线编辑"命令"pedit"，按 Enter 键确认。

（四）"矩形"命令

　　矩形是绘制平面图形时最常用的图形之一。在 AutoCAD 2016 中，执行"矩形"命令的方法有以下两种。

微课："矩形"命令

　　（1）单击"默认"选项卡功能区"绘图"面板中的"矩形"按钮（系统默认显示"矩形"按钮，如系统显示非默认的"多边形"按钮，用户可单击"多边形"按钮右边的下拉按钮，在弹出的下拉列表中选择"矩形"命令）。
　　（2）在命令行窗口中输入"rectang"。
　　执行"矩形"命令后，命令行提示如下。

```
命令: _rectang
指定第一个角点或[倒角(C)/标高(E)/圆角(F)/厚度(T)/宽度(W)]:
                                        //指定第一个角点（单击指定矩形的第一个角点）
指定另一个角点或[面积(A)/尺寸(D)/旋转(R)]:    //指定矩形的另一个角点（单击指定矩形的另一个角点）
```

　　其中各选项对应的功能如下。
　　① 倒角（C）：选择该选项，可以指定矩形的倒角距离，命令行提示如下。

```
……
指定矩形的第一个倒角距离 <0.0000>:    //输入第一个倒角距离(输入第一个倒角距离5并按 Enter 键确认）
指定矩形的第二个倒角距离 <5.0000>:    //输入第二个倒角距离（输入第二个倒角距离5并按 Enter 键确
```

认或直接按 Enter 键确认执行默认值）

......

绘制的倒角矩形如图 3.16 所示。

② 标高（E）：选择该选项，可以指定矩形的标高，命令行提示如下。

......

指定矩形的标高 <0.0000>：　　　　　　　　　　//输入矩形的标高（输入标高数值后并按 Enter 键确认）

......

标高是指当前图形相对于基准平面的高度。图形的标高在俯视图中无法显示，只有在左视图或三维空间中才能观察到。

③ 圆角（F）：选择该选项，可以指定矩形的圆角半径，命令行提示如下。

......

指定矩形的圆角半径 <0.0000>：　　//输入矩形的圆角半径（输入矩形的圆角半径 5 并按 Enter 键确认）

......

绘制的圆角矩形如图 3.17 所示。

　　　图 3.16　倒角矩形　　　　　　　　　　　　图 3.17　圆角矩形

④ 厚度（T）：选择此选项，可以指定矩形的厚度，命令行提示如下。

......

指定矩形的厚度 <0.0000>：　　//指定矩形的厚度（输入矩形的厚度 5 后并按 Enter 键确认）

......

如果输入的厚度值为正，则矩形将沿着 Z 轴正方向增长；如果输入的厚度值为负，则矩形将沿着 Z 轴负方向增长。矩形的厚度只有在三维空间才能显示，如图 3.18 所示。

⑤ 宽度（W）：选择此选项，可以为绘制的矩形指定多段线的宽度，命令行提示如下。

......

指定矩形的线宽 <0.0000>：　　//指定矩形的线宽（输入矩形的线宽 3 后按 Enter 键确认）

......

绘制的具有宽度的矩形如图 3.19 所示。

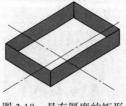　　　　　　　　　　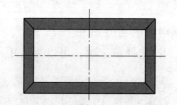

　　　图 3.18　具有厚度的矩形　　　　　　　图 3.19　具有宽度的矩形

⑥ 面积（A）：选择此选项，可以使用面积与长度或宽度创建矩形，命令行提示如下。

……	
输入以当前单位计算的矩形面积<100.0000>:	//输入矩形面积（输入矩形的面积数值）
计算矩形标注时依据[长度(L)/宽度(W)] <长度>:	//选择计算矩形面积的依据，此外选择"长度(L)"（输入 L 并按 Enter 键确认）
输入矩形长度 <10.0000>:	//输入矩形长度（输入矩形的长度数值10）
……	

⑦ 尺寸（D）：选择此选项，可以使用长度和宽度创建矩形，为常用选项，命令行提示如下。

……	
指定矩形的长度 <10.0000>:	//指定矩形的长度（输入矩形的长度50并按 Enter 键确认）
指定矩形的宽度 <10.0000>:	//指定矩形的宽度（输入矩形的宽度30并按 Enter 键确认）
指定另一个角点或[面积(A)/尺寸(D)/旋转(R)]:	
	//指定矩形的另一个角点（单击指定矩形的另一个角点确定矩形的方向）

绘制的矩形如图 3.20 所示。

⑧ 旋转（R）：选择此选项，可以按指定的旋转角度创建矩形，命令行提示如下。

……	
指定旋转角度或[拾取点(P)] <0>:	//指定旋转角度（输入矩形的旋转角度30）
指定另一个角点或[面积(A)/尺寸(D)/旋转(R)]:	//指定矩形另一个角点的位置（单击指定矩形另一个角点）
……	

如果选择"拾取点（P）"选项，则需要指定两个点来确定矩形的旋转角度。

绘制的旋转矩形如图 3.21 所示。

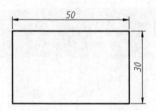

图 3.20　选择尺寸（D）选项绘制的矩形

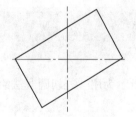

图 3.21　绘制的旋转矩形

（五）"多边形"命令

在绘制平面图形时也会经常用到"多边形"命令，在 AutoCAD 2016 中，执行"多边形"命令的方法有以下两种。

（1）单击"默认"选项卡功能区"绘图"面板中"矩形"按钮 ▦▾ 右边的下拉按钮 ▾ ，在弹出的下拉列表中选择"多边形"命令。如果"绘图"面板中显示非默认的"多边形"按钮 ⬠▾ 时，可直接单击此按钮。

微课："多边形"命令

（2）在命令行窗口中输入"polygon"。

执行"多边形"命令后，命令行提示如下。

```
命令：_polygon
输入侧面数 <4>:                    输入正多边形的边数（输入正多边形的边数 6，按 Enter 键确认，
                                  系统默认边数为 4）
指定正多边形的中心点或[边(E)]:      指定正多边形的中心点或选择"边(E)"选项[单击确定正多边形的中
                                  心点，若选择"边(E)"选项，则可指定正多边形边长绘制正多边形]
输入选项[内接于圆(I)/外切于圆(C)] <I>:选择绘制正多边形的方式[输入 I 并按 Enter 键确认或直接按
                                  Enter 键选择默认选项"内接于圆(I)"，此选项为常用选项]
指定圆的半径:20                    指定圆的半径（输入圆的半径 20，按 Enter 键确认，结束命令）
```

其中各选项对应的功能如下。

① 边（E）：指定第一条边的端点来定义正多边形，选择此选项，命令行提示如下。

```
……
指定边的第一个端点：    指定正多边形边的第一个端点（单击指定正多边形边的第一个端点）
指定边的第二个端点：    指定正多边形边的第二个端点（单击指定正多边形边的第二个端点）
……
```

② 内接于圆（I）：指定外接圆半径确定正多边形的大小来绘制正多边形（内接圆法），此时正多边形的所有顶点都在此圆周上。选择此选项，命令行提示如下。

```
……
指定圆的半径：    指定圆的半径（输入圆的半径 20，按 Enter 键确认，结束命令）
……
```

图 3.22 所示为用"内接圆"法绘制的正多边形。

③ 外切于圆（C）：通过指定外切圆半径确定正多边形的大小来绘制正多边形（外切圆法），此时正多边形各边中点都在此圆周上。选择此选项，命令行提示如下。

```
……
指定圆的半径：    指定圆的半径（输入圆的半径 20，按 Enter 键确认，结束命令）
……
```

图 3.23 所示为用"外切圆"法绘制的正多边形。

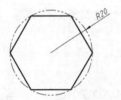

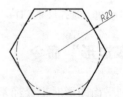

图 3.22　用"内接圆"法绘制的正多边形　　　　图 3.23　用"外切圆"法绘制的正多边形

（六）"椭圆"命令

椭圆是重要的圆类图形。在 AutoCAD 2016 中，"椭圆"命令分为"圆心"命令和"轴，端点"命令两种。

1. "圆心"命令

执行"圆心"命令的方法有以下两种。

微课："椭圆"命令

（1）单击"默认"选项卡功能区"绘图"面板中的"圆心"按钮 （系统默认显示"圆心"按钮 ，如系统显示非默认的"轴，端点"按钮 或"椭圆弧"按钮 ，则可单击"轴，端点"按钮 或"椭圆弧"按钮 右边的下拉按钮 ，在弹出的下拉列表中选择"圆心"命令）。

（2）在命令行窗口中输入"ellipse"后，再根据命令行提示选择"中心点（C）"选项。

执行"圆心"命令后，命令行提示如下。

```
命令: _ellipse
指定椭圆的轴端点或[圆弧(A)/中心点(C)]: _c
                    //选择"中心点(C)"选项绘制椭圆（系统自动执行）
指定椭圆的中心点:    //指定椭圆的中心点（在绘图窗口单击指定椭圆的中心点）
指定轴的端点:        //指定椭圆一条轴端点[在绘图窗口任意位置单击指定椭圆的一个端点或水平（竖直）移动
                    鼠标指针后输入 30 并按 Enter 键确认]
指定另一条半轴长度或[旋转(R)]:
                    //指定椭圆另一条轴的端点[在绘图窗口任意位置单击指定椭圆的另一个端点或水平（竖直）
                    移动鼠标指针后输入 20 并按 Enter 键确认，结束命令]
```

用"圆心"法绘制的椭圆如图 3.24 所示。

2. "轴，端点"命令

执行"轴，端点"命令的方法有以下两种。

（1）单击"默认"选项卡功能区"绘图"面板中"圆心"按钮 右边的下拉按钮 ，在弹出的下拉列表中选择"轴，端点"命令（系统默认显示"圆心"按钮 ）。若系统显示非默认的"轴，端点"按钮 ，则可直接单击此按钮，如系统显示非默认的"椭圆弧"按钮 ，可单击"椭圆弧"按钮 右边的下拉按钮 ，在弹出的下拉列表中选择"轴，端点"命令。

（2）在命令行窗口中输入"ellipse"。

执行"轴，端点"命令后，命令行提示如下。

```
命令: _ellipse
指定椭圆的轴端点或[圆弧(A)/中心点(C)]: //指定椭圆的轴端点（在绘图窗口中单击指定椭圆的一个轴端点）
指定轴的另一个端点:      //指定轴的另一个端点[在绘图窗口中单击指定椭圆的另一个轴端
                        点或水平（竖直）移动鼠标指针后输入 60 并按 Enter 键确认]
指定另一条半轴长度或[旋转(R)]:  //指定另一条半轴的长度[在绘图窗口中单击指定椭圆的另一条半轴的端点
                        或水平（竖直）移动鼠标指针后输入 20 并按 Enter 键确认，命令结束]
```

用"轴，端点"法绘制的椭圆如图 3.25 所示。

在使用"圆心""轴，端点"法绘制椭圆的过程中，如果选择"旋转（R）"选项，则绘制的椭圆是经过椭圆长轴两个端点的圆绕长轴旋转后得到的投影。选择此选项后，命令行提示如下。

```
……
指定绕长轴旋转的角度:    //指定绕长轴旋转的角度（输入旋转的角度并按 Enter 键确认，结束命令）
```

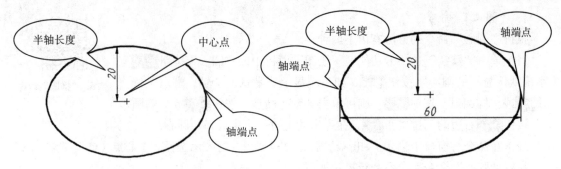

图 3.24　用"圆心"法绘制的椭圆　　　　图 3.25　用"轴，端点"法绘制的椭圆

 说明　　　"椭圆弧"命令在实际绘图中很少用到，限于篇幅，此处不再讲述，请有需要的读者根据命令行提示自行操作完成学习。

（七）"复制"命令

在绘制与编辑图形时，经常需要绘制一些完全相同的图形，这时可以利用"复制"命令简化操作。在 AutoCAD 2016 中，执行"复制"命令的方法有以下两种。

微课："复制"命令

（1）单击"默认"选项卡功能区"修改"面板中的"复制"按钮复制。

（2）在命令行窗口中输入"copy"或"co"。

执行"复制"命令后，命令行提示如下。

```
命令: _copy
选择对象: 找到 1 个                              //选择对象（单击或框选要复制的对象，系统将进行选中计数）
选择对象: 找到 1 个，总计 2 个                   //选择对象（单击或框选要复制的对象，系统将进行选中计数）
选择对象:                                       //结束对象的选择（按 Enter 键或单击鼠标右键）
当前设置:   复制模式 = 多个
指定基点或[位移(D)/模式(O)] <位移>:             //指定基点（单击确定基点）
指定第二个点或[阵列(A)] <使用第一个点作为位移>:  //指定第二个点（单击确定复制到位置）
指定第二个点或[阵列(A)/退出(E)/放弃(U)] <退出>: //结束命令（按 Enter 键确认或单击鼠标右键，结束
                                                命令，也可以单击第二个点确定复制到第二个位置）
```

例如，复制图 3.26 所示图形中的圆以得到图 3.27 所示的图形，具体操作方法如下。

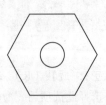

图 3.26　原图形

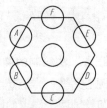

图 3.27　执行"复制"命令后的图形

① 单击"默认"选项卡功能区"修改"面板中的"复制"按钮复制。

② 用拾取框选择图 3.26 中的圆，按 Enter 键。

③ 捕捉图 3.26 中小圆的圆心作为基点。

④ 依次捕捉图 3.27 所示六边形各边的中点 A、B、C、D、E 和 F，单击指定目标位置。

在执行命令过程中，命令行出现的位移（D）、模式（O）及阵列（A）选项的作用如下。

- 位移（D）：使用相对坐标指定复制距离，即输入一个相对于原对象位置点的坐标值并按 Enter 键确认，实现相对距离复制对象，此时坐标值将用作相对位移，而不是基点位置。

选择"位移（D）"选项后，命令行提示如下。

```
……
指定基点或[位移(D)/模式(O)] <位移>：      //选择"位移(D)"选项（输入 D 并按 Enter 键确认）
指定位移 <0.0000, 0.0000, 0.0000>：      //指定偏移位移（输入坐标"30, 20"并按 Enter 键确认，命令
结束，系统会自动添加"@"）
```

执行结果如图 3.28 所示。

- 模式（O）：选择"单个（S）"或"多个（M）"模式复制对象，系统默认为"多个（M）"模式。

选择"模式（O）"选项后，命令行提示如下。

```
……
指定基点或[位移(D)/模式(O)] <位移>：      //选择"模式(O)"选项（输入 O 并按 Enter 键确认）
输入复制模式选项[单个(S)/多个(M)] <多个>：   //选择复制模式选项（输入 S 或 M 并按 Enter 键确认）
……
```

- 阵列（A）：将原对象按指定阵列数目进行复制，即将原对象按指定距离进行等距离复制。

选择"阵列（A）"选项后，命令行提示如下。

```
……
指定第二个点或[阵列(A)] <使用第一个点作为位移>：
                       //选择"阵列(A)"选项（输入 A 并按 Enter 键确认）
输入要进行阵列的项目数：  //输入连同原对象共要进行阵列的项目数（输入 3 并按 Enter 键确认）
……
```

执行结果如图 3.29 所示。

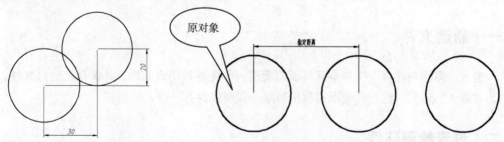

图 3.28　选择"位移（D）"选项复制的图形　　　　图 3.29　选择"阵列（A）"选项复制的图形

（八）"分解"命令

在绘制与编辑图形时，经常需要将多段线、标注、图案填充或复合对象转变为单个的元素

进行编辑，这时可利用"分解"命令进行操作。例如，将多段线分解为简单的线段和圆弧，将尺寸标注分解为线段和箭头。在 AutoCAD 2016 中，执行"分解"命令的方法有以下两种。

微课："分解"命令

（1）单击"默认"选项卡功能区"修改"面板中的"分解"按钮 🗗 。

（2）在命令行窗口中输入"explode"。

执行"分解"命令后，命令行提示如下。

命令：_explode	
选择对象：	//选择要分解的对象（选择要分解的对象）
选择对象：找到1个对象	//继续选择要分解的对象（继续选择对象或按Enter键确认，结束命令）

单一的图形对象不能被分解，如线段、圆、圆弧、椭圆、椭圆弧等，只有复合的图形才能被分解，如矩形和多边形等。选择的对象不同，分解的结果也不同，下面列出几种对象的分解结果。

① 块：如果选中的块为嵌套块，则第一次分解将把单独的图形与嵌套块从该块中分解出来，然后再把它们分解成多个对象。

② 二维多段线：分解后会丢失所有的宽度和切线方向信息。

③ 宽多段线：沿原多段线的中心线位置分解线段或弧，并丢失所有的宽度和切线方向信息。

④ 三维多段线：分解成线段，该三维多段线的任何线型将被应用于各个产生的对象。

⑤ 复合线：分解成线段和弧。

⑥ 多文本：分解成单文本实体。

⑦ 区域：分解成线段、弧或样条曲线。

"分解"命令只是将复合对象转化为由单一要素构成的对象，不改变要素的位置，因此对于大多数分解对象，其分解的效果是不可见的。

三、项目实施

（一）新建文件

进入"草图与注释"工作空间界面，新建一个无样板图形文件，并保存此空白文件，文件名为"图3.1.dwg"，注意在绘图过程中每隔一段时间保存一次。

（二）设置绘图环境

（1）设置图形界限，设定绘图窗口的大小为 297×210，窗口左下角点为坐标原点（此步骤现可省略）。

（2）设置图层，设置粗实线（CSX）、中心线（ZXX）和细实线（XSX）3个图层，图层参数如表3.1所示。

表 3.1　　　　　　　　　　　　　　　　图层参数

图层名	颜色	线型	线宽	用途
CSX	红色	Continuous	0.50mm	粗实线
ZXX	绿色	Center	0.25mm	中心线
XSX	青色	Continuous	0.25mm	细实线

（三）绘制图形

按 1：1 的比例绘制图 3.1 所示的平面图形。要求：选择合适的线型，不绘制图框与标题栏，不标注尺寸。

操作步骤如下。

（1）启用"极轴追踪"和"显示/隐藏线宽"辅助绘图工具。在"默认"选项卡功能区"图层"面板中的"图层"下拉列表中，将"CSX"图层设置为当前图层。

（2）绘制矩形。单击"默认"选项卡功能区"绘图"面板中的"矩形"按钮，命令行提示如下。

```
命令: _rectang
指定第一个角点或[倒角(C)/标高(E)/圆角(F)/厚度(T)/宽度(W)]:
                            //选择"倒角(C)"选项（输入 C 后按 Enter 键确认）
指定矩形的第一个倒角距离 <0.0000>:    //设置矩形的第一个倒角距离（输入 10，按 Enter 键确认）
指定矩形的第二个倒角距离 <10.0000>:   //设置矩形的第二个倒角距离（输入 10，按 Enter 键确认或直接
                                      按 Enter 键执行默认值）
指定第一个角点或[倒角(C)/标高(E)/圆角(F)/厚度(T)/宽度(W)]:
                            //指定矩形的第一个角点（单击确定矩形的第一个角点）
指定另一个角点或[面积(A)/尺寸(D)/旋转(R)]:
                            //选择"尺寸(D)"选项即根据矩形的长和宽进行绘制（输入 D 后按 Enter 键确认）
指定矩形的长度 <10.0000>:    //指定矩形的长度（输入矩形长度 150，按 Enter 键确认）
指定矩形的宽度 <10.0000>:    //指定矩形的宽度（输入矩形宽度 80，按 Enter 键确认）
指定另一个角点或[面积(A)/尺寸(D)/旋转(R)]:
                            //指定矩形的另一个角点确定矩形方向（在已经绘制出的矩形外单击确定矩形
                            方向，结束命令）
```

绘制结果如图 3.30 所示。

（3）分解矩形。单击"默认"选项卡功能区"修改"面板中的"分解"按钮，命令行提示如下。

```
命令: _explode
选择对象:            //选择要分解的对象（单击矩形选中要分解的对象）
选择对象: 找到 1 个对象    //结束对象的选择（按 Enter 键确认或单击鼠标右键确认，结束命令）
```

此时矩形将被分解为由 8 条线段构成的线框。

（4）绘制中心线。在"默认"选项卡功能区"图层"面板中的"图层"下拉列表中，将"ZXX"图层设置为当前图层，捕捉矩形左边线中点为左端点绘制一条长度约为 280 的水平对称线（确

定左端点后水平移动鼠标指针输入 280 并按 Enter 键确认），结果如图 3.31 所示。

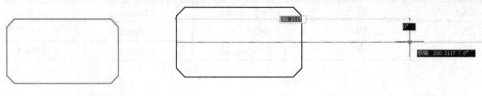

图 3.30　绘制的倒角矩形　　　　　　　　　　　　　图 3.31　矩形分解

（5）偏移平行线。在"默认"选项卡功能区"图层"面板中的"图层"下拉列表中，将"CSX"图层设置为当前图层，执行"偏移"命令，分别将矩形左边偏移 50，右边偏移 38，中心线偏移 15 和 27，得到图 3.32 所示的 E、F、B、C、A、D 这 6 条平行线。

（6）绘制槽形结构。拾取 B 和 C 两条线段，选择"CSX"图层，修改 B 和 C 两条线段为粗实线，用相同方法将 E 和 F 两条线段所在的图层改为"ZXX"图层。执行"修剪"和"拉长"命令，按要求修剪和调整各线段，结果如图 3.33 所示。

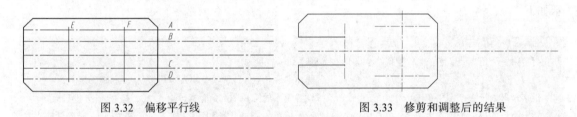

图 3.32　偏移平行线　　　　　　　　　　　　图 3.33　修剪和调整后的结果

　　　为得到合适的修剪长度，在执行"修剪"命令前需要绘制必要的辅助线。例如，在修剪图 3.32 所示的直线 A 时，可先绘制图 3.34 所示的 H 和 N 两条辅助线。

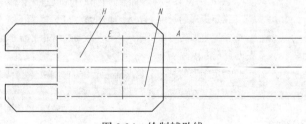

图 3.34　绘制辅助线

（7）绘制圆形结构。执行"圆"命令，以交点 P 为圆心绘制直径为 16 的圆。

单击"默认"选项卡功能区"修改"面板中的"复制"按钮 复制，命令行提示如下。

```
命令：_copy
选择对象：                              ∥选择要复制的对象（选择直径为 16 的圆）
选择对象：                              ∥结束对象的选择（按 Enter 键结束对象的选择）
指定基点或[位移(D)] <位移>：             ∥指定基点（拾取交点 P 作为基点）
指定第二个点或 <使用第一个点作为位移>：    ∥指定对象复制到的位置（拾取交点 R 作为第二点）
指定第二个点或[退出(E)/放弃(U)] <退出>：  ∥结束命令（按 Enter 键结束命令）
```

完成两个直径为 16 的圆的绘制。

（8）绘制槽内圆弧。单击"默认"选项卡功能区"绘图"面板中"圆弧"按钮■下方的下拉按钮■，在弹出的下拉列表中选择"起点，圆心，端点"命令，使用"起点，圆心，端点"法绘制圆弧，命令行提示如下。

```
命令: _arc
指定圆弧的起点或[圆心(C)]:                    //指定圆弧的起点（单击拾取交点 2 作为圆弧的起点）
指定圆弧的第二个点或[圆心(C)/端点(E)]: _c      //选择"圆心(C)"选项（系统自动执行）
指定圆弧的圆心:                              //指定圆心（拾取交点 P 作为圆弧的圆心）
指定圆弧的端点(按住 Ctrl 键以切换方向)或[角度(A)/弦长(L)]:
                                          //指定端点（拾取交点 1 作为圆弧的端点，结束命令）
```

（9）绘制椭圆。单击"默认"选项卡功能区"绘图"面板中的"圆心"按钮■，命令行提示如下。

```
命令: _ellipse
指定椭圆的轴端点或[圆弧(A)/中心点(C)]: _c
                                          //选择"中心点（C）"选项绘制椭圆（系统自动执行）
指定椭圆的中心点:                           //指定椭圆的中心点（单击拾取交点 Q 作为椭圆的中心点）
指定轴的端点:                              //指定椭圆一条轴的端点[向上移动鼠标指针，在极轴
                                           追踪线（虚线）的引领下输入 11，按 Enter 键确定长度]
指定另一条半轴长度或[旋转(R)]:              //指定椭圆另一条轴的端点（水平移动鼠标指针后输入 22 并按
                                          Enter 键确认，结束命令）
```

单击"默认"选项卡功能区"修改"面板中的"复制"按钮■复制，命令行提示如下。

```
命令: _copy
选择对象: 找到 1 个                          //选择对象（单击绘制好的椭圆）
选择对象:                                  //结束对象的选择（按 Enter 键或单击鼠标右键）
当前设置:   复制模式 = 多个
指定基点或[位移(D)/模式(O)] <位移>:          //指定基点（拾取交点 Q 作为基点）
指定第二个点或[阵列(A)] <使用第一个点作为位移>: //将椭圆复制到指定第二个点的位置（单击交点 S 作
                                          为第二个点）
指定第二个点或[阵列(A)/退出(E)/放弃(U)] <退出>: //结束命令(按 Enter 键确认或单击鼠标右键,结束命令）
```

复制椭圆的结果如图 3.35 所示。

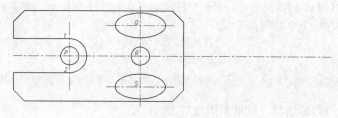

图 3.35 复制椭圆的结果

（10）绘制六边形。单击"默认"选项卡功能区"绘图"面板中"矩形"按钮■右边的下拉按钮■，在弹出的下拉列表中选择"多边形"命令（系统默认显示"矩形"按钮■），

若"绘图"面板中显示非默认的"多边形"按钮 ，则直接单击此按钮。执行相应操作后，命令行提示如下。

命令：_polygon
输入侧面数 <4>：　　　　　　　　 ∥输入正多边形的边数（输入正多边形的边数 6，按 Enter 键确认）
指定正多边形的中心点或[边(E)]：　　∥选择"边(E)"选项（输入 E 并按 Enter 键确认）
指定边的第一个端点：　　　　　　　 ∥指定正多边形边的第一个端点（拾取点 5 作为正多边形的第一个端点）
指定边的第二个端点：　　　　　　　 ∥指定正多边形边的第二个端点，命令结束（拾取点 6 作为正多边形的第二个端点）

　　　　　 在拾取边的端点时，选取点的顺序决定正多边形的方向，因此应注意选取点的顺序。

在"默认"选项卡功能区"图层"面板中的"图层"下拉列表中，将"ZXX"图层置为当前图层，执行"直线"命令完成对称中心线 34 的绘制，结果如图 3.36 所示。

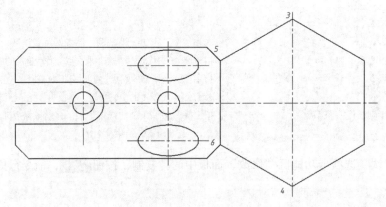

图 3.36　绘制的正六边形

（11）绘制内部圆和五边形。在"默认"选项卡功能区"图层"面板中的"图层"下拉列表中，将"CSX"图层置为当前图层，执行"圆"命令绘制直径为 74 的圆，圆心为交点 O。

单击"默认"选项卡功能区"绘图"面板中的"多边形"按钮 ，命令行提示如下。

命令：_polygon
输入侧面数 <6>：　　　　　　　　　　　　　 ∥输入正多边形的边数（输入正多边形的边数 5，按 Enter 键确认）
指定正多边形的中心点或[边(E)]：　　　　　 ∥指定正多边形的中心点（单击拾取交点 O 作为正多边形的中心点）
输入选项[内接于圆(I)/外切于圆(C)] <I>：
　　　　　　　　　　　　　　　　　　　　　 ∥选择绘制正多边形的方式[输入 I 并按 Enter 键确认或直接按 Enter 键选择默认选项"内接于圆（I）"]
指定圆的半径：　　　　　　　　　　　　　　 ∥指定圆的半径（输入圆的半径 37 并按 Enter 键确认，结束命令）

完成圆和正五边形的绘制，结果如图 3.37 所示。

（12）绘制右边圆弧。单击"默认"选项卡功能区"绘图"面板中"圆弧"按钮 下方的下拉按钮 ，在弹出的下拉列表中选择"起点，端点，半径"命令，以"起点，端点，半径"法绘制圆弧，命令行提示如下。

命令：_arc
指定圆弧的起点或[圆心(C)]：   //指定圆弧的起点（单击拾取交点 7 作为圆弧的起点）
指定圆弧的第二个点或[圆心(C)/端点(E)]：_e   //选择"端点(E)"选项（系统自动执行）
指定圆弧的端点：   //指定圆弧的端点（单击拾取交点 8 作为圆弧的第二个点）
指定圆弧的中心点(按住 Ctrl 键以切换方向)或[角度(A)/方向(D)/半径(R)]：_r
                                                //选择"半径(R)"选项（系统自动执行）
指定圆弧的半径(按住 Ctrl 键以切换方向)：   //指定圆弧的半径（输入圆弧的半径 50 并按 Enter 键,结束命令）

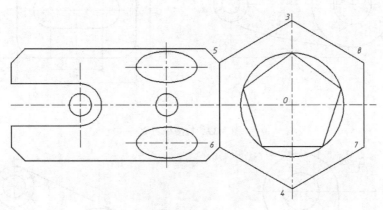

图 3.37   绘制圆和正五边形

（13）保存此文件。

四、检测练习

（1）按 1∶1 的比例绘制图 3.38 所示的图形（不标注尺寸）。

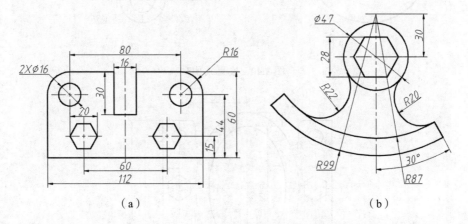

（a）   （b）

图 3.38   检测练习 1

（2）按 1∶1 的比例绘制图 3.39 所示的图形（不标注尺寸）。
（3）按 1∶1 的比例绘制图 3.40 所示的图形（不标注尺寸）。
（4）按 1∶1 的比例绘制图 3.41 所示的图形（不标注尺寸）。

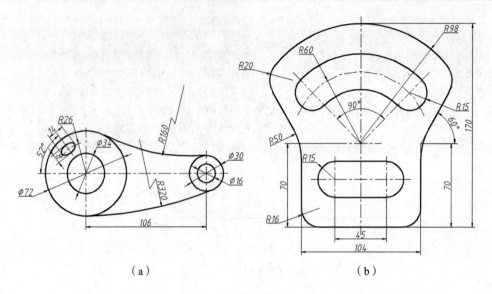

（a）　　　　　　　　　　（b）

图 3.39　检测练习 2

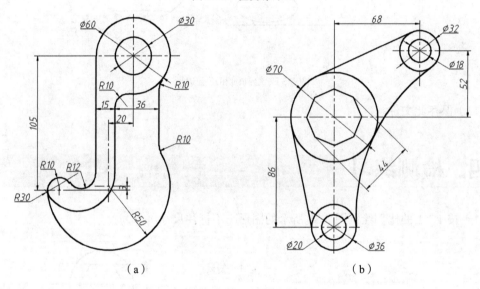

（a）　　　　　　　　　　（b）

图 3.40　检测练习 3

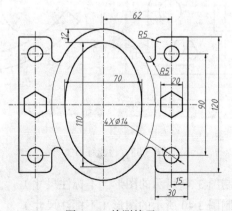

图 3.41　检测练习 4

五、提高练习

按 1：1 的比例绘制图 3.42 所示的图形（不标注尺寸）。

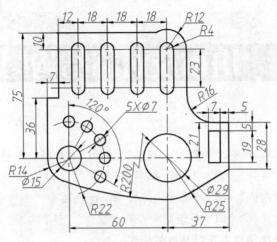

图 3.42　提高练习

项目四

均布及对称结构图形的绘制

【能力目标】

- 能够运用"镜像""阵列""移动""旋转""缩放""打断"等命令编辑图形。
- 能够简单运用"延伸""拉伸"命令编辑图形。
- 能够简单运用"射线""点""实体填充"命令绘制图形。
- 能够综合运用"直线""圆"等绘图命令和"镜像""阵列""移动""旋转""缩放""打断"等修改命令编辑均布及对称结构图形。

【知识目标】

- 掌握"镜像""阵列""移动""旋转""缩放"命令的操作方法。
- 了解"射线""点""实体填充"命令的操作方法。
- 了解"打断""延伸""拉伸"命令的操作方法。

一、项目导入

按 1:1 的比例绘制图 4.1 所示的平面图形。要求：选择合适的线型，不标注尺寸，不绘制图框与标题栏。

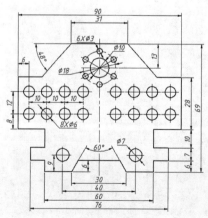

图 4.1　平面图形

二、项目知识

（一）"镜像"命令

使用"镜像"命令可以创建轴对称图形。有些图形非常复杂，但具有对称性，在绘制这些图形时，可以先绘制一半，然后用"镜像"命令绘制另一半。在 AutoCAD 2016 中，执行"镜像"命令的方法有以下两种。

（1）单击"默认"选项卡功能区"修改"面板中的"镜像"按钮 。

微课："镜像"命令

（2）在命令行窗口中输入"mirror"。

执行"镜像"命令后，命令行提示如下。

命令：_mirror	
选择对象：找到 1 个	选择要镜像的对象（单击或框选要镜像的对象，选择一个对象后系统提示"找到 1 个"）
选择对象： 指定镜像线的第一点：	继续选择要镜像的对象或指定镜像线（对称轴）的第一点（单击继续选择或框选要镜像的对象，如已完成对象的选择，可按 Enter 键结束对象的选择，此时系统提示"指定镜像线的第一点"，在绘图窗口中单击指定第一点或捕捉图形特征点）
指定镜像线的第二点：	指定镜像线的第二点（在绘图窗口中单击指定第二点或捕捉图形特征点）
要删除源对象吗？[是(Y)/否(N)] <否>：	选择是否保留源对象（若要保留源对象则输入 Y，不保留源对象则输入 N 或直接按 Enter 键选择默认选项，结束命令）

例如，已绘制图 4.2 所示的图形，用"镜像"命令绘制图 4.3 所示的图形，具体操作方法如下。

单击"默认"选项卡功能区"修改"面板中的"镜像"按钮 镜像，命令行提示如下。

命令：_mirror	
选择对象：指定对角点：	选择要镜像的对象（从左向右框选要镜像的对象，系统提示"找到 10 个"）
选择对象：指定镜像线的第一点：	指定镜像线的第一点（按 Enter 键结束对象的选择，捕捉图 4.2 所示的中心线左端点作为镜像线的第一点）
指定镜像线的第二点：	指定镜像线的第二点（捕捉图 4.2 所示的中心线右端点作为镜像线的第二点）
要删除源对象吗？[是(Y)/否(N)]<N>：	选择是否保留源对象（输入 N 或直接按 Enter 键选择默认选项，结束命令）

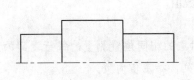

图 4.2 原始图形

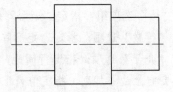

图 4.3 镜像后的效果

（二）"阵列"命令

"阵列"是指多重复制选择的对象并把这些副本按"矩形""环形""路径"方式排列。在 AutoCAD 2016 中，"阵列"包括"矩形阵列""环形阵列""路径阵列"3 种方式，对应有 3 个执行命令，且其执行方法相互独立，"路径阵列"不常用，限于篇幅，下文不讲解具体操作。

微课："阵列"命令

1. "矩形阵列"命令

执行"矩形阵列"命令的方法有以下两种。

（1）单击"默认"选项卡功能区"修改"面板中的"矩形阵列"按钮 ▦ 阵列 ▾ （系统默认显示"矩形阵列"按钮 ▦ 阵列 ▾ ，若系统显示非默认的"路径阵列"按钮 ⌇ 阵列 ▾ 或"环形阵列"按钮 ⠿ 阵列 ▾ ，可以单击 ⌇ 阵列 ▾ 或 ⠿ 阵列 ▾ 按钮右边的下拉按钮 ▾ ，在弹出的下拉列表中选择"矩形阵列"命令）。

（2）在命令行窗口中输入"arrayrect"。

执行"矩形阵列"命令后，命令行提示如下。

```
命令：_arrayrect
选择对象：指定对角点：找到 3 个        //选择对象（框选要进行"矩形阵列"的对象）
选择对象：                          //结束对象的选择（按 Enter 键确认，选择对象结束）
类型 = 矩形    关联 = 是
选择夹点以编辑阵列或[关联(AS)/基点(B)/计数(COU)/间距(S)/列数(COL)/行数(R)/层数(L)/退出(X)] <退出>：
                                  //指定"矩形阵列"相关数值（在"矩形阵列"属性栏中输入相关数值）
```

在操作过程中结束对象的选择时，系统将弹出"矩形阵列"属性栏，如图 4.4 所示。其中各选项说明如下。

图 4.4   "矩形阵列"属性栏

① "列"选项组：指定"矩形阵列"的列数相关数值。

- "列数"选项：指定"矩形阵列"的总列数。
- "介于"选项：指定列间距，即指定从每个对象的相同位置测量的每列之间的距离，要向右边添加列，指定值为正，要向左边添加列，指定值为负。
- "总计"选项：指定的列数分布总距离，即指定从开始和结束对象上的相同位置测量的起点和终点列之间的总距离。

② "行"选项组：指定"矩形阵列"的行数相关数值。

- "行数"选项：指定"矩形阵列"的总行数。
- "介于"选项：指定行间距，即指定从每个对象的相同位置测量的每行之间的距离，要向上边添加列，指定值为正，要向下边添加列，指定值为负。
- "总计"选项：指定的行数分布总距离，即指定从开始和结束对象上的相同位置测量的起点和终点行之间的总距离。

③ "层级" 选项组：指定三维 "矩形阵列" 的层数和层间距。

- "级别" 选项：指定 "矩形阵列" 中的层数。
- "介于" 选项：指定 "矩形阵列" 中的层间距，即在 Z 坐标值中指定每个对象等效位置之间的差值，要向 Z 轴正方向添加层，指定值为正，要向 Z 轴负方向添加层，指定值为负。
- "总计" 选项：指定的层高分布总距离，即在 Z 坐标值中指定第一个和最后一个层中对象等效位置之间的总差值。

④ "特性" 选项组：指定 "矩形阵列" 的关联关系与基点位置。

- "关联" 按钮：指定阵列中的对象是关联的还是独立的，系统默认为 "关联"。
- "基点" 按钮：定义阵列基点和基点夹点的位置，指定用于在阵列中放置项目的基点。

设置图 4.4 所示的 "行" "列" 参数，单击 "关闭阵列" 按钮 ⊠ 或按 Enter 键确认，结束命令。命令执行完成后，对图 4.5 所示的图形进行 "矩形阵列" 后的效果如图 4.6 所示。

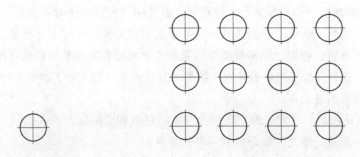

图 4.5　原始图形　　　　　　　图 4.6　矩形阵列后的效果

2. "环形阵列" 命令

执行 "环形阵列" 命令的方法有以下两种。

（1）单击 "默认" 选项卡功能区 "修改" 面板中 "矩形阵列" 按钮 ▦ 阵列 ▾（或 "路径阵列" 按钮 ⟋ 阵列 ▾）右边的下拉按钮 ▾，在弹出的下拉列表中选择 "环形阵列" 命令（系统显示默认的 "矩形阵列" 按钮 ▦ 阵列 ▾ 或显示非默认 "路径阵列" 按钮 ⟋ 阵列 ▾）。如果 "修改" 面板中显示非默认的 "环形阵列" 按钮 ⣿ 阵列 ▾，可直接单击此按钮。

（2）在命令行窗口中输入 "arraypolar"。

执行 "环形阵列" 命令后，命令行提示如下。

```
命令: _arraypolar
选择对象: 指定对角点: 找到 4 个              //选择对象（框选要进行 "环形阵列" 的对象）
选择对象: 找到 1 个，总计 5 个              //选择对象（单击拾取要进行 "环形阵列" 的中心线）
选择对象:                                    //结束对象的选择（按 Enter 键确认，结束对象的选择）
类型 = 极轴   关联 = 是
指定阵列的中心点或[基点(B)/旋转轴(A)]:       //指定阵列的中心点（单击大圆中心线交点拾取阵列的中心点）
选择夹点以编辑阵列或[关联(AS)/基点(B)/项目(I)/项目间角度(A)/填充角度(F)/行(ROW)/层(L)/旋转项目
(ROT)/退出(X)] <退出>:                       //指定 "环形阵列" 相关数值（在 "环形阵列" 属性栏中输入相关数值）
```

在确定 "阵列中心点" 时，系统将弹出 "环形阵列" 属性栏，如图 4.7 所示。其中各选项说明如下。

图 4.7 "环形阵列"属性栏

① "项目"选项组：指定"环形阵列"结果中显示的对象总数目、相邻两对象间的包含角、第一个和最后一个对象的总包含角。

- "项目数"选项：指定"环形阵列"结果中显示的对象总数目。
- "介于"选项：指定"环形阵列"结果中显示的相邻两对象间相对于中心点之间的包含角。
- "填充"选项：指定"环形阵列"结果中显示的第一个和最后一个对象相对于中心点之间的包含角参数，正值沿逆时针方向旋转，负值沿顺时针方向旋转，默认值为 360，值不允许为 0。

② "行"选项组：指定"环形阵列"结果中显示的对象行（环）数目、相邻两对象间的径向距离、第一个和最后一个对象的径向总距离，此选项在实际绘图时不常用。

- "行数"选项：指定"环形阵列"结果中显示的对象行（环）总数目。
- "介于"选项：指定"环形阵列"结果中显示的相邻两对象间的径向距离。
- "总计"选项：指定"环形阵列"结果中显示的第一行（环）和最后一行（环）的对象相对于径向的总距离。

③ "层级"选项组：指定三维"矩形阵列"的层数和层间距。

- "级别"选项：指定"矩形阵列"中的层数。
- "介于"选项：指定"矩形阵列"中的层间距，即在 Z 坐标值中指定每个对象等效位置之间的差值，要向 Z 轴正方向添加层，指定值为正，要向 Z 轴负方向添加层，指定值为负。
- "总计"选项：指定层高分布总距离，即在 Z 坐标值中指定第一个和最后一个层中对象等效位置之间的总差值。

④ "特性"选项组：指定阵列对象的关联关系基点位置和方向。

- "关联"按钮：指定阵列中的对象是关联的还是独立的。
- "基点"按钮：定义阵列基点和基点夹点的位置，指定用于在阵列中放置项目的基点。
- "旋转项目"按钮：用于指定"环形阵列"中的对象方向。打开该按钮时（显示为蓝色），阵列时每个对象都朝向中心点；关闭该按钮时，阵列时每个对象都保持原方向。系统默认为打开状态，关闭与打开该按钮的环形阵列效果如图 4.8 所示。

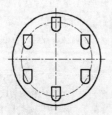

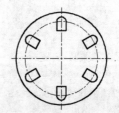

（a）关闭"旋转项目"按钮的环形阵列效果 　　　　（b）打开"旋转项目"按钮的环形阵列效果

图 4.8 关闭与打开该按钮的环形阵列效果

- "方向"按钮：用于指定"环形阵列"中的对象是按顺时针方向还是按逆时针方向分布，系统默认为按逆时针方向分布。

设置图 4.7 所示的"项目"参数（其他参数和选项为默认值），对图 4.9 所示的图形进行环形阵列后的效果如图 4.10 所示。

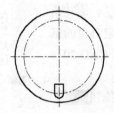
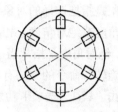

图 4.9　原始图形　　　　　　　　　　图 4.10　环形阵列后的效果

（三）"移动"命令

移动对象是指把选择的对象从一个位置移动到另一个位置。在 AutoCAD 2016 中，执行"移动"命令的方法有以下两种。

（1）单击"默认"选项卡功能区"修改"面板中的"移动"按钮⊕ 移动。

（2）在命令行窗口中输入"move"。

执行"移动"命令后，命令行提示如下。

```
命令：_move
选择对象：指定对角点：找到 1 个        //选择要移动的对象（框选要移动的对象，也可单击拾取要移动的
                                        对象，命令行同时进行计数）
选择对象：                            //结束对象的选择（按 Enter 键或单击鼠标右键）
指定基点或[位移(D)]＜位移＞：          //指定基点（单击确定基点）
指定第二个点或 ＜使用第一个点作为位移＞：//指定第二个点，结束命令（单击确定移动到的位置，结束命令）
```

例如，移动图 4.11 所示图形中的圆的效果如图 4.12 所示。

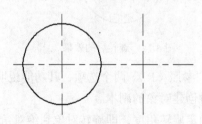
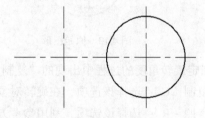

图 4.11　原始图形　　　　　　　　　图 4.12　移动后的效果

在指定基点的过程中，若选择"位移（D）"选项，则坐标值将用作相对位移（而不是基点位置），选定的对象将被移到由输入的相对坐标值确定的新位置。坐标值可以用笛卡儿坐标值、极坐标值、柱坐标值和球坐标值的形式输入，且无须包含"@"符号。

```
……
指定基点或[位移(D)]＜位移＞：          //选择"位移(D)"选项[输入 D，并按 Enter 键确认或直接按
```

	Enter 键选择默认的"位移（D）"选项]
指定位移 <0.0000, 0.0000, 0.0000>:	//指定位移（输入相对坐标值，并按 Enter 键确认，如输入"100,100"）

（四）"旋转"命令

旋转对象是指把选择的对象在指定的方向上旋转指定的角度。旋转角度是指相对角度或绝对角度，相对角度基于当前的方位围绕选定对象的基点进行旋转；绝对角度是指从当前角度开始旋转的角度。在 AutoCAD 2016 中，执行"旋转"命令的方法有以下两种。

微课："旋转"命令

（1）单击"默认"选项卡功能区"修改"面板中的"旋转"按钮 ◯ 旋转。

（2）在命令行窗口中输入"rotate"。

执行"旋转"命令后，命令行提示如下。

```
命令: _rotate
UCS 当前的正角方向:   ANGDIR=逆时针   ANGBASE=0
选择对象: 指定对角点: 找到 4 个          //选择要旋转的对象（框选要旋转的对象，也可单击拾取要旋转的
                                            对象，命令行同时进行计数）
选择对象: 指定对角点: 找到 4 个, 总计 8 个 //继续选择要旋转的对象（框选要旋转的对象，也可单击拾取要旋
                                            转的对象，命令行同时进行计数）
选择对象:                                 //继续选择要旋转的对象或结束对象的选择（按 Enter 键或单击
                                            鼠标右键）
指定基点:                                 //指定基点（单击确定基点）
指定旋转角度, 或[复制(C)/参照(R)] <0>:    //指定旋转角度（输入旋转角度 90，结束命令）
```

对图 4.13 所示的图形执行"旋转"命令后，效果如图 4.14 所示。

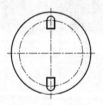

图 4.13　原始图形

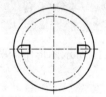

图 4.14　旋转后的效果

在指定旋转角度的过程中出现的"复制（C）""参照（R）"两个选项，其功能说明如下。

① 复制（C）：选择该选项，在旋转对象的同时创建对象的副本。

② 参照（R）：选择该选项，利用参考方式来确定旋转角度，即旋转对象到绝对角度。

由于"旋转"命令的"复制（C）""参照（R）"选项较为常用，所以下面介绍其常见使用方法。

（1）复制旋转图 4.15 所示的图形，要求效果如图 4.16 所示，具体操作方法如下。

执行"旋转"命令，命令行提示如下。

```
命令: _rotate
UCS 当前的正角方向:   ANGDIR=逆时针   ANGBASE=0
选择对象: 指定对角点: 找到 4 个          //选择要旋转的对象（可以框选要旋转的对象，也可以单击拾取要
                                            旋转的对象，命令行同时进行计数）
```

选择对象：指定对角点：找到 4 个，总计 8 个	∥继续选择要旋转的对象（可以框选要旋转的对象，也可以单击拾取要旋转的对象，命令行同时进行统计）
选择对象：	∥结束对象的选择（按 Enter 键或单击鼠标右键）
指定基点：	∥指定基点（单击圆心确定基点）
指定旋转角度，或 [复制(C)/参照(R)] <0>：	∥选择"复制（C）"选项（输入 C 并按 Enter 键）
指定旋转角度，或 [复制(C)/参照(R)] <0>：	∥指定旋转角度（输入旋转角度 90 并按 Enter 键确认，结束命令）

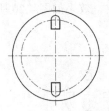 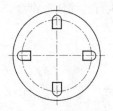

图 4.15　要复制旋转的原始图形　　　　　　图 4.16　复制旋转后的效果

（2）参照旋转图 4.17 所示的图形，要求效果如图 4.18 所示，具体操作方法如下。

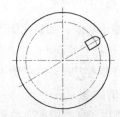 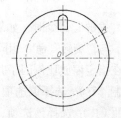

图 4.17　要参照旋转的原始图形　　　　　　图 4.18　参照旋转后的效果

执行"旋转"命令后，命令行提示如下。

```
命令：_rotate
UCS 当前的正角方向：ANGDIR=逆时针　ANGBASE=0
```

选择对象：指定对角点：找到 4 个	∥选择要旋转的对象（可以框选要旋转的对象，也可以单击拾取要旋转的对象，命令行同时进行统计）
选择对象：	∥结束对象的选择（按 Enter 键或单击鼠标右键）
指定基点：	∥指定基点（单击圆心确定基点）
指定旋转角度，或 [复制(C)/参照(R)]<90>：	∥选择"参照(R)"选项（输入 R 并按 Enter 键）
指定参照角 <0>：　指定第二点：	∥指定参照角线段端点（分别单击 O 点和 A 点，确定旋转基线）
指定新角度或 [点(P)] <90>：	∥指定新角度（输入角度 90 并按 Enter 键确认，结束命令）

（五）"缩放"命令

缩放对象是指在基点固定的情况下，将对象按比例放大或缩小。在 AutoCAD 2016 中，执行"缩放"命令的方法有以下两种。

（1）单击"默认"选项卡功能区"修改"面板中的"缩放"按钮 [🔲 缩放]。

（2）在命令行窗口中输入"scale"。

微课："缩放"命令

执行"缩放"命令后，命令行提示如下。

命令：_scale	
选择对象：指定对角点：找到 20 个	∥选择要缩放的对象（可以框选要缩放的对象，也可以单击拾取要缩放的对象，命令行同时进行统计）
选择对象：	∥结束对象的选择（按 Enter 键或单击鼠标右键）
指定基点：	∥指定基点（单击圆心确定基点）
指定比例因子或[复制(C)/参照(R)]：	∥指定比例因子（输入比例因子 0.5 并按 Enter 键确认，结束命令）

例如，执行"缩放"命令，对图 4.19 所示的图形进行缩放，效果如图 4.20 所示。

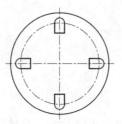

图 4.19　原始图形　　　　　　图 4.20　缩放后的效果

在执行"缩放"命令时，如果比例因子的范围为 0~1，则缩小对象；如果比例因子大于 1，则放大对象。与"旋转"命令相同，在缩放对象的同时，也可以选择"复制（C）"选项创建对象的副本，或在指定缩放比例因子时选择"参照（R）"选项，利用参考方式来确定缩放比例因子。

（1）复制（C）：选择该选项，在缩放对象的同时创建对象的副本。

（2）参照（R）：选择该选项，利用参考方式来确定缩放比例因子，即缩放对象到指定大小。

下面介绍"缩放"命令的"复制（C）"选项与"参照（R）"选项的常见使用方法。

① 复制缩放图 4.21 所示的图形，要求效果如图 4.22 所示。

执行"缩放"命令后，命令行提示如下。

命令：_scale	
选择对象：指定对角点：找到 20 个	∥选择要缩放的对象（可以框选要缩放的对象，也可以单击拾取要缩放的对象，命令行同时进行统计）
选择对象：	∥结束对象的选择（按 Enter 键确认或单击鼠标右键）
指定基点：	∥指定基点（单击圆心确定基点）
指定比例因子或[复制(C)/参照(R)]：	∥选择"复制(C)"选项（输入 C 并按 Enter 键确认）
缩放一组选定对象。	
指定比例因子或[复制(C)/参照(R)]：	∥指定比例因子（输入比例因子 0.5 并按 Enter 键确认，结束命令）

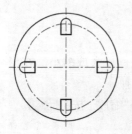
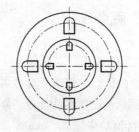

图 4.21　要复制缩放的原始图形　　　　　　图 4.22　复制缩放后的效果

② 参照缩放图 4.23 所示的图形，要求效果如图 4.24 所示。

执行"缩放"命令后，命令行提示如下。

命令：_scale	
选择对象：指定对角点：找到 13 个	//选择要缩放的对象（可以框选要缩放的对象，也可以单击拾取要缩放的对象，命令行同时进行统计）
选择对象：	//结束对象的选择（按 Enter 键确认或单击鼠标右键）
指定基点：	//指定基点（单击三角形下边中点确定基点）
指定比例因子或[复制(C)/参照(R)]：	//选择"参照(R)"选项（输入 R 并按 Enter 键确认）
指定参照长度 <1.0000>： 指定第二点：	//指定参照线段的两端点（长度）（分别单击三角形下边两端点，确定缩放基线长度）
确定缩放基线长度）	
指定新的长度或[点(P)] <1.0000>：	//指定新的长度（输入 60 并按 Enter 键确认，结束命令）

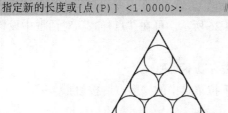

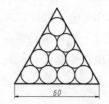

图 4.23　要参照缩放的原始图形　　　图 4.24　参照缩放后的效果

（六）"射线"命令

射线是从一点出发向某个方向无限延伸的直线，常用作创建其他对象的参照。在 AutoCAD 2016 中，执行"射线"命令的方法有以下两种。

（1）单击"默认"选项卡功能区"绘图"面板下拉菜单中的"射线"按钮。

（2）在命令行窗口中输入"ray"。

执行"射线"命令后，命令行提示如下。

命令：_ray	
指定起点：	//指定射线的起点（在绘图窗口中单击确定起点）
指定通过点：	//指定射线通过的点（在起点外单击确定第一点）
指定通过点：	//指定射线通过的点（在起点外单击确定第二点）
指定通过点：	//指定射线通过的点（在起点外单击确定第三点）
指定通过点：	//结束命令（按 Enter 键确认，结束命令）

执行"射线"命令后，效果如图 4.25 所示。

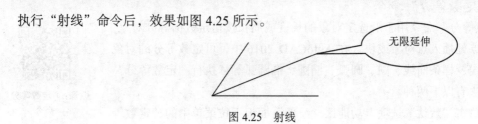

图 4.25　射线

（七）"点"命令

点是 AutoCAD 2016 中最基本的图形对象之一。"点"命令常用于捕捉和偏移对象的节点或参考点，也可对线段进行定距或定数等分并标记。在 AutoCAD 2016 中，"点"命令有"多点""定数等分""定距等分"3 种，用户可根据需要执行相应的"点"命令。

微课："多点"命令

1. "多点"命令

在绘制"多点"时，首先应设置"多点"的样式，系统默认的"多点"样式为"小黑点"，该样式在显示时不明显且易和图线混淆。设置"多点"样式的方法为：单击"默认"选项卡功能区"实用工具"面板下拉菜单中的"点样式"按钮，或在命令行窗口中输入"pype"。执行命令后，系统将弹出"点样式"对话框，如图 4.26 所示。可在"点样式"对话框中设置点的样式和大小，如选择"显黑"点样式。

在 AutoCAD 2016 中，执行"多点"命令的方法有以下两种。

（1）单击"默认"选项卡功能区"绘图"面板下拉菜单中的"多点"按钮。

（2）在命令行窗口中输入"point"。

执行"多点"命令后，命令行提示如下。

```
命令：_point
当前点模式：  PDMODE=35  PDSIZE=0.0000
指定点：    //指定点（在绘图窗口中单击依次指定第一、第二、第三……个点）
点无效。    //结束命令（按 Enter 键结束命令）
```

绘制的多点如图 4.27 所示。

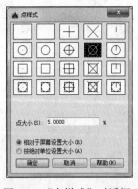

图 4.26 "点样式"对话框

图 4.27 绘制的多点

2. "定数等分"命令

"定数等分"命令用于沿选定对象的长度或周长按指定数据等分对象，并在等分点处插入点对象或块。在 AutoCAD 2016 中，可定数等分的对象包括多段线、样条曲线、圆、圆弧、椭圆、椭圆弧等。执行"定数等分"命令的方法有以下两种。

微课："定数等分"命令

（1）单击"默认"选项卡功能区"绘图"面板下拉菜单中的"定数等分"按钮。

（2）在命令行窗口中输入"divide"。

执行"定数等分"命令后，命令行提示如下。

```
命令: _divide
选择要定数等分的对象：      //选择要定数等分的对象(单击线段 AC，选中该对象)
输入线段数目或[块(B)]：      //输入线段数目（输入 7 并按 Enter 键，结束命令）
```

执行"定数等分"命令后，图 4.28 所示的线段 AC 被等分成 7 等份，效果如图 4.29 所示。

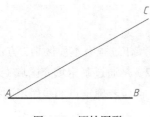
图 4.28　原始图形 1

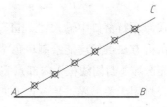
图 4.29　定数等分后的效果

3. "定距等分"命令

"定距等分"命令用于将点对象或块按指定的距离插入选定的对象上。在 AutoCAD 2016 中，可定距等分的对象包括多段线、样条曲线、圆、圆弧、椭圆、椭圆弧等。执行"定数等分"命令的方法有以下两种。

微课："定距等分"
命令

（1）单击"默认"选项卡功能区"绘图"面板下拉菜单中的"定距等分"按钮。

（2）在命令行窗口中输入"measure"。

执行"定距等分"命令后，命令行提示如下。

```
命令: _measure
选择要定距等分的对象：      //选择要定距等分的对象（单击线段 AC，选中该对象）
指定线段长度或[块(B)]：      //输入线段的长度（输入 10 并按 Enter 键，结束命令）
```

命令执行完成后，图 4.30 所示的长度为 65 的线段 AC 被以定距为 10 等分成 6 段（余下的不足 1 段），效果如图 4.31 所示。

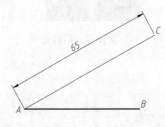
图 4.30　原始图形 2

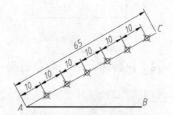
图 4.31　定距等分后的效果

（八）"实体填充"命令

"实体填充"命令是对由指定的点形成的区域进行单色填充，以创建单色填充图形。在 AutoCAD 2016 中，执行"实体填充"命令的方法有以下两种。

（1）单击"默认"选项卡功能区"绘图"面板中"图案填充"按钮右侧的下拉按钮 ，在弹出的下拉列表中选择"图案填充"命令，弹出"图案填充创建"选项卡功能区如图 4.32 所示，在其中单击"SOLID"按钮 。

图 4.32　"图案填充创建"选项卡功能区

（2）在命令行窗口中输入"solid"。

两种执行方法虽然均能绘制单色填充图形，但两者的操作过程有本质区别：方法（1）是通过拾取填充区域（封闭线框）内部点完成填充的，方法（2）是通过确定填充区域（与有无线框或线框是否封闭无关）界点（三点或四点）完成填充的，且后者确定点的顺序不同得到的填充结果也不同。下面分别说明这两种方法的应用。

按方法（1）执行命令后，命令行提示如下。

```
命令: _solid
拾取内部点或[选择对象(S)/放弃(U)/设置(T)]: 正在选择所有对象…
                          //拾取线框区域内部任意一点（在要填充区域内部任意位置单击）
正在选择所有可见对象…
正在分析所选数据…
正在分析内部孤岛…
拾取内部点或[选择对象(S)/放弃(U)/设置(T)]: //结束拾取内部点操作（按 Enter 键确认，结束命令）
```

命令执行完成后，图 4.33 所示的正方形封闭线框区域被单色填充，效果如图 4.34 所示。若线框不是封闭的，此命令将不能正常执行。

图 4.33　原始图形

图 4.34　实体填充后的效果

按方法（2）执行命令后，命令行提示如下。

```
命令: _solid
指定第一点:          //指定填充区域的第一个点[单击拾取图 4.35（b）中的 A 点]
指定第二点:          //指定填充区域的第二个点[单击拾取图 4.35（b）中的 B 点]
指定第三点:          //指定填充区域的第三个点[单击拾取图 4.35（b）中的 C 点]
指定第四点或 <退出>:   //结束命令或继续指定填充区域的第四个点[若按 Enter 键结束命令，填充效果如
                     图 4.35（a）所示，若继续指定填充区域的第四个点，即单击拾取图 4.35（b）
                     中的 D 点，则填充效果如图 4.35（b）所示]
指定第三点:          //结束命令（按 Enter 键确认，结束命令）
```

按方法（2）进行填充时，每一个填充区域最少由 3 个点组成，最多由 4 个点组成。绘制一个填充区域后，在命令行"指定第三点："的提示下，如果用户继续指定新的区域点，则系统以上次绘制的填充区域的最后一条边的端点作为新填充区域的第一点和第二点，依次绘制填充区域。

在执行此命令时，用户需注意单击指定点的先后顺序，第三点、第四点的顺序不同，所得效果也将不同，图 4.35（a）～图 4.35（c）在实体填充执行过程中指定点的顺序分别为 $A{\to}B{\to}C$、$A{\to}B{\to}C{\to}D$ 和 $A{\to}B{\to}D{\to}C$。

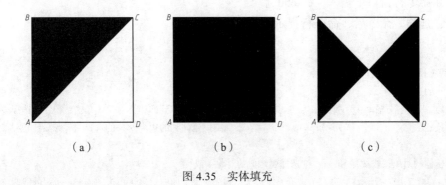

（a）　　　　　　　（b）　　　　　　　（c）

图 4.35　实体填充

（九）"打断"命令

打断对象是断开并删除对象的一部分从而把一个对象拆分成两部分，即在一个对象上通过指定两个点创建间隔。在 AutoCAD 2016 中，执行"打断"命令的方法有以下两种。

微课："打断"命令

（1）单击"默认"选项卡功能区"修改"面板下拉菜单中的"打断"按钮■。

（2）在命令行窗口中输入"break"。

执行"打断"命令后，命令行提示如下。

命令：_break
选择对象：　∥选择对象并指定第一个打断点（在图 4.36 所示的点 1 处单击，选择要打断的对象并确定要打断对象上的第一个打断点）
指定第二个打断点　或[第一点(F)]：
　　　　　∥指定第二个打断点（在图 4.36 所示的点 2 处单击，确定要打断对象上的第二个打断点，结束命令）

命令执行完成后，图 4.36 所示的线段被打断成两部分，效果如图 4.37 所示。

图 4.36　原图　　　　　　　图 4.37　"打断"后的效果

在执行命令过程中，系统默认拾取对象时的点为第一个打断点，如果选择"第一点（F）"选项，则系统将提示用户重新指定第一个打断点和第二个打断点，此时用户可以重新指定打断点。

（十）"延伸"命令

延伸对象是指延伸对象到另一个对象的边界线。在 AutoCAD 2016 中，"修剪""延伸"两个命令被合并在一起，系统界面默认显示"修剪"命令，执行"延伸"命令的方法有以下两种。

微课："延伸"命令

（1）在"默认"选项卡功能区中单击"修改"面板中"修剪"按钮 修剪 ▾ 右边的下拉按钮 ▾ ，在弹出的下拉列表中选择"延伸"命令 延伸 。

（2）在命令行窗口中输入"extend"。

执行"延伸"命令后，命令行提示如下。

```
命令：_extend
当前设置:投影=UCS, 边=无
选择边界的边...
选择对象或 <全部选择>： 找到 1 个          //选择要延伸到的边界对象（单击线段 1，选择边界对象）
选择对象：                                //结束延伸到的边界对象的选择（按 Enter 键结束边界对象
                                          的选择）
选择要延伸的对象，或按住 Shift 键选择要修剪的对象，或
[栏选(F)/窗交(C)/投影(P)/边(E)/放弃(U)]： //选择要延伸的对象（单击图 4.38 所示的线段 2，选择要
                                          延伸的对象）
选择要延伸的对象，或按住 Shift 键选择要修剪的对象，或
[栏选(F)/窗交(C)/投影(P)/边(E)/放弃(U)]： //结束命令（按 Enter 键确认，结束命令）
```

执行"延伸"命令后，图 4.38 所示的图形线段 2 将被延伸，效果如图 4.39 所示。

图 4.38　原始图形　　　　图 4.39　延伸后的效果

（十一）"拉伸"命令

"拉伸"命令通过移动对象的端点、顶点或控制点来改变对象的局部形状。在 AutoCAD 2016 中，执行"拉伸"命令的方法有以下两种。

微课："拉伸"命令

（1）单击"默认"选项卡功能区"修改"面板中的"拉伸"按钮 拉伸 。

（2）在命令行窗口中输入"stretch"。

执行"拉伸"命令后，命令行提示如下。

```
命令：_stretch
以交叉窗口或交叉多边形选择要拉伸的对象...
选择对象：指定对角点：找到 6 个  //选择要拉伸的对象（以交叉窗口形式从右至左框选要拉伸的对象）
选择对象：                       //继续选择要拉伸的对象或结束对象的选择（按 Enter 键确认,结束对象的选择）
指定基点或[位移(D)] <位移>：     //指定基点（指定图 4.40 所示图形的右上角点）
指定第二个点或 <使用第一个点作为位移>：
```

指定延伸到的点，结束命令（拖动鼠标指针在其右侧指定一点，如是定距拉伸，则水平向右拖动鼠标指针输入距离后按 Enter 键确认，结束命令）

选择图形对象时，如果将图形对象全部选择，则 AutoCAD 2016 执行"移动"命令；如果选择图形对象的一部分，则 AutoCAD 2016 执行"拉伸"命令，拉伸规则如下。

① 线段：在选择窗口内的端点被拉伸，另一端点不动。

② 多段线：在选择窗口内的部分被拉伸，在选择窗口外的部分保持不变。

③ 圆弧：在选择窗口内的端点被拉伸，另一端点不动。与线段不同的是，圆弧在被拉伸过程中弦高保持不变，改变的是圆弧的圆心位置、圆弧起始角和终止角的值。

④ 区域填充：在选择窗口内的端点被拉伸，窗口外的端点不动。

⑤ 其他对象：如果定义点位于选择窗口内，则进行拉伸；如果定义点位于选择窗口外，则不进行拉伸。

对图 4.40 所示的图形执行"拉伸"命令，效果如图 4.41 所示。

图 4.40　原始图形　　　　　　图 4.41　拉伸后的效果

三、项目实施

（一）新建文件

启动 AutoCAD 2016，进入"草图与注释"工作空间界面，新建一个无样板图形文件，并将此文件命名为"图 4.1.dwg"保存。

为防止绘图过程中因某些不可预见因素造成文件丢失，建议在新建无样板图形文件后即保存此空白文件，并在绘图过程中每隔一段时间保存一次。

（二）设置绘图环境

（1）设置图形界限，设置绘图窗口的大小为 297×210，窗口左下角点为坐标原点。

（2）设置图层，设置粗实线（CSX）和中心线（ZXX）两个图层，图层参数如表 4.1 所示。

表 4.1　　　　　　　　　　　　　　图层参数

图层名	颜色	线型	线宽	用途
CSX	红色	Continuous	0.50mm	粗实线
ZXX	绿色	Center	0.25mm	细实线

（三）绘制图形

按 1:1 的比例绘制图 4.1 所示的平面图形。要求：选择合适的线型，不绘制图框与标题栏，不标注尺寸。

操作步骤如下。

（1）调整绘图窗口的大小，启用"极轴追踪"和"显示/隐藏线宽"辅助绘图工具。

（2）绘制竖直中心线。在"默认"选项卡功能区"图层"面板 ![图层面板] 中的下拉列表中，将"ZXX"图层设置为当前图层，单击"绘图"面板中的"直线"按钮，绘制长度为 75 的垂直线。

（3）绘制右边各轮廓线。将"CSX"图层设置为当前图层，执行"直线"命令，根据尺寸关系依次画出右边各线段，绘图过程如图 4.42 所示。在绘图时，若有不能直接画出的倾斜线段（多数为中间线段，即不能直接画出），则可暂时不画出，但需要画出必要的辅助线，然后根据已经确定的倾斜线段端点，直接连接，绘图结果如图 4.43 所示。

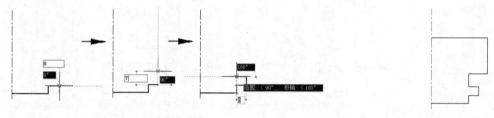

图 4.42　绘制轮廓线 1　　　　　　　　　　　　　　图 4.43　绘制轮廓线 2

（4）偏移绘制线段。单击"默认"选项卡功能区"修改"面板中的"偏移"按钮 ，将中心线分别以偏移距离 15 和 15.5 向右偏移，将线段 EF 分别以偏移距离 6 和 69 向上偏移。

（5）绘制射线。过交点 A 绘制一条射线，单击"默认"选项卡功能区"绘图"面板下拉菜单中的"射线"按钮 ，命令行提示如下。

```
命令：_ray
指定起点：       //指定射线的起点（在绘图窗口中单击拾取交点 A）
指定通过点：     //指定射线通过的点（在命令行输入"@20<-48"确定通过的点，即确定相对于起点极坐标为
                "20<-48"，其中 20 为"任意指定的长度"，-48 为沿顺时针方向旋转 48°）
指定通过点：     //结束命令（按 Enter 键确认，结束命令）
```

使用相同的方法，过交点 B 绘制另一条射线，结果如图 4.44 所示。

（6）修剪图形。执行"修剪"命令，按图 4.1 所示要求修剪图 4.44，结果如图 4.45 所示。

（7）偏移孔的位置中心线并画圆。执行"偏移"命令，将竖直中心线以偏移距离 20 向右偏移，线段 CF 以偏移距离 9 向上偏移，线段 DG 以偏移距离 6 向左偏移，线段 HD 以偏移距离 8 向上偏移，得到图 4.46 所示两圆中心线位置处的 4 条线段。选中这 4 条线段，在"默认"选项卡功能区"图层"面板 ![图层面板] 中的下拉列表中，选择"ZXX"图层，修改 4 条线段的线型为中心线，并运用夹点功能调整线段为合适长度。分别以所得的 4 条线段的交点为圆心画直径为 7 和 6 的圆，结果如图 4.46 所示。

（8）矩形阵列圆。单击"默认"选项卡功能区"修改"面板中的"矩形阵列"按钮 ，命令行提示如下。

命令：_arrayrect
选择对象：指定对角点：找到 3 个　　　　　//选择对象（框选要进行"矩形阵列"的圆及其中心线对象）
选择对象：　　　　　　　　　　　　　　　//结束对象的选择（按 Enter 键确认，结束对象的选择）
类型 = 矩形　关联 = 是
选择夹点以编辑阵列或[关联(AS)/基点(B)/计数(COU)/间距(S)/列数(COL)/行数(R)/层数(L)/退出(X)] <退出>：
　　　　　　　　　　　　　　　　　　　//在"矩形阵列"属性栏中输入相关数值

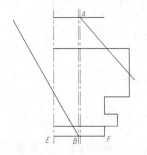

图 4.44　偏移直线并绘制射线

图 4.45　修剪后的图形

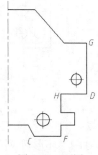

图 4.46　画圆

　　在结束对象选择操作过程中，系统将弹出"矩形阵列"属性栏。分别修改"列数"为 4，列"介于"为-10，"行数"为 2，行"介于"为 12，其他参数均为默认，如图 4.47 所示。

　　单击"关闭阵列"按钮■或按 Enter 键确认，结束命令。命令执行完成后，图 4.46 所示图形矩形阵列后的效果如图 4.48 所示。

图 4.47　"矩形阵列"属性栏中的参数设置

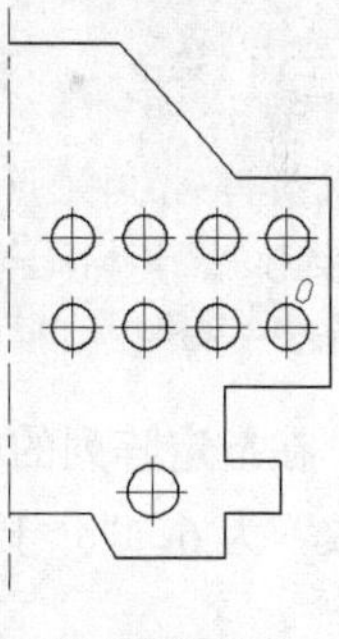

图 4.48　矩形阵列后的效果

　　（9）镜像对象。单击"默认"选项卡功能区"修改"面板中的"镜像"按钮■ 镜像，命令行提示如下。

命令：_mirror
选择对象：找到 40 个　　　　　　　　//选择要镜像的对象（从右向左框选除中心线外的所有对象，选择对象
　　　　　　　　　　　　　　　　　　完成后，系统提示"找到 40 个"）
　　选择对象：　指定镜像线的第一点：　//继续选择要镜像的对象或指定镜像线（对称轴）的第一点（单击继续
选择或框选要镜像的对象，如已完成对象选择，可按 Enter 键结束对象选择，此时系统提示"指定镜像线的第一点"，
单击捕捉图 4.48 所示图形中中心线的上端点）
　　指定镜像线的第二点：　　　　　　//指定镜像线的第二点（单击捕捉图 4.48 所示图形中中心线的下端点）
　　要删除源对象吗？[是(Y)/否(N)] <否>：//选择是否保留源对象（若要保留源对象则输入 Y，不保留源对象则
　　　　　　　　　　　　　　　　　　　输入 N 或直接按 Enter 键选择默认选项，结束命令）

　　执行"镜像"命令后的效果如图 4.49 所示。

（10）画圆对象。执行"偏移"命令，将线段 JK 以偏移距离 13 向下偏移，将线型修改为中心线并调整其至合适长度，以交点 L 为圆心分别以直径 10 和 18 绘制圆，并将直径为 18 的圆的图层修改为"ZXX"图层，再以此中心线圆与水平中心线的交点 M 为圆心绘制一直径为 3 的圆，结果如图 4.50 所示。

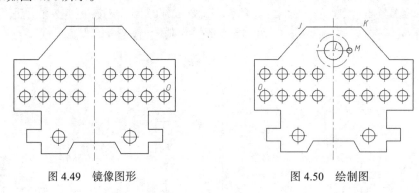

图 4.49　镜像图形　　　　　　　　图 4.50　绘制图

（11）"环形阵列"圆。单击"默认"选项卡功能区"修改"面板中的"矩形阵列"按钮 阵列 ▾（或"路径阵列"按钮 阵列 ▾）右边的下拉按钮 ▾，选择"环形阵列"命令，命令行提示如下。

```
命令：_arraypolar
选择对象：指定对角点：找到 1 个          //选择对象（单击拾取要进行"环形阵列"的直径为 3 的圆）
选择对象：找到 1 个，总计 2 个           //选择对象（单击拾取要进行"环形阵列"的直径为 3 的圆的中心线）
选择对象：                              //结束对象的选择（按 Enter 键确认，结束对象的选择）
类型 = 极轴　关联 = 是
指定阵列的中心点或[基点(B)/旋转轴(A)]：  //指定阵列的中心点（单击交点 L 拾取阵列的中心点）
选择夹点以编辑阵列或[关联(AS)/基点(B)/项目(I)/项目间角度(A)/填充角度(F)/行(ROW)/层(L)/旋转项目
(ROT)/退出(X)] <退出>：                 //在"环形阵列"属性栏中输入相关数值
```

在指定阵列的中心点时，系统将弹出"环形阵列"属性栏。修改"项目"选项组中的"项目数"为 6，"介于"为 60（或"填充"为 360），其他参数均为默认值，如图 4.51 所示。

图 4.51　"环形阵列"属性栏中的参数设置

单击"关闭阵列"按钮 或按 Enter 键确认，结束命令。命令执行完成后，图 4.50 所示图形矩形阵列后的效果如图 4.1 所示。

（12）根据图形管理要求指定存储位置，文件名为"图 4.1.dwg"。

四、检测练习

（1）按 1∶1 的比例绘制图 4.52 所示的图形（不标注尺寸）。

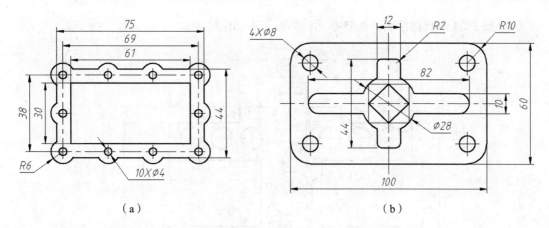

图 4.52　检测练习 1

（2）按 1∶1 的比例绘制图 4.53 所示的图形（不标注尺寸）。

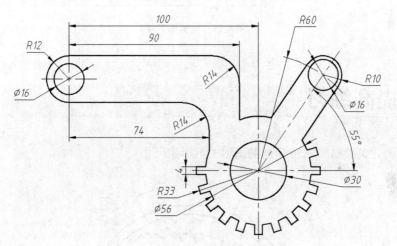

图 4.53　检测练习 2

（3）按 1∶1 的比例绘制图 4.54 所示的图形（不标注尺寸）。

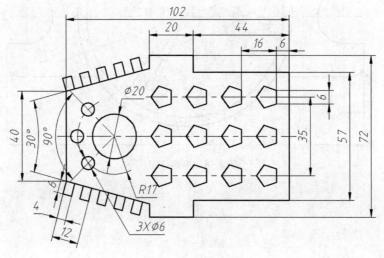

图 4.54　检测练习 3

（4）按 1 ∶ 1 的比例绘制图 4.55 所示的图形（不标注尺寸）。

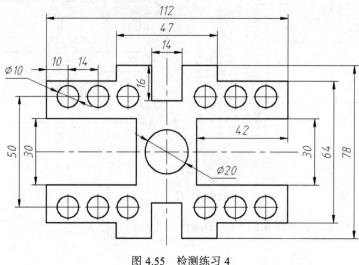

图 4.55　检测练习 4

五、提高练习

按 1 ∶ 1 的比例绘制图 4.56 所示的图形（不标注尺寸）。

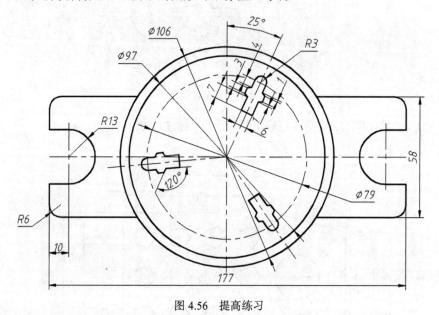

图 4.56　提高练习

项目五

机座三视图的绘制

【能力目标】

- 能够运用"构造线""圆角""倒角"命令绘制和编辑图形。
- 能够运用常用的精确绘图工具绘制和编辑图形。
- 能够综合"直线""圆""构造线"等命令和"偏移""修剪""圆角""倒角"等命令绘制三视图。

【知识目标】

- 掌握"构造线"命令和"圆角""倒角"命令的操作方法和技巧。
- 掌握常用精确绘图工具的使用方法和技巧。

一、项目导入

按 1∶1 的比例绘制图 5.1 所示的机座三视图。要求：选择合适的线型，不标注尺寸，不绘制图框与标题栏。

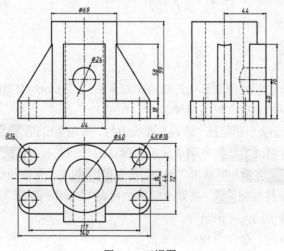

图 5.1　三视图

二、项目知识

（一）"构造线"命令

构造线是一条向两边无限延伸的直线，没有起点和端点，常用作创建其他对象的参照。在 AutoCAD 2016 中，执行"构造线"命令的方法有以下两种。

微课："构造线"命令

（1）单击"默认"选项卡功能区"绘图"面板下拉菜单中的"构造线"按钮 。

（2）在命令行窗口中输入"xline"。

执行"构造线"命令后，命令行提示如下。

```
命令：_xline
指定点或[水平(H)/垂直(V)/角度(A)/二等分(B)/偏移(O)]：
                //指定构造线通过的第一点（在绘图窗口中指定位置单击确定第一点）
指定通过点：     //指定构造线通过的第二点（在绘图窗口中指定位置单击确定第二点）
指定通过点：     //结束命令，完成构造线的绘制（按 Enter 键，结束命令）
```

其中各选项的功能如下。
（1）水平（H）：选择该选项，创建一条通过选定点的水平参照线。
（2）垂直（V）：选择该选项，创建一条通过选定点的垂直参照线。
（3）角度（A）：选择该选项，以指定的角度创建一条参照线。
（4）二等分（B）：选择该选项，创建一条参照线，它经过选定的角顶点，并将选定的两条线之间的夹角平分。
（5）偏移（O）：选择该选项，创建平行于另一个对象的参照线。

（二）"圆角"命令

"圆角"命令是用指定的光滑圆弧来连接两个对象的。在 AutoCAD 2016 中，执行"圆角"命令的方法有以下两种。

微课："圆角"命令

（1）单击"默认"选项卡功能区"修改"面板中的"圆角"按钮 ，（系统默认显示"圆角"按钮 ，若系统显示非默认的"倒角"按钮 或"光顺曲线"按钮 ，可单击"倒角"按钮 或"光顺曲线"按钮 右边的下拉按钮 ，在弹出的下拉列表中选择"圆角"命令）。

（2）在命令行窗口中输入"fillet"。

执行"圆角"命令后，命令行提示如下。

```
命令: _fillet
当前设置: 模式 = 修剪, 半径 = 0.0000 (系统提示)
选择第一个对象或[放弃(U)/多段线(P)/半径(R)/修剪(T)/多个(M)]:
                  //选择"半径(R)"选项设置圆角半径(输入R并按Enter键确认)
指定圆角半径 <0.0000>:    //输入圆角半径(输入10并按Enter键确认)
选择第一个对象或[放弃(U)/多段线(P)/半径(R)/修剪(T)/多个(M)]:
                  //选择要圆角的第一条线段(单击图5.4所示的线段AB上端选择线段AB)
选择第二个对象,或按住Shift键选择要应用角点的对象:
                  //选择要圆角的第二条线段(单击图5.4所示的线段AC左端选择线段AC,结束命令)
```

在命令执行过程中,其中各选项的功能如下。

① 放弃(U): 选择该选项,恢复命令行中执行的上一步操作。

② 多段线(P): 选择该选项,对整条多段线进行圆角操作。

③ 半径(R): 选择该选项,设置圆角的半径。

④ 修剪(T): 选择该选项,指定是否将选定的边修剪到圆角弧的端点。

⑤ 多个(M): 选择该选项,同时对多个对象进行圆角。

用"圆角"命令对圆弧和线段进行圆角,根据选择点的不同会出现不同的效果,如图5.2所示。

用"圆角"命令对圆进行圆角,根据选择点的不同,同样也有多种不同的效果,如图5.3所示。

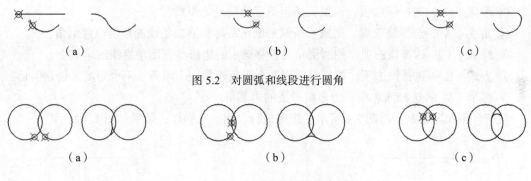

图5.2 对圆弧和线段进行圆角

图5.3 对圆进行圆角

执行"圆角"命令,对图5.4所示的图形进行"圆角"操作,效果如图5.5所示。

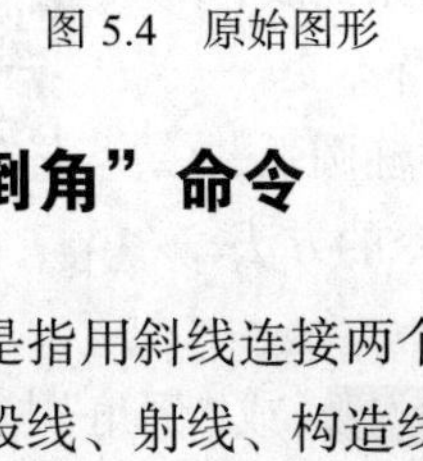

图5.4 原始图形 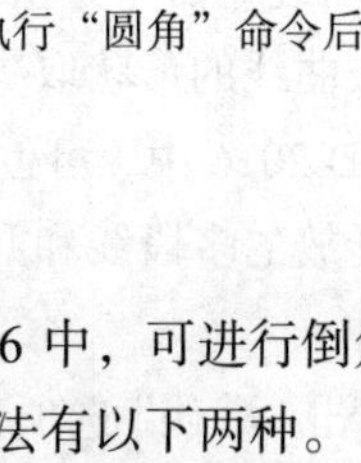   图5.5 执行"圆角"命令后的图形

(三)"倒角"命令

倒角是指用斜线连接两个不平行的线形对象。在 AutoCAD 2016 中,可进行倒角的对象有线段、多段线、射线、构造线和三维实体。执行"倒角"命令的方法有以下两种。

(1)单击"默认"选项卡功能区"修改"面板中"圆角"按钮 [圆角] (或"光顺曲线"按钮 [光顺曲线])右边的下拉按钮 [▼],在弹出的下拉列表中选择"倒角"命令(系统默认显示"圆

角"按钮或显示非默认的"光顺曲线"按钮 。如果"修改"
面板中显示非默认的"倒角"按钮 ，则可直接单击此按钮。

（2）在命令行窗口中输入"chamfer"。

执行"倒角"命令后，命令行提示如下。

微课："倒角"命令

```
命令：_chamfer
（"修剪"模式）当前倒角距离1 = 0.0000，距离2 = 0.0000
（系统提示）选择第一条直线或[放弃(U)/多段线(P)/距离(D)/角度(A)/修剪(T)/方式(E)/多个(M)]：
                        设置倒角距离参数[选择"距离(D)"选项，输入D并按Enter键确认]
指定第一个倒角距离 <0.0000>：    设置第一个倒角距离（输入5并按Enter键确认）
指定第二个倒角距离 <5.0000>：    设置第二个倒角距离（输入10并按Enter键确认）
选择第一条直线或[放弃(U)/多段线(P)/距离(D)/角度(A)/修剪(T)/方式(E)/多个(M)]：
                        选择要倒角的第一条线段（单击图5.6所示的线段AB上端选择线段AB）
选择第二个对象，或按住Shift键选择要应用角点的对象：
                        选择要倒角的第二条线段（单击图5.6所示的线段AC上端选择线段AC，结束命令。）
```

其中各选项的功能如下。

① 放弃（U）：选择该选项，恢复命令行中执行的上一步操作。

② 多段线（P）：选择该选项，对整条二维多段线进行倒角。

③ 距离（D）：选择该选项，设置倒角至选定边端点的距离。

④ 角度（A）：选择该选项，用第一条线的倒角距离和第二条线的角度设置倒角。

⑤ 修剪（T）：选择该选项，控制倒角是否将选定的边修剪到倒角直线的端点。

⑥ 方式（E）：选择该选项，控制是使用两个距离还是一个距离、一个角度来创建倒角。

⑦ 多个（M）：选择该选项，为多组对象的边倒角。

执行"倒角"命令，对图5.6所示的图形进行"倒角"操作，效果如图5.7所示。

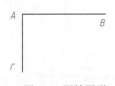

图5.6　原始图形

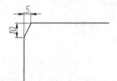

图5.7　执行"倒角"命令后的图形

（四）"光顺曲线"命令

"光顺曲线"命令是指在两条选定线段或曲线的间隙中创建样条曲线，
生成的样条曲线的形状取决于指定的连续性，选定对象的长度保持不变。
在 AutoCAD 2016 中，可创建"光顺曲线"的对象有线段、圆弧、椭圆弧、
螺旋线、开放的多段线和开放的样条曲线。执行"光顺曲线"命令的方法
有以下两种。

微课："光顺曲线"
命令

（1）单击"默认"选项卡功能区"修改"面板中"圆角"按钮 （或"倒角"按钮 ）
右边的下拉按钮 ，在弹出的下拉列表中选择"光顺曲线"命令（系统显示默认的"圆角"
按钮 或非默认的"倒角"按钮 ）。若系统显示非默认的"光顺曲线"按钮 ，

可直接单击此按钮。

（2）在命令行窗口中输入"blend"。

执行"光顺曲线"命令后，命令行提示如下。

```
命令：_blend
连续性 = 相切
选择第一个对象或 [连续性 (CON)]：
                        //选择第一个对象或选择"连续性 (CON)"选项（选择样条曲线起点附近的线段或开放曲线）
选择第二个点：          //选择第二个对象（选择样条曲线端点附近的另一条线段或开放曲线）
```

其中，连续性（CON）选项用于在"相切"和"平滑"两种过渡类型中指定一种。"相切"是创建一条 3 阶样条曲线，即在选定对象的端点处具有相切（G1）连续性，"相切"为系统默认选项；"平滑"是创建一条 5 阶样条曲线，即在选定对象的端点处具有曲率（G2）连续性。

选择平滑选项的操作过程如下。

```
......
选择第一个对象或 [连续性 (CON)]：        //选择"连续性 (CON)"选项（输入 CON 并按 Enter 键确认）
输入连续性 [相切 (T)/平滑 (S)] <相切>：   //选择"平滑 (S)"选项（输入 S 并按 Enter 键确认）
......
```

例如，对图 5.8 所示的图形执行"光顺曲线"命令，效果如图 5.9 所示，具体操作方法如下。

```
命令：_blend
连续性 = 相切
选择第一个对象或 [连续性 (CON)]：        //选择第一个对象（选择两线段中的任意一条）
选择第二个点：                          //选择第二个对象，结束命令（选择两线段中的另一条，结束命令）
```

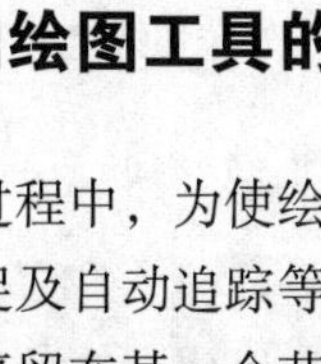

图 5.8　原始图形 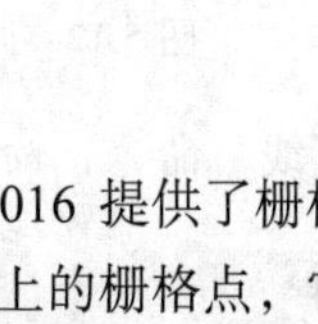　　　　　　　　　　　　图 5.9　执行"光顺曲线"命令后的图形

（五）精确绘图工具的使用方法

在绘图过程中，为使绘图和设计过程更简便易行，AutoCAD 2016 提供了栅格、捕捉、正交、对象捕捉及自动追踪等多个工具。捕捉工具用于精确捕捉屏幕上的栅格点，它可以约束鼠标指针只能停留在某一个节点上。使用这些绘图工具有助于在快速绘图的同时保证绘图的精度，从而精确地绘制图形。

1. "对象捕捉"工具的使用方法

"对象捕捉"工具用于指定图形中已画好的对象上的点，即在每次系统提示用户指定一个点时，使用该工具可精确地指出点的位置。在 AutoCAD 2016 中，运用"对象捕捉"工具的方法主要有 3 种。

微课："对象捕捉"
工具的使用方法

（1）在任意状态下，按住 Shift 键并单击鼠标右键以显示"对象捕捉"快捷菜单。

（2）在执行命令过程中，在命令行窗口提示指定下一点时单击鼠标右键，在弹出的快捷菜单中，选择"捕捉替代"中的对象捕捉命令。

（3）单击系统界面右下边状态栏上的"将光标捕捉到二维参考点（对象捕捉）"按钮■。

其中方法（1）和方法（2）是在执行命令过程中输入点时执行"对象捕捉"命令，方法（3）是根据已经设置好的"自动捕捉"状态启用"运行中对象捕捉"功能。

在任意状态下，按住 Shift 键并单击鼠标右键显示的"对象捕捉"快捷菜单和执行命令中输入点时单击鼠标右键显示的"捕捉替代"子菜单如图 5.10 所示，"对象捕捉"功能菜单如图 5.11 所示。

图 5.10 "对象捕捉"快捷菜单或"捕捉替代"子菜单　　　　图 5.11 "对象捕捉"功能菜单

绘制图 5.12 所示的两圆的外公切线 *AB* 和 *CD* 可运用"对象捕捉"功能菜单中的"切点"工具，效果如图 5.13 所示。具体操作方法如下。

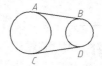

图 5.12 原始图　　　　　　　　　　　　图 5.13 外公切线

执行"直线"命令，命令行提示如下。

```
命令：_line
指定第一点：            //指定公切线的一个切点（在按住 Shift 键的同时单击鼠标右键，在弹出快捷菜单
                       中，选择"切点"命令，在左边大圆上指定 A 点）
指定下一点或[放弃(U)]： //指定公切线的另一个切点（单击鼠标右键，在弹出的快捷菜单中选择"捕捉替代"
                       中的"切点"命令，在右边小圆上指定 B 点）
指定下一点或[放弃(U)]： //结束直线的绘制（按 Enter 键，结束命令）
```

同理完成切线 *CD* 的绘制，结果如图 5.13 所示。

在实际绘图时，对象捕捉工具运用较多的功能是"运行中对象捕捉"（固定目标捕捉方式）。

在设置"自动捕捉"功能选项时，可选择图 5.11 所示菜单中的各特征点，也可选择图 5.11 所示菜单下方的"对象捕捉设置"命令来设置对象捕捉。

执行"对象捕捉设置"命令后，系统将弹出"草图设置"对话框，在"对象捕捉"选项卡中选择需要的对象捕捉模式，然后勾选"启用对象捕捉"复选框即可启用"运行中对象捕捉"功能，如图 5.14 所示。

启用"对象捕捉"功能除在"草图设置"对话框中勾选"启用对象捕捉"复选框外，还有以下 3 种方法。

① 单击状态栏中的"将光标捕捉到二维参照点（对象捕捉）"按钮 （显示白色为关闭，显示蓝色为打开），此方法相对较为常用。

② 按功能键 F3。

③ 在命令行窗口中输入命令"snap"。

启用"对象捕捉"功能后，在绘图及编辑图形时，鼠标指针靠近某些特殊点，这些点会变成黄色亮点，此时只要单击，系统就会自动捕捉相应的点。

> **提示**　为避免混淆，设置的捕捉点不宜过多。建议开启端点、中点、圆心、交点、延伸点和切点等常用点。

2."显示图形栅格"工具的使用方法

启用"显示图形栅格"功能是指在绘图窗口显示由特定距离的点组成的网格，这些网格类似于"坐标纸"，用户在"坐标纸"上绘图时，可直接采用系统默认的栅格距离（X 轴、Y 轴向间距均为 10），也可重新设置栅格的间距。在"草图设置"对话框中单击"捕捉和栅格"选项卡，或在"显示图形栅格"按钮上单击鼠标右键，在弹出的快捷菜单中选择"网格设置"

微课："显示图形栅格"工具的使用方法

命令，结果如图 5.15 所示。用户可重新设置"栅格 X 轴间距"和"栅格 Y 轴间距"的值，勾选"启用栅格"复选框可启用"栅格显示"功能。

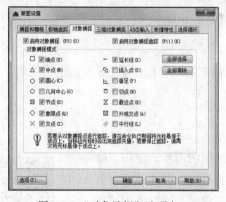

图 5.14　"对象捕捉"选项卡

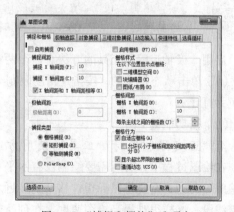

图 5.15　"捕捉和栅格"选项卡

在 AutoCAD 2016 中，执行"启用栅格"命令的方法有以下 3 种。

（1）单击状态栏中的"栅格"按钮 ▦（显示白色为关闭，显示蓝色为打开）。

（2）按功能键 F7。

（3）在命令行窗口中输入"grid"。

由于"显示图形栅格"工具在绘图过程中很少使用，所以不再介绍。

3."极轴追踪"工具的使用方法

使用"极轴追踪"工具绘图时，可控制鼠标指针按指定角度移动，在创建或修改对象时，可以使用"极轴追踪"工具来显示由指定的极轴角度定义的临时对齐路径，极轴角度相对当前用户坐标系的方向和图形中基准角度约定的设置，可提高作图速度。例如，绘制图 5.16 所示的图形时，先绘制一条从 A 点到 B 点的 10 个单位的线段，然后绘制一条到 C 点的 15 个单位的线段，并与第一条线段成 45°角，如果打开了 45°极轴角增量，当鼠标指针跨过 0°或 45°角时，将显示对齐路径和工具提示。

微课："极轴追踪"工具的使用方法

极轴角度设置方法为：在"草图设置"对话框中单击图 5.17 所示的"极轴追踪"选项卡，在此可设置增量角（如 90°、45°和 30°等）和附加角（指除了增量角外还需要显示的极轴角），勾选"启用极轴追踪"复选框启用"极轴追踪"功能，系统将按所设角度及该角度的倍数进行追踪。

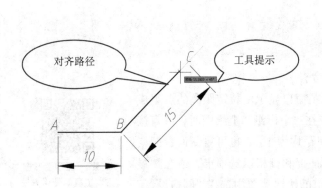

图 5.16　"极轴追踪"工具的使用方法

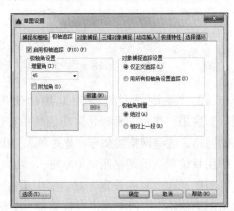

图 5.17　"极轴追踪"选项卡

绘制三视图，增量角一般设为 90°；绘制正等轴测图，可以将增量角设为 30°；绘制斜视图，可以按斜视图倾斜的角度设置增量角。

启用"极轴追踪"工具的方法有以下两种。

（1）单击状态栏中的"按指定角度限制光标（极轴追踪）"按钮（显示白色为关闭，显示蓝色为打开）。

（2）按功能键 F10。

4."正交限制光标"工具的使用方法

在绘图过程中，有时需要绘制仅有水平和垂直线段的图形，使用"极轴追踪"功能，需要将鼠标指针移动到接近水平或垂直方向时才能绘制出所需线段，这样很难提高绘图速度。在创建或移动对象时，可以使用"正交限制光标"工具将鼠标指针限制在用户坐标系（UCS）的水平或垂直方向上，即在"正交限制光标"模式处于打开状态的情况下，直接输入距离来创建指定长度的水平和垂直线段，或按指定的距离水平或垂直移动或复制对象。"正交限制光标"工具和"极轴追踪"是不能同时启用的，在启用"正交限制光标"工具的同时需要关闭"极轴追踪"工具。

微课："正交限制光标"工具的使用方法

启用"正交限制光标"工具的方法有以下两种。

（1）单击状态栏中的"正交限制光标"按钮 （显示白色为关闭，显示蓝色为打开）。

（2）按功能键F8。

5. "对象捕捉追踪"工具的使用方法

"对象捕捉追踪"工具用于从对象捕捉点沿着垂直对齐路径和水平对齐路径追踪鼠标指针。使用"对象捕捉追踪"工具，可以沿着基于对象捕捉点的对齐路径进行追踪，已获取的点将显示一个小叉号×，获取点之后，在绘图路径上移动鼠标指针时，将显示相对于获取点的水平、垂直或极轴对齐路径。使用此工具可方便地捕捉"长对正、高平齐"的点。对象追踪的设置可选用"仅正交追踪"或"用所有极轴角设置追踪"形式。启用"对象捕捉追踪"工具除在图5.14所示的"草图设置"对话框的"对象捕捉"选项卡中勾选"启用对象捕捉追踪"复选框外，还有以下两种方法。

微课："对象捕捉追踪"工具的使用方法

（1）单击状态栏中的"显示捕捉参照线（对象捕捉追踪）"按钮 （显示白色为关闭，显示蓝色为打开），此方法相对较为常用方法。

（2）按功能键F11。

绘制图5.18所示图形中与圆平齐的线段CD。操作方法如下。

（1）执行"直线"命令，捕捉到A点后（不要单击）向右移动鼠标指针至C点位置，同时绘图窗口中出现一条水平虚线（追踪线），在虚线上单击确定C点。

（2）向下移动鼠标指针，在出现垂直虚线（追踪线）后将鼠标指针移到B点位置，捕捉B点（不要单击），再向右移动鼠标指针，在出现水平虚线（追踪线）时，移动鼠标指针至两条虚线（追踪线）交点位置单击确定D点，得到一条与圆平齐的线段CD。绘制过程如图5.18所示。

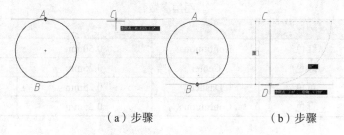

（a）步骤　　　　　　（b）步骤

图5.18 "对象捕捉追踪"工具的使用

6. "显示/隐藏线宽"工具的使用方法

"显示/隐藏线宽"工具用于显示或隐藏已绘图形图层设置的线宽（图层设置）比例。当需要显示设置为粗线的线宽时，可启用"显示/隐藏线宽"工具。启用"显示/隐藏线宽"工具的方法为单击状态栏中的"显示/隐藏线宽"按钮 （显示白色为关闭，显示蓝色为打开）。

微课："显示/隐藏线宽"工具的使用方法

在实际绘图时，为防止用错图层图线，建议启用"显示/隐藏线宽"工具。

7. "捕捉模式"工具的使用方法

"捕捉模式"工具用于按指定的栅格间距限制鼠标指针的移动，或追踪鼠标指针并沿极轴对齐路径指定增量，用于捕捉栅格点。该工具控制鼠标指针是否在栅格点上移动（配合"栅格"功能），启用"捕捉模式"工具时，鼠标指针只能在栅格点上移动。启用"捕捉模式"工具除在

图 5.15 所示的"草图设置"对话框的"捕捉和栅格"选项卡中勾选"启用捕捉"复选框外，还有以下两种方法。

微课："捕捉模式"
工具的使用方法

（1）单击状态栏中的"捕捉模式"按钮 （显示白色为关闭，显示蓝色为打开），此方法相对较为常用。

（2）按功能键 F9。

由于"捕捉模式"工具在绘图过程中很少用，所以不详述。

三、项目实施

（一）新建文件

启动 AutoCAD 2016，进入"草图与注释"工作空间界面，新建一个无样板图形文件，保存此空白文件，文件名为"图 5.1.dwg"，注意在绘图过程中每隔一段时间保存一次。

（二）设置绘图环境

（1）设置图形界限，设置绘图窗口的大小为 297×210，窗口左下角点为坐标原点。

（2）设置图层，设置粗实线（CSX）、中心线（ZXX）、虚线（XX）和细实线（XSX）4 个图层，图层参数如表 5.1 所示。

表 5.1　　　　　　　　　　　　　图层参数

图层名	颜色	线型	线宽	用途
CSX	红色	Continuous	0.50mm	粗实线
ZXX	绿色	Center	0.25mm	中心线
XX	黄色	Dashed	0.25mm	虚线
XSX	青色	Continuous	0.25mm	细实线

（三）绘制图形

按 1∶1 的比例绘制图 5.1 所示的机座三视图。要求：选择合适的线型，不绘制图框与标题栏，不标注尺寸。

操作步骤如下。

1. 设置捕捉对象

调整绘图窗口的显示大小，启用"极轴追踪""对象捕捉""对象捕捉追踪""显示/隐藏线宽"绘图辅助工具，在"草图设置"对话框的"对象捕捉"选项卡中设置"交点""端点""中点""圆心"等捕捉目标，并启用对象捕捉。

2. 绘制中心线、基准线和辅助线

（1）绘制基准线。将"ZXX"图层设置为当前图层，执行"直线"命令，绘制出主视图和俯视图的左右对称中心线 *BE*、俯视图的前后对称中心线 *FA*、左视图的前后对称中心线 *DC*。将"CSX"图层设置为当前图层，调用"直线"命令，绘制出主视图、左视图的底面基准线 *GH*、*IJ*。

（2）绘制辅助线。将"XSX"图层设置为当前图层，执行"构造线"命令，通过 *FA* 与 *DC* 的交点 *C*，绘制一条夹角为 135° 的构造线，绘制过程如下。

单击"默认"选项卡功能区"绘图"面板下拉菜单中的"构造线"按钮 ▨。执行"构造线"命令后，命令行提示如下。

```
命令：_xline
指定点或[水平(H)/垂直(V)/角度(A)/二等分(B)/偏移(O)]：
                //指定构造线通过的第一点，确定构造线和位置（移动鼠标指针至线段 FA 和 DC 的交点 C 附近
                  并捕捉交点，在绘图窗口指定位置单击指定第一点）
指定通过点：      //指定构造线通过的第二点（输入"@20<135"或"@20<-45"并按 Enter 键确认）
指定通过点：      //结束命令，完成构造线的绘制（按 Enter 键，结束命令）
```

结果如图 5.19 所示。

3. 绘制底板

绘制底板时，可暂时画出其大致结构，待整个图形的大致结构绘制完成后，再绘制细小结构（即先画整体后画细节）。

（1）绘制轮廓线。执行"偏移"命令，将 *GH*、*IJ* 线段以偏移距离 18 向上偏移复制，*BE* 线段以偏移距离 70 向左侧、右侧各偏移复制，*FA* 线段以偏移距离 36 向上方、下方偏移复制，*DC* 线段以偏移距离 36 向左侧、右侧各偏移复制。

选择偏移所得的点画线形式的轮廓线，在"图层"面板中的"图层"下拉列表中，将点画线形式的轮廓线改为"CSX"图层，即将点画线改为粗实线，结果如图 5.20 所示。

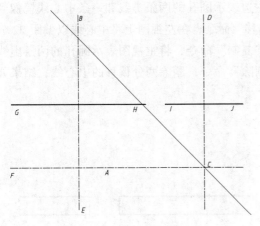

图 5.19　基准线及辅助线

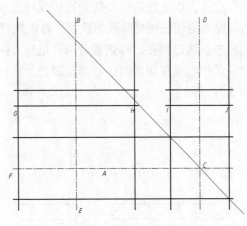

图 5.20　绘制底板轮廓线

（2）执行"修剪"命令和"圆角"命令完成底板外轮廓的绘制。执行"修剪"命令，由于边界对象较多，可将对象全选为边界对象，在选择修剪对象时，根据长方体底板的 3 个视图均为矩形这一特点，逐一修剪各线段，即可得到底板的主视图、俯视图和左视图 3 个视图。

单击"默认"选项卡功能区"修改"面板中的"圆角"按钮 ▨圆角，命令行提示如下。

```
命令：_fillet
当前设置：模式 = 修剪，半径 = 0.0000（系统提示）
选择第一个对象或[放弃(U)/多段线(P)/半径(R)/修剪(T)/多个(M)]：
                        //选择"半径(R)"选项设置或修改圆角半径（输入R，按Enter键确认）
指定圆角半径 <0.0000>：  //输入圆角半径（输入14按Enter键确认）
选择第一个对象或[放弃(U)/多段线(P)/半径(R)/修剪(T)/多个(M)]：
                        //选择要圆角的第一条线段（单击线段LM的上端选择线段LM）
选择第二个对象，或按住Shift键选择要应用角点的对象：
                        //选择要圆角的第二条线段（单击线段LN的左端选择线段LN，结束命令）
```

用同样方法完成另外三个圆角的绘制。

 说明 在执行"圆角"命令时，命令行窗口提示"选择第一个对象或[放弃（U）/多段线（P）/半径（R）/修剪（T）/多个（M）]"时，选择"多个（M）"选项，可一次完成4个圆角的绘制。

执行"修剪"命令和"圆角"命令后的结果如图5.21所示。

（3）绘制底板四个圆孔。在俯视中，执行"偏移"命令，以偏距58.5（尺寸117的一半）将竖直中心线 BE 分别左右偏移，以偏距22（尺寸44的一半）将水平中心线 FA 分别上下偏移，得到四个圆孔的位置。执行"（圆心-半径）圆"命令，用鼠标拾取偏移中心线所形成的四个交点中任一交点为圆心，以尺寸8（尺寸16的一半）为半径绘制出一个圆，运用相同的方法绘制出另外三个圆（也可通过"复制"命令复制出另三个圆）。修剪并调整4个圆的中心线，使用4个圆的中心线长短一致。根据俯视图左边圆孔位置对应绘制（复制）出主视图左边圆孔视图位置，调用"ZXX"图层，根据主视图左边圆孔对应绘制出两条虚线。执行"镜像"命令，以主视图中心线为镜像线将主视图左边表示圆孔的两条虚线和一条中心线镜像到右，完成主视图两处圆孔的绘制。再次执行"偏移"命令，在左视图上将中心线以偏距22分别向左右两边偏移，得到前后两孔位置。执行"复制"命令，将主视图表示圆孔的两条虚线和一条中心线复制到两中心线位置处，执行"删除"命令，删除两处偏移的中心线，结果如图5.22所示。

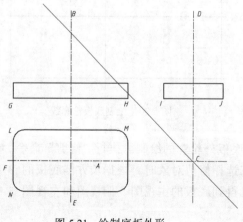

图 5.21　绘制底板外形

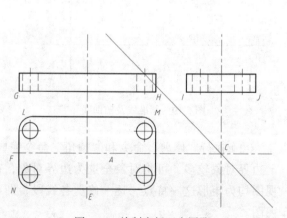

图 5.22　绘制底板四个圆孔

4. 绘制上部圆筒

（1）绘制俯视图中的圆。执行"圆"命令，以交点 *O* 为圆心，分别绘制直径为 40 和 68 的圆。

（2）绘制主视图、左视图中的轮廓线。首先绘制主视图和左视图中的上端线段。

执行"偏移"命令，将线段 *GH*、*IJ* 向上偏移复制 99 个作图单位。

绘制主视图圆筒内、外圆柱面的转向轮廓线。

单击"默认"选项卡功能区"绘图"面板下拉菜单中的"构造线"按钮 ▨，捕捉俯视图中的 1、2、3、4 点绘制铅垂线。执行"构造线"命令后，命令行提示如下。

```
命令：_xline
指定点或[水平(H)/垂直(V)/角度(A)/二等分(B)/偏移(O)]:
              //选择绘制构造线的方式输入 V，按 Enter 键确认
指定通过点：      //指定第一条构造线的位置点（捕捉俯视图中的 1 点）
指定通过点：      //指定第二条构造线的位置点（捕捉俯视图中的 2 点）
指定通过点：      //指定第三条构造线的位置点（捕捉俯视图中的 3 点）
指定通过点：      //指定第四条构造线的位置点（捕捉俯视图中的 4 点）
指定通过点：      //结束命令，完成构造线的绘制（按 Enter 键，结束命令）
```

绘制左视图圆筒内、外圆柱面的转向轮廓线。

执行"偏移"命令，将偏移距离分别设置为 20 和 34，将中心线 *DC* 向两侧偏移复制。

（3）将内孔线调整为虚线层。将主视图、左视图内孔线的图层修改为"XX"图层，将左视图外圆柱面的转向轮廓线的图层修改为"CSX"图层，结果如图 5.23 所示。

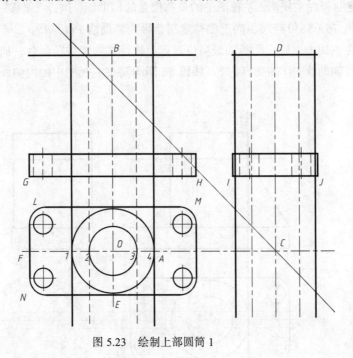

图 5.23　绘制上部圆筒 1

（4）执行"修剪"命令，根据要求对主视图和左视图的圆筒内、外圆柱面的转向轮廓线进行修剪，并将修剪后的多余线段删除，结果如图 5.24 所示。

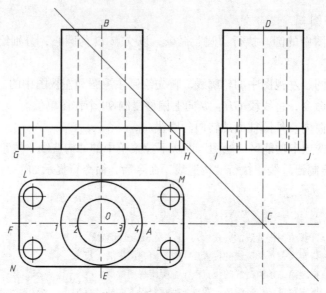

图 5.24　绘制上部圆筒 2

5．绘制左右肋板

肋板在俯视图和左视图中的前后轮廓线投影可根据尺寸通过偏移对称中心线直接画出，而肋板斜面在主视图和左视图中的投影则要通过三视图的投影关系获得。

（1）在俯视图、左视图上偏移复制肋板前后面投影。执行"偏移"命令，将中心线 *FC* 以偏移距离 7 向上、向下偏移复制，将中心线 *DC* 以偏移距离 7 向左、向右偏移复制。

（2）确定肋板在主视图、左视图中的最高位置的辅助线。执行"偏移"命令，将基准线 *GH*、*IJ* 以偏移距离 76（58+18=76）向上偏移复制，得到辅助线 *PQ*、*RS*。

（3）在主视图中，确定肋板的最高位置点。执行"构造线"命令，捕捉交点 5，绘制铅垂线，铅垂线与辅助线 *PQ* 的交点为 6，线段 56 即圆筒在主视图中的内侧线位置，结果如图 5.25 所示。

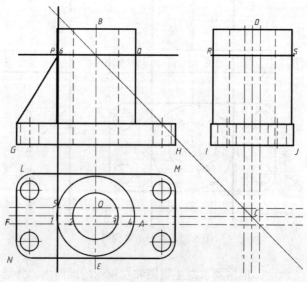

图 5.25　确定肋板最高点

（4）绘制主视图中的肋板斜面投影。执行"缩放"和"平移"命令，将主视图中肋板的顶尖部分放大并移动至绘图窗口中央。

"缩放"和"平移"命令的相关内容将在"项目六"中讲述，这里只做简单运用。

执行"直线"命令，绘制线段连接点 6 和下边缘点 X，绘制主视图中的肋板斜面投影，如图 5.26 所示。

（5）修剪并删除 3 个视图中多余的线。执行"修剪"命令，将主视图的左侧肋板投影、俯视图及左视图中的肋板投影修剪成适当长度，在修剪过程中，可通过按住鼠标滚轮并滚动调整窗口位置和显示大小，以便于编辑图形。

删除多余的辅助线。

将左视图中偏移的肋板侧线的图层修改为"CSX"。

结果如图 5.27 所示（为使图片显得清晰，这里删除部分标记）。

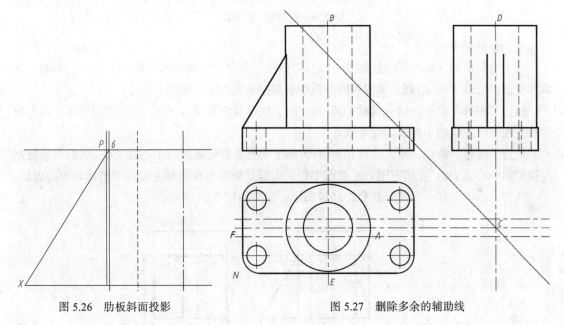

图 5.26　肋板斜面投影　　　　　　　　图 5.27　删除多余的辅助线

（6）镜像复制主视图中右侧肋板轮廓线及其与圆筒的交线。删除主视图中圆筒右侧的素线，镜像复制右侧上端部分素线、肋板斜面投影线及肋板与圆筒的交线，具体步骤如下。

选择主视图中圆筒右侧的转向轮廓线，并执行"删除"命令将其删除。

执行"镜像"命令，选择主视图中左侧的 3 条线，以中心线 BE 为镜像轴线，镜像复制 3 条线段。

（7）绘制左视图中肋板与圆筒相交的弧线 TU。执行"缩放"和"平移"命令，在主视图的左上角附近单击，向右下拖动鼠标指针，在左视图右下角附近单击，使这一区域显示。

执行"构造线"命令，选择"水平（H）"选项，捕捉圆筒右侧转向轮廓线与右肋板的交点 7，绘制水平线与 DC 的交点 8。

执行"圆弧"命令，用"三点"法捕捉左视图上的端点 T、交点 8、端点 U，绘制相贯线 T8U，删除辅助线 78。

（8）执行"修剪"命令，修剪俯视图轴 FC 偏移得到的两条平行线，并将其修改为粗实线。

绘制左、右肋板的结果如图 5.28 所示。

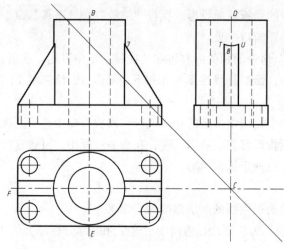

图 5.28　绘制左、右肋板

6. 绘制前部立板

（1）绘制前部立板外形的已知线。执行"偏移"命令，输入偏移距离 22，向左、右方向各偏移复制中心线 BE，绘制主视图和俯视图中前部立板的左右轮廓线。

执行"偏移"命令，输入偏移距离 76，向上偏移复制基准线 GH、IJ，得到前部立板上表面在主视图、左视图中的投影轮廓线。

执行"偏移"命令，输入偏移距离 44，向下偏移复制俯视图的中心线 FC，向右偏移复制左视图的中心线 DC，在俯视图和左视图中得到前部立板在俯视图和左视图中的前表面的投影。

执行"修剪"和"倒角"命令，修剪图形，结果如图 5.29 所示。

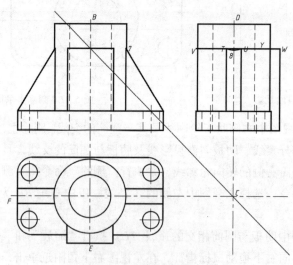

图 5.29　绘制前部立板

（2）绘制左视图前部立板与圆筒交线 UV。启用"对象捕捉"和"对象追踪"工具，用"直线"命令绘制左视图中前部立板与圆筒的交线。

首先，画左视图中垂线，同时启用"对象捕捉""正交""对象捕捉追踪"工具，执行"直线"命令，当命令行提示"指定第一点："时，在交点 9 附近移动鼠标指针，当出现交点标记时向右移动鼠标指针，出现追踪虚线，移动鼠标指针到 135° 辅助线上，当两线出现交点标记时单击，操作过程如图 5.30 所示。再向上移动鼠标指针，在左视图上方单击，绘制出垂线 *YZ*。

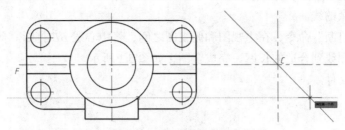

图 5.30　绘制左视图中的垂线

然后，执行"修剪"命令，修剪图形，得到前部立板在左视图中的投影。

（3）绘制前部立板圆孔。首先绘制各视图中圆孔的定位中心线和主视图中的圆，在左视图和俯视图中偏移复制中心线，获得孔的转向轮廓线，再利用辅助线绘制左视图的相贯线。

① 偏移复制孔的高度方向位置线。调用偏移命令，输入偏移距离 40，向上偏移复制基准线 *GH*、*IJ*，再将偏移所得到的线段的图层修改为"ZXX"，并调整线段到合适的长度。

② 绘制主视图中的圆。执行"圆"命令，以交点 10 为圆心、12 为半径绘制主视图中孔的投影——圆。

③ 绘制圆孔在俯视图中的投影。执行"偏移"命令，输入偏移距离 12，将俯视图中的左右对称中心线 *B* 分别向两侧偏移复制。再将偏移所得到的线段的图层修改为"XX"，并修剪线段到合适的长度。

④ 绘制圆孔在左视图中投影。执行"偏移"命令，输入偏移距离 12，将左视图中的基准线 *IJ* 向上偏移所得的水平中心线分别向上、向下复制，再将偏移所得到的线段的图层修改为"XX"，并修剪线段到合适的长度。

⑤ 绘制左视图的相贯线。将"XSX"图层置为当前图层，利用相同的方法绘制前部立板与圆筒在左视图中的交线 *UV*，捕捉交点 11，绘制左视图中的垂直辅助线，得到与中心线的交点 13。将"XX"图层置为当前图层，用"三点"法绘制圆弧，选择交点 12、13、14，绘制相贯线，结果如图 5.31 所示。

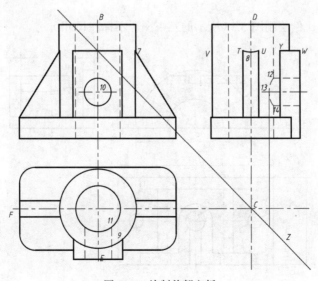

图 5.31　绘制前部立板

7. 编辑图形并保存图形文件

（1）删除多余的线。

（2）执行"打断"命令，在主视图和俯视图之间，将中心线 *BE* 打断。

（3）调整各图线到合适的长度，完成全图，如图 5.1 所示。

（4）保存此文件。

四、检测练习

（1）按 1：1 的比例绘制图 5.32 所示的图形（不标注尺寸）。

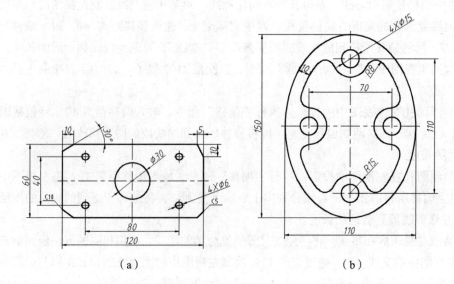

（a）　　　　　　　　　　　　　（b）

图 5.32　检测练习 1

（2）按 1：1 的比例绘制图 5.33 所示的三视图（不标注尺寸）。

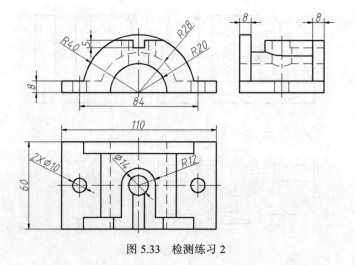

图 5.33　检测练习 2

（3）按1∶1的比例绘制图5.34所示的各图形（不标注尺寸）。

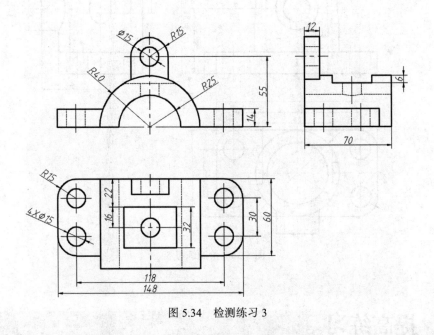

图 5.34　检测练习 3

（4）按1∶1的比例绘制图5.35所示的三视图（不标注尺寸）。

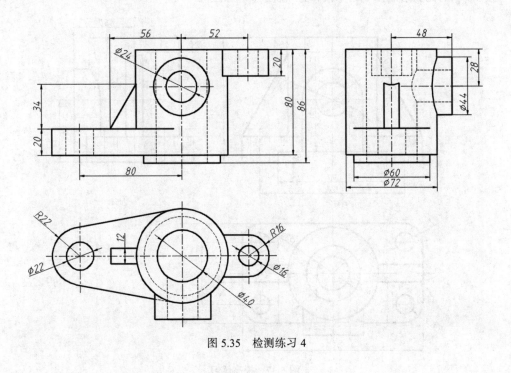

图 5.35　检测练习 4

（5）按1∶1的比例绘制图5.36所示的三视图（不标注尺寸）。

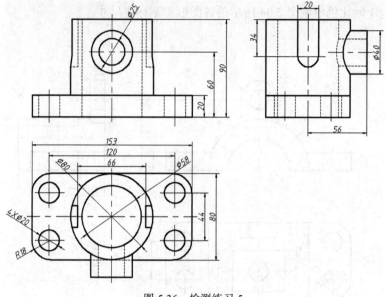

图 5.36　检测练习 5

五、提高练习

按 1∶1 的比例绘制图 5.37 所示的三视图（不标注尺寸）。

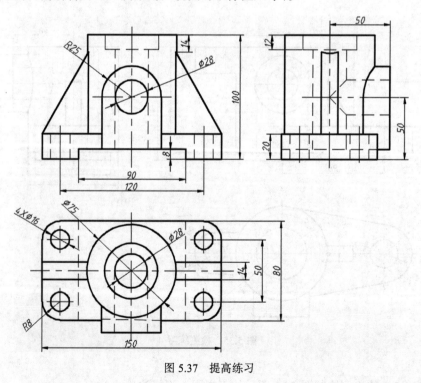

图 5.37　提高练习

项目六

剖视图形的绘制

【能力目标】

- 能够运用"样条曲线""图案填充""编辑样条曲线"命令绘制与编辑剖视图形。
- 能够简单运用"渐变色填充"及其编辑功能，能够运用"多线"命令绘制与编辑图形。
- 能够运用"缩放""平移"绘图工具编辑图形。
- 能够综合运用"直线""圆""样条曲线""图案填充"等绘图命令和"偏移""修剪"等修改命令绘制剖视图形。

【知识目标】

- 掌握"样条曲线""图案填充"命令的使用及用其编辑修改图形的方法和技巧。
- 了解"渐变色填充""多线"命令的操作方法。
- 掌握"缩放""平移"等绘图工具的使用方法。

一、项目导入

按 1∶1 的比例绘制图 6.1 所示的平面图形。要求：选择合适的线型，不标注尺寸，不绘制图框与标题栏。

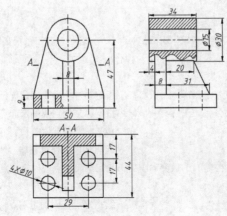

图 6.1　平面图形

二、项目知识

（一）"样条曲线"命令

样条曲线是由经过或接近影响曲线形状的一系列点连接而成的平滑曲线。"样条曲线"命令主要用于绘制不规则的曲线，如机械图中的波浪线、地质地貌图中的轮廓线等。在 AutoCAD 2016 中，可通过控制点和拟合点两种方式创建和编辑样条曲线，分别对应"样条曲线控制"和"样条曲线拟合"命令。图 6.2 所示左侧的样条曲线显示拟合点，而右侧的样条曲线沿着控制多边形显示控制点。相比较而言，样条曲线拟合易于预知曲线的弯曲情况，较样条曲线控制点更常用，因此下文只讲述"样条曲线拟合"命令的具体操作方法。

微课："样条曲线"命令

（a）

（b）

图 6.2 样条曲线

执行"样条曲线拟合"命令的方法有以下两种。

（1）单击"默认"选项卡功能区"绘图"面板下拉菜单中的"样条曲线拟合"按钮 ▧。

（2）在命令行窗口中输入"spline"。

执行"样条曲线拟合"命令后，命令行提示如下。

```
命令：_spline
当前设置：方式=拟合    节点=弦
指定第一个点或[方式(M)/节点(K)/对象(O)]：_M              ‖系统自动提示
输入样条曲线创建方式[拟合(F)/控制点(CV)] <拟合>：_FIT      ‖系统自动提示
当前设置：方式=拟合    节点=弦
指定第一个点或[方式(M)/节点(K)/对象(O)]：              ‖指定第一个点（指定样条曲线的第一个点，即起点）
输入下一个点或[起点切向(T)/公差(L)]：              ‖指定第二个点或确定起点切向[指定样条曲线的第二个点
                                                  或选择"起点切向(T)"选项，确定起点切向。绘图时确定
                                                  起点切向操作可忽略]
输入下一个点或[端点相切(T)/公差(L)/放弃(U)]：              ‖指定第三个点或确定端点切向[指定样条曲线的第三个点
                                                  或选择"端点切向(T)"选项，确定端点切向。绘图时如继
                                                  续指定点，则确定端点切向操作可忽略]
输入下一个点或[端点相切(T)/公差(L)/放弃(U)/闭合(C)]：      ‖确定端点切向（输入 T）
```

指定端点切向：	//指定端点切向，结束命令（在绘图窗口中移动鼠标指针确 定端点切向后单击确认，结束命令）

在命令执行过程中，各选项对应的功能如下。

①方式（M）：控制是使用拟合点还是使用控制点来创建样条曲线。

②节点（K）：指定节点参数化，它是一种计算方法，用来确定样条曲线中连续拟合点之间的零部件曲线的过渡方式。

③对象（O）：选择该选项，将二维或三维的二次或三次样条拟合多段线转换成等价的样条曲线并删除多段线。

④拟合（F）：指定样条曲线必须经过的拟合点来创建三阶（三次）B样条曲线。在公差值大于0时，样条曲线必须在各个点的指定公差范围内。

⑤控制点（CV）：通过指定控制点来创建样条曲线。使用此方法创建一阶（线性）、二阶（二次）、三阶（三次）直到最高为十阶的样条曲线。移动控制点调整样条曲线的形状通常可以得到比移动拟合点更好的效果。

⑥起点切向（T）：指定样条曲线起点的相切条件。

⑦公差（L）：指定样条曲线可以偏离指定拟合点的距离。公差值为0时，要求生成的样条曲线直接通过拟合点。公差值适用于所有拟合点（拟合点的起点和终点除外），始终具有为0的公差。

⑧端点相切（T）：指定样条曲线终点的相切条件。

⑨放弃（U）：放弃本次操作，即删除最后一个指定点。

⑩闭合（C）：选择该选项，让最后一点与第一点重合，闭合样条曲线。

绘制图6.3所示的拟合样条曲线，具体操作方法如下。

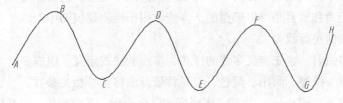

图6.3　绘制拟合样条曲线

单击"默认"选项卡功能区"绘图"面板下拉菜单中的"样条曲线拟合"按钮 ，命令行提示如下。

```
命令：_spline
当前设置：方式=拟合　　节点=弦
指定第一个点或[方式(M)/节点(K)/对象(O)]：_M                //系统自动提示
输入样条曲线创建方式[拟合(F)/控制点(CV)] <拟合>：_FIT       //系统自动提示
当前设置：方式=拟合　　节点=弦
指定第一个点或[方式(M)/节点(K)/对象(O)]：                    //指定样条曲线的第一个点（单击确定A点，即起点）
输入下一个点或[起点切向(T)/公差(L)]：                        //指定第二个点（单击确定B点，指定样条曲线的第二个点）
输入下一个点或[端点相切(T)/公差(L)/放弃(U)]：                //指定第三个点（单击确定C点，指定样条曲线
                                                             的第三个点）
输入下一个点或[端点相切(T)/公差(L)/放弃(U)/闭合(C)]：        //指定第四个点（单击确定D点，指定样条曲线
```

	的第四个点）
输入下一个点或 [端点相切 (T) /公差 (L) /放弃 (U) /闭合 (C)]:	//指定第五个点（单击确定 E 点，指定样条曲线的第五个点）
输入下一个点或 [端点相切 (T) /公差 (L) /放弃 (U) /闭合 (C)]:	//指定第六个点（单击确定 F 点，指定样条曲线的第六个点）
输入下一个点或 [端点相切 (T) /公差 (L) /放弃 (U) /闭合 (C)]:	//指定第七个点（单击确定 G 点，指定样条曲线的第七个点）
输入下一个点或 [端点相切 (T) /公差 (L) /放弃 (U) /闭合 (C)]:	//指定第八个点（单击确定 H 点，指定样条曲线的第八个点）
输入下一个点或 [端点相切 (T) /公差 (L) /放弃 (U) /闭合 (C)]:	//确定端点切向或结束命令（输入 T 或直接按 Enter 键确认并结束命令）
指定端点切向:	//指定端点切向，命令结束（在绘图窗口中移动鼠标指针确定端点切向后单击确认，结束命令）

结束命令，结果如图 6.3 所示。

使用"编辑样条曲线"命令，可以对已经绘制好的样条曲线进行调整和修改。方法为：单击"默认"选项卡功能区"修改"面板下拉菜单中的"编辑样条曲线"按钮，或在命令行窗口中输入"splinedit"，并按 Enter 键确认。在实际绘图时，常用直接拖动夹点的方式来编辑样条曲线，编辑后的样条曲线如图 6.4 所示。此处不再详述。

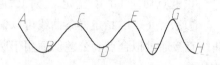

图 6.4　绘制的拟合样条曲线

（二）"多线"命令

多线是由多条平行线组成的作为一个对象使用的图形对象。组成多线的平行线之间的距离和数目是可以调整的，多线常用于绘制建筑图中的墙体、电子线路图中的平行线等。

微课："多线样式"命令

在实际绘制多线时，应先定义多线的样式，多线的样式定义了组成多线的平行线的数量、线型、间距、颜色、填充背景及偏移量等相关参数。在命令行窗口中输入"mlstyle"，执行"多线样式"命令后，系统弹出"多线样式"对话框，如图 6.5 所示。该对话框中各选项的功能说明如下。

（1）"样式"列表框。该列表框中显示当前已加载的所有多线样式。

（2）"置为当前"按钮。在"样式"列表框中选中已加载的多线样式，然后单击此按钮，即可将其设置为当前多线样式。

（3）"新建"按钮。单击此按钮，系统弹出"创建新的多线样式"对话框，如图 6.6 所示。在该对话框的"新样式名"文本框中输入新建多线样式的名称"样式 1"，单击"继续"按钮，弹出"新建多线样式：样式 1"对话框，如图 6.7 所示，用户可以在该对话框中设置多线的样式。"新建多线样式：样式 1"对话框中各选项的功能说明如下。

图 6.5　"多线样式"对话框

① "说明"文本框：对多线进行注释性说明。

② "封口"选项组：用于设置多线的封口形式，可设置多线起点、端点的封口形式为直线、外圆弧或内圆弧。

- "角度"文本框：用于控制多线各线端点连线的角度。

③ "填充颜色"下拉列表框：用于控制多线间是否进行颜色填充。

④ "图元"选项组：用于控制多线的线条数，可通过单击"添加"按钮进行添加。

- "偏移"文本框：设置各线条的间距。

- "颜色"下拉列表框：设置当前图线的颜色。

- "线型"选项：设置当前图线的线型。

设置完成后，单击"确定"按钮，完成多线参数设置。

图 6.6 "创建新的多线样式"对话框

图 6.7 "新建多线样式：样式 1"对话框

（4）"修改"按钮。在"样式"列表框中选中要修改的多线样式，单击此按钮，可在弹出的"修改多线样式"对话框中对所选样式进行修改。"修改多线样式"对话框中的选项与"新建多线样式"对话框中的选项相同。

（5）"重命名"按钮。在"样式"列表框中选中一个多线样式，单击此按钮可重命名该样式。

（6）"删除"按钮。在"样式"列表框中选中一个多线样式，单击此按钮可将其删除。

（7）"加载"按钮。单击此按钮，弹出"加载多线样式"对话框，如图 6.8 所示，用户可以在该对话框中选取多线样式并将其加载到当前图形中。

（8）"保存"按钮。单击此按钮，将当前的多线样式保存为 ".mln" 文件。

图 6.8 "加载多线样式"对话框

为方便修改多线的相交合并形式、打断点和端点封口形状，AutoCAD 2016 提供了"多线编辑"命令。执行"多线编辑"命令的方法是在命令行中输入"mledit"。执行"多线编辑"命令后，系统弹出图 6.9 所示的"多线编辑工具"对话框。该对话框中提供了多种多线编辑方法，其中第一列控制交叉的多线，第二列控制"T"形相交的多线，第三列控制角点结合和顶点，第四列控制多线中的打断，常用效果如图 6.10 所示。

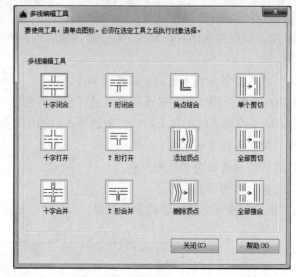

图 6.9　"多线编辑工具"对话框

微课："多线"命令与
"多线编辑"命令

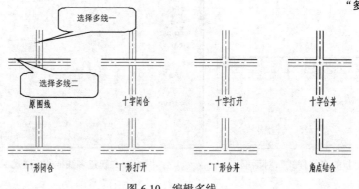

图 6.10　编辑多线

在 AutoCAD 2016 中，执行"多线"命令的方法是在命令行窗口中输入"mline"。

执行"多线"命令后，命令行提示如下。

```
命令: _mline
当前设置: 对正 = 上, 比例 = 20.00, 样式 = STANDARD
指定起点或[对正(J)/比例(S)/样式(ST)]: //指定多线的起点或选择"对正(J)"/"比例(S)"/"样式(ST)"选
                                      项[单击确定多线起点或选择"对正(J)"选项设置对正方式或
                                      选择"比例(S)"选项设置比例或选择"样式(ST)"选项进行多
                                      线样式的选择]
指定下一点:                          //指定多线的下一点（单击确定多线的第二个点）
指定下一点或[放弃(U)]:              //指定多线的下一点（单击确定多线的第三个点）
指定下一点或[闭合(C)/放弃(U)]:      //指定多线的下一点或选择 "闭合(C)"选项[单击确定多线的
                                      第四个点或选择"闭合(C)"选项，形成闭合图形]
……
指定下一点或[闭合(C)/放弃(U)]:      //结束命令（按 Enter 键，结束命令）
```

在命令执行过程中，其中各选项的功能如下。

① 对正（J）：选择此选项，确定如何在指定的点之间绘制多线。

② 比例（S）：选择此选项，控制多线的全局宽度，该比例不影响线型比例。

③ 样式（ST）：选择此选项，可以指定多线的样式。

（三）"图案填充"命令和"渐变色"命令

使用 AutoCAD 2016 绘制图形时，为了表达某一区域的特征，经常会对该区域进行图案填充，如机械图中的剖视图和建筑图中的断面图等。图案填充的方式有 3 种：第一种是以图案填充区域，叫作图案填充；第二种是以渐变色填充区域，叫作渐变色填充；第三种是以内部点所包含边界的对象创建单独的面域或多段线，叫作边界创建。限于篇幅，下面只介绍图案填充和渐变色填充。

1．"图案填充"命令

在 AutoCAD 2016 中，执行"图案填充"命令的方法有以下两种。

（1）单击"默认"选项卡功能区"绘图"面板中的"图案填充"按钮（系统默认显示"图案填充"按钮，如系统显示非默认的"渐变色"按钮或"边界"按钮，可单击"渐变色"按钮或"边界"按钮右边的下拉按钮，在弹出的下拉列表中选择"图案填充"命令）。

微课："图案填充"命令

（2）在命令行窗口中输入"hatch"。

执行命令后，系统弹出图 6.11 所示的"图案填充创建"选项卡功能区 图案填充创建 ，其中主要包括"边界""图案""特性""原点""选项"及"关闭"等面板。其中常用选项的功能如下。

图 6.11 "图案填充创建"选项卡功能区（图案填充）

① "边界"面板：用于设置定义边界的方式。

● "拾取点"按钮：根据构成封闭区域的现有对象确定边界。

● "选择"按钮：根据构成封闭区域的选定对象确定边界。

② "图案"面板：用于指定图案填充的图案类型。用户可在该面板中选择填充图案类型，也可单击按钮或上下移动列表框中显示的图案或单击下拉按钮，在弹出图 6.12 所示的下拉列表中选择图案类型。

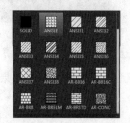

图 6.12 图案下拉列表

③ "特性"面板：用于指定填充图案的角度、比例等特性。

● "角度"文本框：用于指定填充图案的角度（相对当前 UCS 坐标系的 X 轴）。

● "比例"文本框：用于指定放大或缩小图案的比例值。

④ "原点"面板：控制填充图案生成的起始位置。某些图案填充需要与图案填充边界上的一点对齐。默认情况下，所有图案填充的原点都对应于当前的 UCS 坐标系中的原点。

⑤ "关闭"面板：用于关闭"图案填充创建"选项卡功能区，结束命令。

其他面板在绘图过程中很少使用，此处不详述。

图 6.13 所示为常用的图案填充类型及相应的图案填充角度的显示效果。

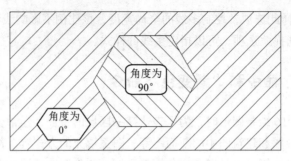

图 6.13　图案填充效果

2. "渐变色" 命令

在 AutoCAD 2016 中，执行 "渐变色" 命令的方法有以下两种。

（1）单击 "默认" 选项卡功能区 "绘图" 面板中 "图案填充" 按钮■右边的下拉按钮▼，在弹出的下拉列表中选择 "渐变色" 命令，若系统显示非默认的 "渐变色" 按钮■，可直接单击此按钮（系统默认显示 "图案填充" 按钮■，若系统显示非默认的 "边界" 按钮■，可单击 "边界" 按钮■右边的下拉按钮▼，在弹出的下拉列表中选择 "渐变色" 命令）。

微课："渐变色"
命令

（2）在命令行窗口中输入 "gradient"。

执行命令后，系统弹出图 6.14 所示的 "图案填充创建" 选项卡（渐变色），其中主要包括边界、图案、特性、原点、选项及关闭等面板。各面板中常用选项的功能与图 6.11 所示的 "图案填充创建" 选项卡功能区（图案填充）的基本相同，但在 "图案填充创建" 选项卡（渐变色）的 "特性" 面板中可进行渐变的两种颜色 "颜色 1" 和 "颜色 2" 的选择，其他各选项组的选项内容这里不赘述。

图 6.14　"图案填充创建" 选项卡功能区（渐变色）

渐变色填充的效果如图 6.15 所示。

图 6.15　渐变色填充的效果

（四）"图案填充编辑" 命令

填充图案后，用户可以对填充图案及其比例和角度等信息进行编辑。执行 "图案填充编辑" 命令的方法是在命令行窗口中输入 "hatchedit"。

执行此命令后，命令行提示如下。

微课："图案填充
编辑"命令

```
命令：_hatchedit
选择图案填充对象： //选择图案填充对象（单击要编辑的填充图案）
……
```

选择填充图案后，系统弹出"图案填充编辑"对话框，如图 6.16 所示。用户可以在该对话框中设置图案填充的图案、边界、角度和比例等参数。除此之外，用户也可以双击需要进行图案填充编辑的图案填充对象或渐变色填充对象，系统将重新弹出"图案填充创建"选项卡功能区，用户可以在其中进行参数修改，此方法较为便捷。

图 6.16 "图案填充编辑"对话框

（五）"重画"命令和"重生成"命令

在绘制图形时，由于操作的原因，有时绘制好的图形会显示不完整或残留有光标点，此时可以使用"重画"命令或"重生成"命令对图形进行调整，以得到更为准确的图形。

1."重画"命令

"重画"命令用于重新绘制图形。在 AutoCAD 2016 中，执行"重画"命令的方法是在命令行窗口中输入"redrawall"。

执行该命令后，绘图窗口中原有的图形消失，系统将该图形重新绘制一遍。如果原来的图形中残留有光标点，那么重画后这些光标点会消失。

微课："重画"命令和
"重生成"命令

2."重生成"命令

"重生成"命令用于重新生成绘图窗口中的图形数据。在 AutoCAD 2016 中，执行"重生成"命令的方法是在命令行中输入"regen"。

执行该命令后，系统重生成全部图形并在绘图窗口中显示出来。执行该命令时，系统需要把图形文件的原始数据全部重新计算一遍（重新计算当前视口中所有对象的位置和可见性；重新生成图形数据库的索引，以获得最优的显示和对象选择性能；重置当前视口中可用于实时平移和缩放的总面积），形成显示文件后再显示出来，所以该命令生成图形所用的时间比较长。

（六）"全屏显示"命令

"全屏显示"命令又称为"屏幕清除"命令，用于清除绘图窗口中的工具栏和可固定窗口（命令行除外），将视图的"普通模式"转换成"专家模式"，以获得尽可能大的绘图窗口。在 AutoCAD 2016 中，执行"全屏显示"命令的方法有以下两种。

微课："全屏显示"命令

（1）单击状态栏右下角的"全屏显示"按钮 。

（2）按 Ctrl+O 组合键。

执行"全屏显示"命令后，视图模式切换成"专家模式"，再次执行"全屏显示"命令，又会切换到"普通模式"。在"专家模式"下，工作空间界面只保留绘图窗口、命令行窗口和状态栏，这样绘图窗口就得到了扩充，但要使用"专家模式"，就必须对 AutoCAD 的工具非常了解，并在绘图过程中尽可能使用功能键和快捷键，以提高绘图速度。

（七）"缩放"命令

图形的缩放是指在绘图窗口中增大或减小图形对象的显示比例，但不会改变图形对象的实际尺寸和大小。在 AutoCAD 2016 中，执行"缩放"命令的方法有以下两种。

微课："缩放"命令

（1）在绘图窗口中单击鼠标右键，在弹出的快捷菜单中选择"缩放"命令，如图 6.17 所示。

（2）在命令行窗口中输入"zoom"。

在实际绘图过程中，两种方式的执行过程不一样。第（1）种操作方法较为简洁，为常用方法。执行命令后，鼠标指针变为 🔍 形状，此时按住鼠标左键向后移动鼠标指针，图形将缩小，同时鼠标指针变成 🔍- 形状，按住鼠标左键并向前移动鼠标指针，图形将放大，同时鼠标指针变成 🔍+ 形状。

当在命令行窗口中输入"zoom"并按 Enter 键确认，命令行提示如下。

```
命令: _zoom
    指定窗口的角点，输入比例因子 (nX 或 nXP)，或者[全部(A)/中心(C)/动态(D)/范
围(E)/上一个(P)/比例(S)/窗口(W)/对象(O)] <实时>：  //根据操作需要输入比例因子
或选择要执行的功能选项
```

图 6.17 选择"缩放"命令

用户可根据命令行提供的选项选择相应的执行方法，具体过程不再详述，读者可根据命令行提示自行操作，熟悉操作过程。

说明 如果使用的是带有鼠标滚轮的 3 键鼠标，滚动鼠标滚轮也可以实现缩放，向前滚动为放大，向后滚动为缩小。

（八）"平移"命令

"平移"命令是另一种常用的控制图形显示的工具。平移是指在绘图窗口中改变图形对象的显示位置，但不会改变图形对象的位置。在 AutoCAD 2016 中，执行"平移"命令的方法有以下两种。

（1）在绘图窗口中单击鼠标右键，在弹出的快捷菜单"平移"命令，如图 6.18 所示。

（2）在命令行窗口中输入"pan"。

执行命令后，鼠标指针变为 形状，此时按住鼠标左键并拖曳即可平移图形。

微课："平移"命令

图 6.18　选择"平移"命令

说明　　如果使用的是带有鼠标滚轮的三键鼠标，那么按住鼠标滚轮移动鼠标指针就可实现平移。

三、项目实施

（一）新建文件

启动 AutoCAD 2016，进入"草图与注释"工作空间界面，新建一个无样板图形文件，保存此空白文件，文件名为"图 6.1.dwg"，注意在绘图过程中每隔一段时间保存一次文件。

（二）设置绘图环境

（1）设置图形界限，设置绘图窗口的大小为 297×210，窗口左下角点为坐标原点。

（2）设置图层，设置粗实线（CSX）、中心线（ZXX）、虚线（XX）和细实线（XSX）4 个图层，图层参数如表 6.1 所示。

表 6.1　　　　　　　　　　　　图层参数

图层名	颜色	线型	线宽	用途
CSX	红色	Continuous	0.50mm	粗实线
ZXX	绿色	Center	0.25mm	中心线
XX	黄色	Dashed	0.25mm	虚线
XSX	青色	Continuous	0.25mm	细实线

（三）绘制图形

按 1：1 的比例绘制图 6.1 所示的平面图形。要求：选择合适的线型，不绘制图框与标题栏，不标注尺寸。

操作步骤如下。

1. 设置捕捉目标

调整绘图窗口的显示大小，启用"极轴追踪""对象捕捉""对象捕捉追踪""显示/隐藏线宽"辅助绘图工具，在"草图设置"对话框的"对象捕捉"选项卡中设置"交点""端点""中点""圆心"等捕捉目标，并勾选"启用对象捕捉"复选框。

2. 绘制基准线、主要位置线和辅助线

（1）绘制基准线。分别将"ZXX"图层和"CSX"图层设置为当前图层，执行"直线"命令，绘制出主视图和俯视图的长度基准线（对称中心线）、俯视图和左视图的宽度基准线、主视图和左视图的高度基准线。

（2）绘制主要位置线。执行"偏移"命令，以偏移距离 47 将主视图和左视图中的高度基准线向上偏移，选中偏移线，将其改为中心线。

（3）绘制辅助线。将"XSX"图层设置为当前图层，执行"构造线"命令，在俯视图宽度基准线的左端点位置绘一条水平线，在左视图宽度基准线下端点位置绘制一条垂线，过两线交点绘制一条与 X 轴夹角为 135° 的斜线，结果如图 6.19 所示。

3. 绘制底板

执行"直线"命令，根据尺寸先画特征视图（俯视图），再结合"三等规律"或尺寸完成其他两视图的绘制，绘图过程不再详述，请读者自行完成，结果如图 6.20 所示。

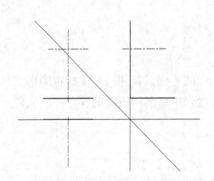

图 6.19　绘制基准线、主要位置线和辅助线

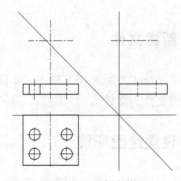

图 6.20　绘制底板

说明　在绘制剖视图时不主张先将表达对象画成视图（不可见线画成虚线），再将其修改为剖视图。

4. 绘制上方圆筒

由于俯视图采用剖视图表达，所以圆筒可以不画。执行"圆"命令，在主视图上绘制直径为 15 和 30 的圆，根据投影关系完成左视图的绘制，由于左视图采用局部剖视图表达，故图线均在"CSX"图层中绘制。结果如图 6.21 所示。

5. 绘制肋板

执行"直线"命令，先在主视图和左视图中根据尺寸绘制出肋板轮廓线；执行"构造线"命令绘制出图 6.22 所示的辅助线，执行"延伸"命令，延伸线段 AB 至辅助线处。执行"修剪"和"直线"命令，再根据投影关系完成左视图和俯视图中有关图线的绘制，结果如图 6.22 所示。

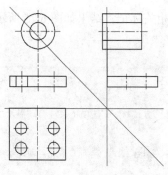

图 6.21 绘制圆筒

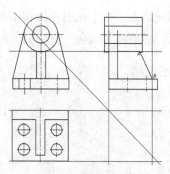

图 6.22 绘制肋板

6. 绘制剖面图

在主视图的合适位置，执行"直线"命令，在确定的剖切线位置处绘制出长度为 5 的剖切线（在"CSX"图层中），执行"构造线"命令，在剖切线位置分别绘制图 6.23 所示的辅助线。

执行"直线"命令，根据视图的投影关系，借助辅助线完成俯视图对应于剖切面位置处的轮廓线的绘制。

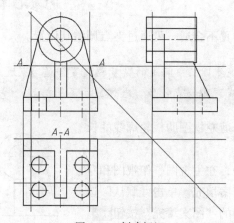

图 6.23 创建标记

执行"多行文字"命令，命令行提示如下。

```
命令: _mtext
当前文字样式: "Standard"  当前文字高度: 3.5
指定第一角点:    //指定文字输入区域的第一角点（在主视图左边剖切线位置单击确定矩形的第一角点）
指定对角点或[高度（H）/对正（J）/行距（L）/旋转（R）/样式（S）/宽度（W）]:
                //指定文字输入区域的另一角点（确定矩形的另一角点，系统弹出图 6.24 所示的"文字格式"
                编辑器。输入 A，单击"确定"按钮，完成标记字母"A"的创建）
```

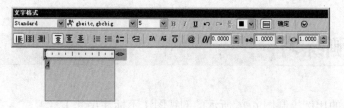

图 6.24 "文字格式"编辑器

用相同的方法在主视图左边和俯视图中创建剖视图相关标记，结果如图 6.25 所示。

执行"样条曲线拟合"命令后，命令行提示如下。

```
命令: _spline
当前设置: 方式=拟合      节点=弦
指定第一个点或[方式(M)/节点(K)/对象(O)]: _M        //选择"方式(M)"选项（系统自动提示）
输入样条曲线创建方式[拟合(F)/控制点(CV)] <拟合>: _FIT
                                                   //选择"拟合(F)"选项（系统自动提示）
当前设置: 方式=拟合      节点=弦
指定第一个点或[方式(M)/节点(K)/对象(O)]:           //指定第一个点（指定样条曲线的第一个点，即起点）
输入下一个点或[起点切向(T)/公差(L)]:              //指定第二个点（指定样条曲线的第二个点）
输入下一个点或[端点相切(T)/公差(L)/放弃(U)]:       //指定第三个点（指定样条曲线的第三个点）
……（依次指定 3～5 个点）
输入下一个点或[端点相切(T)/公差(L)/放弃(U)/闭合(C)]:  //选择"端点切向(T)"选项（输入 T）
指定端点切向:                                      //指定端点切向，结束命令（在绘图窗口中移动
                                                    鼠标指针确定端点切向后并单击确认，结束命令）
```

绘制出的波浪线，如位置不合适，可通过夹点调整其位置。

 在绘制波浪线时，中间点的数量应设置合适。点过少，波浪线易与直线混淆；点过多，波浪线弯曲拐点较多，总体显示不简洁。

执行"修剪"命令，修剪左视图肋板轮廓线的长度和圆筒轮廓线。

执行"图案填充"命令，在主视图、俯视图和左视图中选择填充区域进行图案填充。单击"默认"选项卡功能区"绘图"面板中的"图案填充"按钮■。

系统弹出图 6.11 所示的"图案填充创建"选项卡功能区，单击"拾取点"按钮■，选择"ANS131"图案，其他参数为默认值，在所绘图形上依次拾取主视图、俯视图和左视图中需要填充的区域，按 Enter 键确认，结束命令，结果如图 6.25 所示。

执行"删除"命令，删除所有辅助线，最终结果如图 6.25 所示。

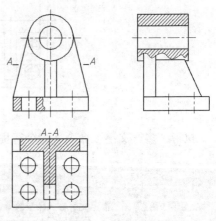

图 6.25　最终结果

7. 保存此图形文件

四、检测练习

（1）按 1∶1 的比例绘制图 6.26 所示的剖视图（不标注尺寸）。

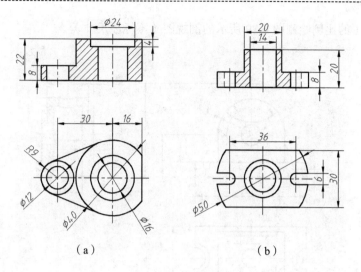

（a）　　　　　　　　　　（b）

图 6.26　检测练习 1

（2）按 1：1 的比例绘制图 6.27 所示的剖视图（不标注尺寸）。

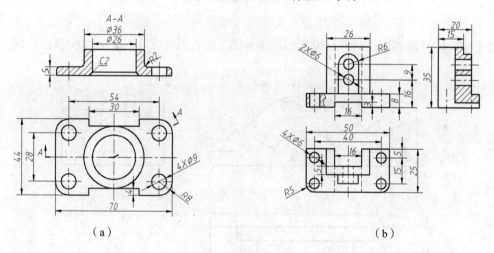

（a）　　　　　　　　　　　　　　　（b）

图 6.27　检测练习 2

（3）按 1：1 的比例绘制图 6.28 所示的剖视图（不标注尺寸）。

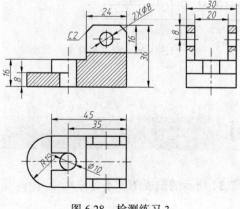

图 6.28　检测练习 3

（4）按1∶1的比例绘制图6.29所示的剖视图（不标注尺寸）。

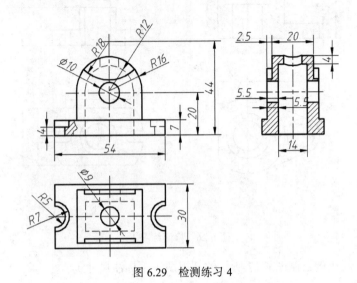

图6.29　检测练习4

（5）按1∶1的比例绘制图6.30所示的剖视图（主视图虚线可不绘制，不标注尺寸）。

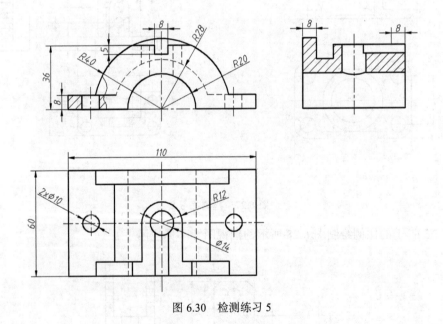

图6.30　检测练习5

五、提高练习

按1∶1的比例绘制图6.31所示的剖视图（不标注尺寸）。

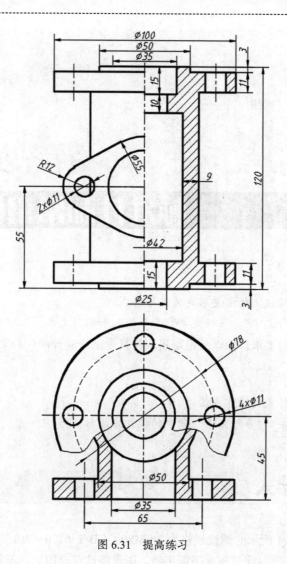

图 6.31　提高练习

项目七

标准件和常用件的绘制

【能力目标】

- 能够根据零件标注、标记要求定义文字样式。
- 能够运用"单行文字""多行文字"命令输入和编辑文本。
- 能够按照国标的要求，综合运用绘图和修改命令绘制标准件和常用件。

【知识目标】

- 掌握定义文字样式的操作方法。
- 掌握"单行文字""多行文字"命令的操作方法与技巧。

一、项目导入

任务一：绘制图 7.1 所示的螺纹规格为 D=M20（GB/T 6170—2015）的 1 型六角螺母，要求：采用比例画法，布图匀称合理，图形正确，图素特性符合国标，不标注尺寸。

任务二：创建图 7.2 所示的文字标注。

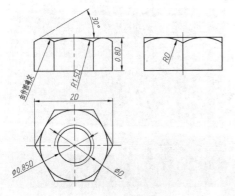

图 7.1　1 型六角螺母

在标注文本之前，需要为文本的字体定义一种样式，字体样式是所有字体文件、字体大小、宽度系数等参数的综合。

单行文字标注适用于标注文字较少的信息，如工程制图中的材料说明、机械制图中的部件名称等。

标注多行文字时，可以使用不同的字体和字号。多行文字标注适用于标注一些段落性的文字，如技术要求、装配说明等。

AutoCAD 2016　$\varnothing R$　EQS　$\varnothing30^{+0.023}_{-0.010}$　$\varnothing40\pm0.010$　$\varnothing50H6$

图 7.2　文字标注

二、项目知识

（一）"文字样式"命令

1. 定义文字样式

在标注文本之前，需要为文本的字体定义一种样式，文字样式是为文字设置的命名的集合，可用来控制文字的外观，如字体、行距、对齐和颜色。用户可以通过定义文字样式，统一指定文字的格式，确保文字样式符合行业或工程标准。

微课："文字样式"
命令

在 AutoCAD 2016 中，系统默认的文字样式为"Standard"，用户可以根据自己的需要，创建新的文字样式。执行"文字样式"命令的方法有以下 3 种。

（1）单击"默认"选项卡功能区"注释"面板下拉菜单中的"文字样式"按钮 。

（2）单击"注释"选项卡功能区"文字"面板右下角的"文字样式"按钮 。

（3）在命令行窗口中输入"style"。

执行"文字样式"命令后，系统弹出"文字样式"对话框，如图 7.3 所示。

单击该对话框中的"新建"按钮，系统弹出"新建文字样式"对话框，如图 7.4 所示。

图 7.3 "文字样式"对话框 1

图 7.4 "新建文字样式"对话框

系统默认的新建文字样式名为"样式 1"，用户可以在"样式名"文本框中将其修改为便于识读的名称（如"文字"）。设置样式名后，单击"新建文字样式"对话框中的"确定"按钮，返回"文字样式"对话框，此时新建的"文字"文字样式处于可编辑状态，如图 7.5 所示，用户可以在此设置新建文字样式的字体、大小等参数。其中各选项的说明如下。

① "当前文字样式"：列出当前文字样式。

② "样式"列表框：显示图形中的样式列表。

③ "所有样式"下拉列表可在下拉列表中指定是所有样式还是仅使用中的样式显示在样式列表框中。

④ "字体"选项组：用于更改文字样式的字体。

图 7.5 "文字样式"对话框 2

- "字体名"下拉列表框：指定文字样式中的字体文件名。文字样式中的字体是通过字体文件定义的，一种字体文件对应一种字体。字体分为两种：一种是 Windows 系统应用软件提供的普通字体，系统定义为 TrueType 字体；另一种是 AutoCAD 系统提供的形（SHX）字体。形字体分为字形和符号形两种。字形用于书写文本或符号，如 txt.shx、gbcbig.shx 等。字形又分为大字形与小字形两种，大字形定义的是双字节的亚洲文字，称大字体文件，如简体中文（hztxt.shx、tssdchn.shx、gbcbig.shx）、繁体中文、日文、韩文等；小字形一般为西方文字，包括字母、符号等，称常规字体文件，如 txt.shx、simplex.shx 等。

- "字体样式"下拉列表框：指定字体格式，如斜体、粗体或者常规字体。如果勾选"字体"选项组中的"使用大字体"复选框，则表示定义样式的文字为大字体；如果取消勾选该复选框，则表示定义样式的文字为 TrueType 字体。

- "使用大字体"复选框：勾选该复选框表示指定字体为亚洲语言的大字体文件，只有 SHX 文件可以创建"大字体"。勾选该复选框后，"字体名"变化为"SHX 字体"，其下拉列表中的字体文件全为"SHX"文件，"字体样式"变化为"大字体"，其下拉列表中的字体文件全为"SHX"文件。此时用户可将"SHX 字体"设置为"gbenor.shx"或"gbeitc.shx"，用于西文字母和阿拉伯数字的输入，其中 gbenor.shx 显示为正体，gbeitc.shx 显示为斜体；将"大字体"设置为"gbcbig.shx"，用于汉字输入，字体显示为长仿宋。

⑤ "大小"选项组：用于更改文字的大小。

- "注释性"复选框：勾选该复选框表示文字为注释性文字，注释性对象和样式用于控制注释对象在模型空间或布局中显示的尺寸和比例。

- "使文字方向与布局匹配"复选框：指定绘图窗口中的文字方向与布局方向匹配，如果未勾选"注释性"复选框，则该复选框不可用。

- "高度"（或图纸文字高度）文本框：用于输入设置的文字高度值。如果输入的文字高度值大于 0，系统将此高度值设置为此样式的文字高度；如果输入 0，则系统将默认使用上次设置的文字高度值，或使用存储在图形样板文件中的值。在相同的高度设置下，TrueType 字体显示的高度可能会低于 SHX 字体。如果勾选了"注释性"复选框，则输入的值将改变绘图窗口中的文字高度。

⑥ "效果"选项组：用于设置字体的具体特征，如宽度因子、倾斜角度及是否颠倒显示、

反向或垂直对齐等。

- "颠倒"复选框：颠倒显示字符。
- "反向"复选框：反向显示字符。
- "垂直"复选框：显示垂直对齐的字符。只有在所选字体支持双向时垂直对齐功能才可用。TrueType 字体的垂直对齐功能不可用。
- "宽度因子"文本框：用于设置字符间距。输入小于 1.0 的值文字将被压缩；输入大于 1.0 的值则文字被放大。
- "倾斜角度"文本框：用于设置文字的倾斜角。输入-85~85 的值将使文字倾斜。

2. 设置当前文字样式

在图形中创建文字时必须使用当前文字样式，如果想要更换文字样式，需要将所需样式设置为当前文字样式。在 AutoCAD 2016 中，设置当前文字样式有以下两种方法。

（1）在"注释"面板下拉菜单中（见图 7.6）选择当前文字样式或在（仅显示最近 3 次使用）"文字样式"下拉列表中，选择所需文字样式，如将"文字"文字样式置为当前。

（2）在"文字样式"对话框中，选中所需文字样式后，单击"置为当前"按钮，再单击"关闭"按钮，选择的文字样式即设置为当前文字样式。例如，将"Standard"文字样式设置为当前文字样式。

图 7.6　设置当前文字样式

（二）文字标注

文字标注是绘制图形过程中的一项重要内容。在 AutoCAD 2016 中，文字标注有两种形式：一种是标注单行文字，执行命令后只能输入一行文字；另一种是标注多行文字，执行命令后一次可以输入多行文字，系统会根据文本窗口的大小自动换行。

1. "单行文字"命令

使用"单行文字"命令可以创建一行或多行文字，但每行文字都是独立的对象，单行文字标注适用于标注文字较短的信息，如工程制图中的材料说明、机械制图中的部件名称等。在 AutoCAD 2016 中，执行"单行文字"命令的方法有以下 3 种。

微课："单行文字"命令

（1）单击"默认"选项卡功能区"注释"面板中的"文字"下拉按钮 A，在弹出的下拉列表中选择"单行文字"命令（系统默认显示"多行文字"按钮 A，若系统显示非默认的"单行文字"按钮 A，可直接单击此按钮）。

（2）单击"注释"选项卡功能区"文字"面板中的"多行文字"下拉按钮 A，在弹出的下拉列表中选择"单行文字"命令（系统默认显示"多行文字"按钮 A，如系统显示非默认的"单行文字"按钮 A，可直接单击此按钮。）

（3）在命令行窗口中输入"text"。

执行命令后，命令行提示如下。

```
命令：_text
当前文字样式：　"文字"　文字高度：　2.0000　注释性：　否　对正：　左
```

指定文字的起点 或[对正(J)/样式(S)]:
　　　　　　//指定单行文字的起点（在绘图窗口合适位置单击，确定文字的起点）
指定文字的旋转角度 <0>:
　　　　　　//输入文字的旋转角度（输入文字的旋转角度，默认旋转角度为 0，或直接按 Enter 键选择默认值）
输入文字：//输入文本内容（输入所需文本内容，若需另起行输入文本内容，则按 Enter 键）
输入文字：//输入（第二行）文本内容（输入所需文本内容，若需结束命令，则按 Enter 键，此时光标仍换行）
输入文字：//结束命令（按 Enter 键，结束命令）

在命令执行过程中，选择"对正（J）"选项可为设置单行文字的对齐方式。选择该选项，命令行提示如下。

输入选项[左(L)/居中(C)/右(R)/对齐(A)/中间(M)/布满(F)/左上(TL)/中上(TC)/右上(TR)/左中(ML)/正中(MC)/右中(MR)/左下(BL)/中下(BC)/右下(BR)]:

其中各选项的功能说明如下。

① 左（L）：在由用户给出的点指定的基线上左对正文字。

② 居中（C）：在由用户给出的点指定的基线的水平中心对正文字。

③ 右（R）：在由用户给出的点指定的基线上靠右对正文字。

④ 对齐（A）：通过指定基线端点来指定文字的高度和方向。

⑤ 中间（M）：文字在基线的水平中点和指定高度的垂直中点上对齐，中间对齐的文字不保持在基线上。

⑥ 布满（F）：指定文字按照由两点定义的方向和一个高度值布满一个区域，只适用于水平方向上的文字。

⑦ 左上（TL）：在指定为文字顶点的点上靠左对正文字，只适用于水平方向上的文字。

⑧ 中上（TC）：以指定为文字顶点的点居中对正文字，只适用于水平方向上的文字。

⑨ 右上（TR）：以指定为文字顶点的点靠右对正文字，只适用于水平方向上的文字。

⑩ 左中（ML）：在指定为文字中间点的点上靠左对正文字，只适用于水平方向上的文字。

⑪ 正中（MC）：在文字的中央水平和垂直居中对正文字，只适用于水平方向上的文字。

⑫ 右中（MR）：以指定为文字的中间点的点靠右对正文字，只适用于水平方向上的文字。

⑬ 左下（BL）：以指定为基线的点靠左对正文字，只适用于水平方向上的文字。

⑭ 中下（BC）：以指定为基线的点居中对正文字，只适用于水平方向上的文字。

⑮ 右下（BR）：以指定为基线的点靠右对正文字，只适用于水平方向上的文字。

在命令执行过程中，选择"样式（S）"选项可为当前文字设置样式。

2. "多行文字"命令

标注多行文字时，可以使用不同的字体和字号。多行文字标注适用于标注段落性的文字，如技术要求、装配说明等。在 AutoCAD 2016 中，执行"多行文字"命令的方法有以下 3 种。

微课："多行文字"命令

（1）单击"默认"选项卡功能区"注释"面板中的"多行文字"按钮。

（2）单击"注释"选项卡功能区"文字"面板中的"多行文字"按钮。

（3）在命令行窗口中输入"mtext"。

执行命令后，命令行提示如下。

```
命令: _mtext
当前文字样式: "文本"    文字高度:    2    注释性:    否
指定第一角点:            //指定输入文本内容区域的第一个角点（在绘图窗口中的合适位置单击指定第一个角点）
指定对角点或[高度(H)/对正(J)/行距(L)/旋转(R)/样式(S)/宽度(W)/栏(C)]:
                        //指定输入文本内容区域的另一对角点或选择相应选项（在绘图窗口中的合适位置单击指
                        定文本内容区域另一个角点或选择相应选项执行选项功能，执行选项功能操作很少用）
                        ……
```

在命令执行过程中，各选项的功能如下。

① 高度（H）：选择该选项，可以指定多行文字的文字高度。

② 对正（J）：选择该选项，可以根据文字边界确定新文字或选定文字的对齐方式和走向。

③ 行距（L）：选择该选项，可以指定多行文字对象的行距，行距是一行文字的底部（或基线）与下一行文字底部之间的垂直距离。

④ 旋转（R）：选择该选项，可以指定文字边界的旋转角度。

⑤ 样式（S）：选择该选项，可以指定应用于多行文字的文字样式。

⑥ 宽度（W）：选择该选项，可以指定文字边界的宽度。

在执行命令过程中，系统将弹出图 7.7 所示的"文字编辑器"选项卡功能区和文本输入窗口。

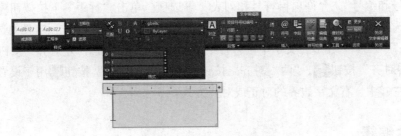

图 7.7 "文字编辑器"选项卡功能区和文本输入窗口

"文字编辑器"选项卡功能区用于控制多行文字的样式及文字的显示效果。其中常用选项的功能说明如下。

① "样式"面板。"样式"面板显示多行文字对象的文字样式，默认情况下，"Standard"文字样式处于活动状态。"样式"列表框用于显示当前选中文本内容的文字样式。"注释性"按钮 用于打开或关闭当前文字对象的"注释性"。"文字高度"下拉列表框 用于设定新文字的字符高度或更改选定文字的高度，如果当前文字样式没有固定高度，则文字高度是系统中存储的值，多行文字对象可以包含不同高度的字符。

② "格式"面板。"格式"面板用于编辑或修改文本输入窗口中文字内容的字体格式。"匹配文字格式"按钮 用于将选定文字的格式应用到目标文字。"粗体"按钮 用于打开或关闭新文字或选定文字的粗体格式，此选项仅适用于使用 TrueType 字体的字符。"斜体"按钮 用于打开或关闭新文字或选定文字的斜体格式，此选项仅适用于使用 TrueType 字体的字符。"删除线"按钮 用于打开或关闭新文字或选定文字的删除线。"下画线"按钮 用于打开或关闭新文字或选定文字的下画线。"上画线"按钮 用于打开或关闭新建文字或选定文字的上画线。"堆叠"按钮 用于创建堆叠字符，如果选定的文字中包含堆叠字符，单击该按钮则创建堆叠文字（如分数），如果选定的是堆叠文字，单击该按钮则取消堆叠。当使用堆叠字符的，如脱字字符（^）、

正斜线（/）与井字号（#），堆叠字符左边的文字将堆叠在字符右边的文字的上方。例如，"+0.02 ^ − 0.01"的堆叠效果如图 7.8（a）所示，"4/5"堆叠效果如图 7.8（b）所示，"6#7"堆叠效果如图 7.8（c）所示。"上标"按钮 用于将选定文字转换为上标，即在输入线的上方设置稍小的文字。"下标"按钮 用于将选定文字转换为下标，即在输入线的下方设置稍小的文字。"字体"下拉列表框 gbeitc 用于为新输入的文字指定字体或更改选定文字的字体，TrueType 字体按字体族的名称列出，AutoCAD 编译的形字体按字体所在文件的名称列出，自定义字体和第三方字体在编辑器中显示为 Autodesk 提供的代理字体。"颜色"下拉列表框 ByLayer 用于指定新文字的颜色或更改选定文字的颜色。"倾斜角度"按钮 0 用于确定文字是向前倾斜还是向后倾斜，倾斜角度表示的是相对于 90°角方向的偏移角度。"追踪"按钮 ab 用于减少或增加选定字符的间距。"宽度因子"按钮 用于扩展或收缩选定字符，"1"代表此字体中字母的常规宽度。

③ "段落"面板。"段落"面板用于设置文字对正方式、项目符号和编号、行距等段落格式。单击"文字对正"下拉按钮 A 可显示"文字对正"下拉列表，有 9 个对齐选项可用，"左上"为默认选项。单击"项目符号和编号"下拉按钮 项目符号和编号 可显示"项目符号和编号"下拉列表，包括"关闭""以数字标记""以字母标记""以项目符号标记""起点""继续""允许自动项目符号和编号""允许项目符号和列表"等选项。单击"行距"下拉按钮 行距 可显示建议的行距选项或"段落"对话框，在当前段落或选定段落中设置行距，预定义的选项为"1.0x""1.5x""2.0x""2.5x"，在多行文字中可将行距设定为 0.5x 的增量。"左对齐"按钮 、"居中"按钮 、"右对齐"按钮 、"两端对齐"按钮 和"分散对齐"按钮 用于设置当前段落或选定段落的左、中、右文字边界的对正或对齐方式。

（三）文本编辑

在图形中标注文本后，可以编辑标注的文本。在 AutoCAD 2016 中，编辑标注文本的方法有两种：用"文本编辑"命令编辑和用"特性"选项板编辑。

1．用"文本编辑"命令编辑文本

在 AutoCAD 2016 中，通过"文本编辑"命令编辑文本的方法有以下两种。

（1）在命令行窗口中输入"mtedit（多行文字编辑）"（也可输入"textedit"或"ddedit"）。

（2）双击需要编辑的文本对象。

其中，第（2）种方法更快捷，较为常用。

2．用"特性"选项板编辑文本

"特性"选项板（见图 7.9）可根据对象选择情况显示相应的特性：选择一个对象时，可显示对象的所有特性；选择多个对象时，仅显示所有选定对象的公共特性；未选定任何对象时，仅显示常规特性的当前设置。在绘图窗口中单击要编辑的文本

微课："文本编辑"命令

图 7.9 "特性"选项板

对象后，单击鼠标右键，在弹出的快捷菜单中选择"特性"命令或在"默认"选项卡功能区"特性"面板中单击右下角的"特性"按钮┛均可打开"特性"选项板。在"特性"选项板中单击需要修改的文本特性或内容，即可进行相应修改。

三、项目实施

（一）任务一

1. 新建文件

启动 AutoCAD 2016，进入"草图与注释"工作空间界面，新建一个无样板图形文件，保存此空白文件，文件名为"图 7.1.dwg"，注意在绘图过程中每隔一段时间保存一次。

2. 设置绘图环境

（1）设置图形界限，设定绘图窗口的大小为 297×210，窗口左下角点为坐标原点（如无特殊要求可不设置）。

（2）设置图层，设置粗实线（CSX）、中心线（ZXX）和文字（WZ）3 个图层，图层参数如表 7.1 所示。

表 7.1 图层参数

图层名	颜色	线型	线宽	用途
CSX	红色	Continuous	0.50mm	粗实线
ZXX	绿色	Center	0.25mm	中心线
WZ	青色	Continuous	0.25mm	文字标注

3. 绘制图形并保存

绘制图 7.1 所示螺纹规格为 D=M20（GB/T 6170—2015）的 1 型六角螺母，并写出螺母规定标记，要求：采用比例画法，布图匀称合理，图形正确，图素特性符合国标，不标注尺寸。

操作步骤如下。

（1）调整绘图窗口的大小，启用"极轴追踪""对象捕捉""对象捕捉追踪""显示/隐藏线宽"辅助绘图工具，在"草图设置"对话框的"对象捕捉"选项卡中设置"交点""端点""中点""圆心"等捕捉目标，并勾选"启用对象捕捉"复选框。

（2）绘制螺母基本视图轮廓形状。将"ZXX"图层设置为当前图层，执行"直线"命令，在主视图、左视图和俯视图中分别绘制出中心线，将"CSX"图层设置为当前图层，执行"直线"命令，在主视图中绘制一个长度为 40（2D）、高度为 16（0.8D）的矩形；在俯视图中绘制一个内接圆直径为 40（2D）的正六边形；根据投影关系在主视图中补画出对应轮廓线，在左视图中完成绘制。结果如图 7.10 所示。

 说明　图示尺寸是为方便说明绘图过程需要进行的尺寸标注，在实际绘图时，标准件不需要标注尺寸。

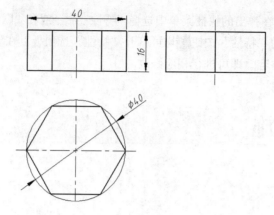

图 7.10　绘制螺母基本轮廓

（3）绘制主视图、左视图中的圆弧。在主视图中执行"圆"命令，以 E 点为圆心，30（$1.5D$）为半径绘制辅助圆，再以辅助圆下方象限点为圆心，以 30（$1.5D$）为半径绘制圆，交线段 BD 于 D 点。执行"直线"命令，绘制辅助直线 CD 和 AB，点 C 为 CD 与 AC 的交点，执行"圆弧"命令，通过点 C、线段 AB 的中点和点 D 绘制圆弧。

在左视图中执行"直线"命令，绘制辅助线 GH，执行"圆"命令，以 GH 中点为圆心，以 20（D）为半径，绘制辅助圆，再以辅助圆下方象限点为圆心，以 20（D）为半径绘制圆，结果如图 7.11 所示。

执行"镜像"命令，将需要的轮廓线镜像出与之对称的另一部分，执行"修剪"命令和"删除"命令，修剪并删除多余线段，结果如图 7.12 所示。

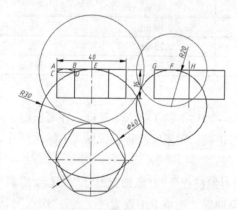

图 7.11　绘制圆弧及辅助圆

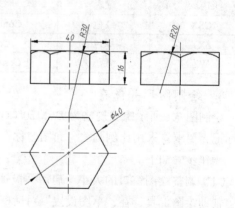

图 7.12　镜像、修剪图形

（4）绘制俯视图中的内切圆和螺纹。执行"绘图"|"圆"|"相切、相切、相切"命令，分别选择正六边形的任意 3 条边绘制出内切圆。

将"XSX"图层设置为当前图层，执行"圆"命令，以 20（D）为直径绘制圆，再将"CSX"图层设置为当前图层，以 17（$0.85D$）为直径绘制另一个圆，执行"修剪"命令，将直径为 20（D）的圆修剪掉左下四分之一，结果如图 7.13 所示。

（5）绘制 30° 倒角。执行"直线"命令，在主视图左边拾取点 C（见图 7.14）为线段起点，输入坐标"@10<30"确定第二点绘制一条倾斜角度为 30° 的直线。

执行"镜像"命令，在主视图右边镜像出另一条倾斜角度为 150° 的直线。

执行"修剪"命令，修剪掉多余的线段和圆弧，结果如图 7.14 所示。

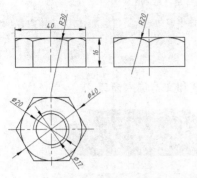

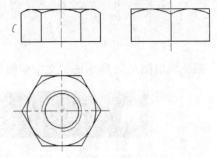

图 7.13　绘制内切圆和螺纹并修剪相应部分　　　　　　图 7.14　螺母完成图

（6）保存此图形文件。

（二）任务二

在任务一所建立的文件下创建图 7.2 所示的文字标注。用户也可单独创建新文件。

操作步骤如下。

1.　创建文字样式

（1）单击"样式"工具栏中的"文字样式"按钮 A，弹出"文字样式"对话框，如图 7.3 所示。

（2）单击"新建"按钮，弹出"新建文字样式"对话框，如图 7.4 所示。

（3）在"样式名"文本框中输入"文字"，单击"确定"按钮，返回"文字样式"对话框，"样式"列表框中显示"文字"新样式，结果如图 7.5 所示。

（4）在图 7.5 所示的对话框中设置如下内容。

在"SHX 字体"下拉列表框中选择"gbeitc.shx"选项；勾选"使用大字体"复选框；在"大字体"下拉列表框中选择"gbcbig.shx"选项；"高度"设置为 5 或 7（用户根据需要设置标准字高），其他内容均为默认值。

（5）单击"应用"按钮，关闭对话框。

　　AutoCAD 2016 提供了符合标注要求的字体形文件：gbenor.shx、gbeitc.shx、gbcbig.shx。形文件是 AutoCAD 用于定义字体或符号库的文件，其源文件的扩展名是.shp，扩展名为.shx 的形文件是编译后的文件。其中，gbenor.shx 和 gbeitc.shx 文件分别用于标注正体和斜体字母与数字；gbcbig.shx 用于标注中文。系统默认的文字样式的 SHX 字体属于.shx 文件，标注的汉字为长仿宋字，但字母和数字的字体则是由文件 txt.shx 定义，因此默认设置不能完全满足制图要求。

2.　创建文字内容并保存

（1）将"WZ"图层和"文字"文字样式置为当前，单击"绘图"工具栏中的"多行文字"按钮 A，命令行提示如下。

```
命令: _mtext
当前文字样式: "文本"  文字高度:  5  注释性:  否
```

指定第一角点：　//指定输入文本内容区域的第一个角点（在绘图窗口中的合适位置单击指定第一个角点）

指定对角点或[高度(H)/对正(J)/行距(L)/旋转(R)/样式(S)/宽度(W)/栏(C)]：

　　　　　　　//指定输入文本内容区域的另一个对角点（在绘图窗口中的合适位置单击指定文本内容区域的
另一个角点）

……

系统弹出图 7.15 所示的"文字编辑器"选项卡功能区和文本输入窗口。

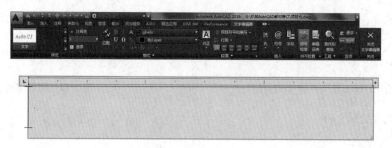

图 7.15　"文字编辑器"选项卡功能区和文本输入窗口

输入以下内容。

"在标注文本之前，需要为文本的字体定义一种样式，字体样式是所有字体文件、字体大小、宽度系数等参数的综合。

单行文字标注适用于标注文字较少的信息，如工程制图中的材料说明、机械制图中的部件名称等。

标注多行文字时，可以使用不同的字体和字号。多行文字标注适用于标注一些段落性的文字，如技术要求、装配说明等。

AutoCAD 2016　%%C　R　EQS　%%C30+0.023^-0.010　%%C40%%P0.010　%%C50H6"

（2）文字内容输入完毕后，选中"+0.023^-0.010"，单击"堆叠"按钮 ▯（选中内容后，按钮图标亮显），结果如图 7.2 所示。

（3）保存此文件。

四、检测练习

（1）按 1：1 的比例绘制图 7.16 所示规格为 d=M20，公称长度 l=80mm（GB/T 5782—2016）的六角头螺栓。要求：布图匀称合理，图形正确，图素特性符合国标，不标注尺寸。

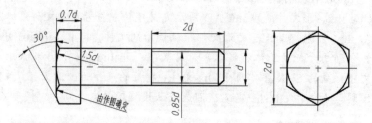

标记：螺栓GB/T 5782—2016 M20×80

图 7.16　六角头螺栓

 螺栓尾部倒角尺寸自定义。

（2）按 1：1 的比例绘制图 7.17 所示代号为 6208（GB/T 276—2013）的滚动轴承。要求：布图匀称合理，图形正确，图素特性符合国标，不标注尺寸。

 滚动轴承另一半可采用简化画法。

（3）按 1：1 的比例绘制图 7.18 所示公称直径为 d=20mm 的平垫圈和弹簧垫圈，要求：布图匀称合理，图形正确，图素特性符合国标，不标注尺寸。

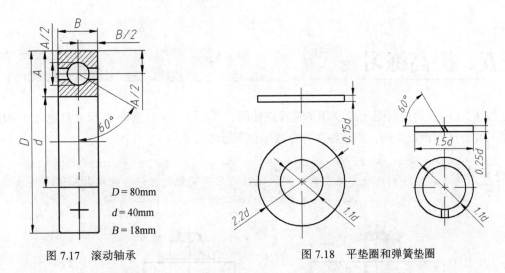

图 7.17　滚动轴承

$D = 80mm$

$d = 40mm$

$B = 18mm$

图 7.18　平垫圈和弹簧垫圈

（4）按 1：1 的比例绘制图 7.19 所示公称直径为 d=10mm，公称长度 l=30mm（M10×30），螺纹长度为 27mm（开槽圆柱头）和 22mm（开槽沉头）的螺钉。要求：布图匀称合理，图形正确，图素特性符合国标，不标注尺寸。

（5）按 1：1 的比例绘制图 7.20 所示代号为 30308（GB/T 297—2015）的圆锥滚子轴承。要求：布图匀称合理，图形正确，图素特性符合国标，不标注尺寸。

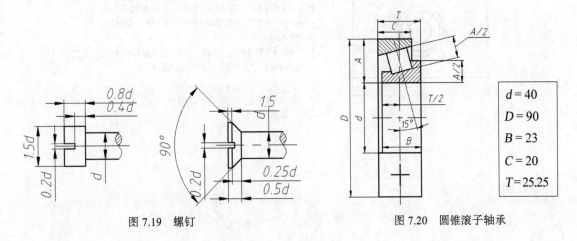

图 7.19　螺钉

图 7.20　圆锥滚子轴承

$d = 40$

$D = 90$

$B = 23$

$C = 20$

$T = 25.25$

（6）按 1：1 的比例绘制图 7.21 所示的圆柱螺旋压缩弹簧。要求：布图匀称合理，图形正确，图素特性符合国标，不标注尺寸。

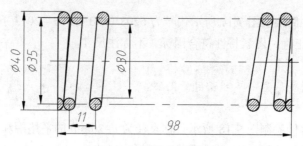

图 7.21　圆柱螺旋压缩弹簧

五、提高练习

　　按 1∶1 的比例绘制图 7.22 所示的螺栓连接图，其中 T_1、T_2、T_3 和 T_4 尺寸自定义。要求：布图匀称合理，图形正确，图素特性符合国标，不标注尺寸。

 　　在绘制螺栓连接图时，用户也可以采用简化的方法绘制螺母和螺栓头结构。

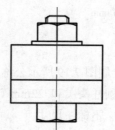

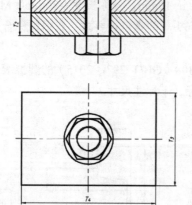

1. 六角头螺栓可从螺栓 GB/T 5782—2016 M16、螺栓 GB/T 5782—2016 M20、螺栓 GB/T 5782—2016 M24 三种型号选择其中一个；
2. 六角螺母可从螺母 GB/T 6170—2015 M16、螺母 GB/T 6170—2015 M20、螺母 GB/T 6170—2015 M24 三种型号对应选择其中一个；
3. 平垫圈-A 级可从垫圈 GB/T 97.1—2002、垫圈 GB/T 97.1—2002、垫圈 GB/T 97.1—2002 三种型号对应选择其中一个。

图 7.22　提高练习

项目八

轴类零件图的绘制

【能力目标】

- 能够根据零件的尺寸标注要求设置标注样式。
- 能够运用"线性""对齐""半径""直径""角度""基线""连续"命令标注尺寸及其公差。
- 能够综合运用绘图命令、修改命令绘制轴类零件图并标注尺寸及公差。

【知识目标】

- 掌握尺寸标注样式的设置。
- 掌握"线性""对齐""半径""直径""角度""基线""连续"命令的使用方法。

一、项目导入

选择合适的图幅，按1:1的比例绘制图8.1所示的减速器从动轴零件图。要求：布图匀称，图形正确，线型符合国标，标注尺寸和尺寸公差，填写"技术要求"及标题栏，但不标注表面粗糙度和几何公差。

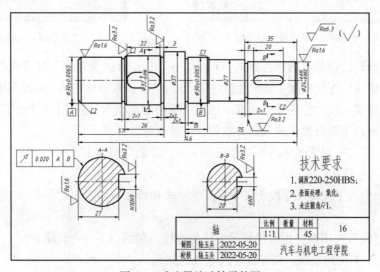

图8.1 减速器从动轴零件图

二、项目知识

（一）设置标注样式

标注样式是标注与标注格式的集合，用于控制标注的外观。在 AutoCAD 2016 中，系统默认的标注样式为"Standard"，标注样式可以由用户自定义。执行"标注样式"命令的方法有以下 3 种。

微课：设置标注样式

（1）单击"默认"选项卡功能区"注释"面板下拉菜单中的"标注样式"按钮。

（2）单击"注释"选项卡功能区"标注"面板右下角的"标注样式"按钮。

（3）在命令行窗口中输入"dimstyle"。

执行命令后，系统弹出"标注样式管理器"对话框，如图 8.2 所示，在该对话框中可以创建和修改标注样式的相关参数。

单击"标注样式管理器"对话框中的"新建"按钮，弹出"创建新标注样式"对话框，如图 8.3 所示。在该对话框中可以设置"新样式名"、选择基础样式、设置该标注样式应用的范围，然后单击"继续"按钮，在弹出的"新建标注样式"对话框中设置标注样式的各项参数。

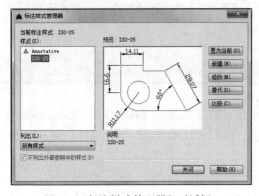

图 8.2 "标注样式管理器"对话框

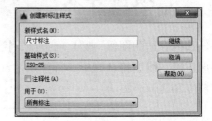

图 8.3 "创建新标注样式"对话框

如果需要修改已经创建的标注样式，则可以在"标注样式管理器"对话框中的"样式"列表框中选中要修改的标注样式（如尺寸标注），然后单击该对话框中的"修改"按钮，系统将弹出"修改标注样式：尺寸标注"对话框。该对话框中的选项与"新建标注样式"对话框中的选项相同，用户可以重新设置各选项的参数值，以修改标注样式。

"新建标注样式"对话框中共有 7 个选项卡，其功能介绍如下。

1. "线"选项卡

"线"选项卡用于设置尺寸线、尺寸界线的格式和特性，如图 8.4 所示。该选项卡中各选项的功能说明如下。

（1）"尺寸线"选项组：用于设置尺寸线的特性，包括以下 6 个选项。

① "颜色"下拉列表框：用于设置尺寸线的颜色。

② "线型"下拉列表框：用于设置尺寸线的线型。

图 8.4 "线"选项卡

③ "线宽"下拉列表框：用于设置线宽。

④ "超出标记"数值框：用于指定在使用箭头倾斜、建筑标记、积分标记或无箭头标记时，尺寸线伸出尺寸界线的长度。只有当使用箭头倾斜、建筑标记、积分标记或无箭头标记时，该选项才可用。

⑤ "基线间距"数值框：用于设置基线标注的尺寸线之间的间距。

⑥ "隐藏"：该选项用于隐藏尺寸线，勾选"尺寸线 1"或"尺寸线 2"复选框，即可隐藏尺寸线。

（2）"尺寸界线"选项组：用于设置尺寸界线的特性，包括以下 8 项内容。

① "颜色"下拉列表框：用于设置尺寸界线的颜色。

② "尺寸界线 1 的线型"下拉列表框：用于设置第一条尺寸界线的线型。

③ "尺寸界线 2 的线型"下拉列表框：用于设置第二条尺寸界线的线型。

④ "线宽"下拉列表框：用于设置尺寸界线的线宽。

⑤ "隐藏"：用于设置是否显示或隐藏第一条和第二条尺寸界线。

⑥ "超出尺寸线"数值框：用于设置尺寸界线超出尺寸线的距离。

⑦ "起点偏移量"数值框：用于设置尺寸界线的起点到标注定义点的距离。

⑧ "固定长度的尺寸界线"复选框：设置尺寸界线从尺寸线开始到标注原点的总长度，可以在该复选框下方的"长度"文本框中直接输入尺寸界线的长度。

2. "符号和箭头"选项卡

"符号和箭头"选项卡用于设置箭头、圆心标记、弧长符号和半径折弯标注的角度，如图 8.5 所示。

该选项卡中各选项的功能说明如下。

（1）"箭头"选项组：用于控制箭头的外观。

① "第一个"下拉列表框：用于设置第一条尺寸线的箭头；若改变了第一个箭头的类型，那么第二个箭头的类型将自动改变，以与第一个箭头相匹配。

② "第二个"下拉列表框：用于设置第二条尺寸线的箭头。

图 8.5　"符号和箭头"选项卡

③ "引线"下拉列表框：用于设置尺寸标注引线的箭头。

④ "箭头大小"数值框：用于显示和设置箭头的大小。

（2）"圆心标记"选项组：用于控制直径标注和半径标注的圆心标记和中心线的外观。

① "无"单选按钮：单击此单选按钮，不创建圆心标记或中心线。

② "标记"单选按钮：单击此单选按钮，创建圆心标记。

③ "直线"单选按钮：单击此单选按钮，创建中心线。

④ "大小"数值框：用于显示和设置圆心标记的大小或中心线的粗线，只有在单击"标记"或"直线"单选按钮时此数值框才有效。

（3）"折断标注"选项组：用于显示和设置折断标注折断处的间距大小。

"折断大小"数值框，用于调整折断标注折断处的间距的大小。

（4）"弧长符号"选项组：用于控制弧长标注中弧长符号的显示。

① "标注文字的前缀"单选按钮：单击此单选按钮，将弧长符号放在标注文字的前面。

② "标注文字的上方"单选按钮：单击此单选按钮，将弧长符号放在标注文字的上方。

③ "无"单选按钮：单击此单选按钮，不显示弧长符号。

（5）"半径折弯标注"选项组：用于控制半径折弯（"Z"字形）标注的显示。半径折弯标注通常在中心点位于页面外部时创建。折弯角度是指用于连接半径标注的尺寸界线和尺寸线的横向直线之间的角度。用户可以直接在"折弯角度"文本框中输入角度值。

（6）"线性折弯标注"选项组：用于控制线性折弯标注的显示。当标注不能精确表示实际尺寸时，通常将折弯线添加到线性标注中。通常，实际尺寸比所需值小。

"折弯高度因子"数值框：用于设置通过形成折弯的角度的两个顶点之间的距离确定折弯高度的因子。

3．"文字"选项卡

"文字"选项卡用于设置标注文字的特性，如图 8.6 所示。

该选项卡中各选项的功能说明如下。

（1）"文字外观"选项组：用于控制标注文字的格式和大小，包括以下 6 个选项。

图 8.6 "文字"选项卡

① "文字样式"下拉列表框：用于显示和设置标注文字的当前样式。

② "文字颜色"下拉列表框：用于显示和设置标注文字的颜色。

③ "填充颜色"下拉列表框：用于显示和设置标注文字的背景色。

④ "文字高度"数值框：用于显示和设置标注文字的高度，在数值框中直接输入数值即可。

⑤ "分数高度比例"数值框：用于设置计算标注分数和公差的文字高度的比例因子。

⑥ "绘制文字边框"复选框：勾选此复选框，将为标注文字绘制一个边框。

（2）"文字位置"选项组：用于控制标注文字的位置，包括以下 3 个选项。

① "垂直"下拉列表框：用于控制标注文字相对于尺寸线的垂直对正方式，包括置中（将标注文字放在尺寸线中间）、上方（将标注文字放在尺寸线上方）、外部（将标注文字放在距离定义点最近的尺寸线一侧）和 JIS（按照日本工业标准放置标注文字）。

② "水平"下拉列表框：用于控制标注文字在尺寸线方向上相对于尺寸界线的水平位置，包括置中、第一条尺寸界线、第二条尺寸界线、第一条尺寸界线上方和第二条尺寸界线上方。

③ "观察方向"下拉列表框：用于显示和设置当前标注文字的观察方向，包括"从左到右"选项和"从右到左"选项。

④ "从尺寸线偏移"数值框：用于显示和设置当前标注文字间距，即断开尺寸线以容纳标注文字时，尺寸线与标注文字的距离。

（3）"文字对齐"选项组：用于控制标注文字对齐的方向。其中包括如下 3 种对齐方式。

① "水平"单选按钮：单击此单选按钮，标注文字将水平放置。

② "与尺寸线对齐"单选按钮：单击此单选按钮，标注文字方向与尺寸线方向一致。

③ "ISO 标准"单选按钮：单击此单选按钮，标注文字按国际标准化组织（International Organization for Standardization，ISO）标准放置，即当标注文字在延伸线内时，标注文字与尺寸线的方向一致，当标注文字在延伸线外时，标注文字水平放置。

4. "调整"选项卡

"调整"选项卡用于设置尺寸线、箭头和标注文字的放置规则，如图 8.7 所示。

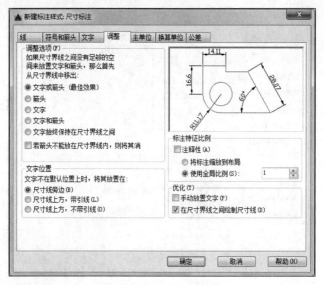

图 8.7　"调整"选项卡

该选项卡中各选项的功能说明如下。

（1）"调整选项"选项组：用于根据尺寸界线之间的可用空间决定是将文字和箭头放置在尺寸界线内部还是外部。此选项组可进一步调整标注文字、尺寸箭头的位置，包括以下 6 个选项。

① "文字或箭头"单选按钮：单击此单选按钮，系统将根据最佳调整方案将文字或箭头移动到尺寸界线外。

② "箭头"单选按钮：单击此单选按钮，先将箭头移动到尺寸界线外，再移动文字。

③ "文字"单选按钮：单击此单选按钮，先将文字移动到尺寸界线外，再移动箭头。

④ "文字和箭头"单选按钮：单击此单选按钮，当尺寸界线内的空间不足以容纳文字和箭头时，将箭头和文字都移出。

⑤ "文字始终保持在尺寸界线之间"单选按钮：选中此单选按钮，始终将文字放置在尺寸界线之间。

⑥ "若箭头不能放在尺寸界线内，则将其消"复选框：勾选此复选框，如果尺寸界线之间的空间不足以容纳箭头，则不显示标注箭头。

（2）"文字位置"选项组：用于控制文字移动时，当文字不在默认位置时，其放置的位置。

① "尺寸线旁边"单选按钮：单击此单选按钮，标注文字随尺寸线移动。

② "尺寸线上方，带引线"单选按钮：单击此单选按钮，文字不随尺寸线移动。如果将文字从尺寸线上移开，AutoCAD 创建引线连接文字和尺寸线。

③ "尺寸线上方，不带引线"单选按钮：单击此单选按钮，文字不随尺寸线移动。如果将文字从尺寸线上移开，文字与尺寸线之间无引线相连。

（3）"标注特征比例"选项组：用于设置全局标注比例值或绘图窗口缩放比例。单击"使用全局比例"单选按钮，可设置全局尺寸标注的缩放比例，此比例不改变尺寸的测量值；单击"将标注缩放到布局"单选按钮，可根据当前模型空间的缩放关系设置比例。

（4）"优化"选项组：提供放置标注文字的其他选项，其中包括"手动放置文字"复选框和

"在尺寸界线之间绘制尺寸线"复选框。

5. "主单位"选项卡

"主单位"选项卡用于设置标注主单位特性，如图 8.8 所示。

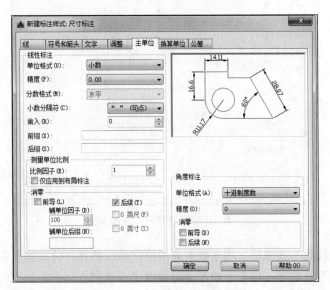

图 8.8 "主单位"选项卡

该选项卡中各选项的功能说明如下。

（1）"线性标注"选项组：用于设置线性标注的格式和精度。

① "单位格式"下拉列表框：用于选择除角度外的各类标注的当前单位格式。

② "精度"下拉列表框：用于显示和设置标注文字的小数位数。

③ "分数格式"下拉列表框：用于设置分数格式。

④ "小数分隔符"下拉列表框：用于设置小数的分隔符。

⑤ "舍入"数值框：用于设置非角度标注测量值的舍入规则。

⑥ "前缀"文本框：用于设置在标注文字包含的前缀。

⑦ "后缀"文本框：用于设置在标注文字包含的后缀。

（2） "测量单位比例"选项组：用于设置线性缩放比例。

（3） "消零"选项组：用于设置是否显示尺寸标注中的前导和后续消零。

（4）"角度标注"选项组：用于设置角度标注的当前角度格式。

① "单位格式"下拉列表框：用于设置角度的单位格式。

② "精度"下拉列表框：用于显示和设置角度标注的小数位数。

③ "消零"选项组：控制前导和后续消零。

6. "换算单位"选项卡

"换算单位"选项卡用于设置辅助标注单位特性，如图 8.9 所示。只有勾选"显示换算单位"复选框，其他选项才可用。

（1）"换算单位"选项组：用于显示和设置除角度之外的所有标注类型的当前单位格式。

① "单位格式"下拉列表框：用于设置换算单位格式。

② "精度"下拉列表框：根据所选的单位格式或角度格式设置小数位数。

图 8.9 "换算单位"选项卡

③ "换算单位倍数"数值框：用于设置原单位转换成换算单位的换算系数。

④ "舍入精度"数值框：用于为换算单位设置舍入规则，其中，角度标注不应用舍入值。

⑤ "前缀"文本框：为换算标注文字添加的前缀。

⑥ "后缀"文本框：为换算标注文字添加的后缀。

（2）"消零"选项组：用于控制前导和后续消零。

（3）"位置"选项组：用于控制换算单位在标注文字中的位置。单击"主值后"单选按钮，换算单位放在标注文字主值的后面；单击"主值下"单选按钮，换算单位放在标注文字主值的下面。

7. "公差"选项卡

"公差"选项卡用于设置标注公差，如图 8.10 所示。

图 8.10 "公差"选项卡

该选项卡中主要选项的功能说明如下。

（1）"公差格式"选项组：用于控制标注文字中的公差格式。

① "方式"下拉列表框：用于设置公差的方式。

② "精度"下拉列表框：用于显示和设置公差文字中的小数位数。

③ "上偏差"数值框：用于显示和设置最大公差或上偏差值。选择"对称"公差时，AutoCAD 2016 将此值应用于公差。

④ "下偏差"数值框：用于显示和设置最小公差或下偏差值。

⑤ "高度比例"数值框：用于设置计算标注分数和公差的文字高度的比例因子。

⑥ "垂直位置"下拉列表框：用于控制对称公差和极限公差的文字对正。选择"上"选项时，公差文字与标注文字的顶部对齐；选择"中"选项时，公差文字与标注文字的中间对齐；选择"下"选项时，公差文字与标注文字的底部对齐。

（2）"换算单位公差"选项组：用于设置公差换算单位的格式，其中"精度"下拉列表框用于设置换算单位公差值的精度。

（二）标注尺寸

AutoCAD 2016 提供了多种标注尺寸的命令，用户可以利用这些命令对图形进行线性标注、对齐标注、角度标注、半径标注、直径标注、基线标注、连续标注、快速标注、快速引线标注、坐标标注、圆心标记、几何公差标注、弧长标注、折弯标注和倾斜标注等。这些标注命令根据用户是否常用分别列在"默认"选项卡功能区的"注释"面板和"注释"选项卡功能区的"标注"面板中，如图 8.11 和图 8.12 所示。

图 8.11　"默认"选项卡功能区　　　　　　图 8.12　"注释"选项卡功能区
　"注释"面板中的标注类型　　　　　　　"标注"面板中的标注类型

1. "线性"命令

使用"线性"命令可以在指定的位置或对象的水平或垂直部分创建标注。在 AutoCAD 2016 中，执行"线性"命令的方法有以下 3 种。

（1）单击"默认"选项卡功能区"注释"面板中的"线性"按钮 线性。

（2）单击"注释"选项卡功能区"标注"面板中的"线性"按钮 线性。

（3）在命令行窗口中输入"dimlinear"。

执行"线性"命令后，命令行提示如下。

微课："线性"命令

```
命令: _dimlinear
指定第一个尺寸界线原点或 <选择对象>:        //指定第一个尺寸界线原点或选择要进行线性标注的对象并单击
                                              （单击尺寸标注对象起点或按 Enter 键选择"选择对象"选项，
                                              再单击要进行线性标注的对象）
指定第二条尺寸界线原点:                      //指定第二个尺寸界线原点（单击尺寸标注对象终点，若要选择
                                              "选择对象"选项，则无此操作步骤）
指定尺寸线位置或
[多行文字(M)/文字(T)/角度(A)/水平(H)/垂直(V)/旋转(R)]:
                                            //指定尺寸线位置或选择"多行文字(M)/文字(T)/角度(A)/水平
                                              (H)/垂直(V)/旋转(R)"中的任意选项（拖动鼠标指针在合适位
                                              置单击，确定尺寸线的位置，若要选择各选项，输入选项对应
                                              的字母并按 Enter 键确认）
标注文字 = 297                              //（系统自动生成数字）
```

其中各选项的功能说明如下。

① 指定尺寸线位置：拖动鼠标指针确定尺寸线的位置。

② 多行文字（M）：选择此选项，系统弹出"文字编辑器"选项卡，其中尺寸测量的数据已经被固定，用户可以在数据的前面或后面输入文本并进行编辑，如创建"极限偏差"形式标注。

③ 文字（T）：选择此选项，可在命令行窗口中自定义标注文字，如创建"公差代号"标注。

④ 角度（A）：选择此选项，可修改标注文字的旋转角度。

⑤ 水平（H）：选择此选项，可创建水平线性标注。

⑥ 垂直（V）：选择此选项，可创建垂直线性标注。

⑦ 旋转（R）：选择此选项，可创建旋转线性标注。

常规线性标注的效果如图 8.13 所示。

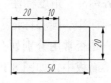

图 8.13　线性标注

2. "对齐"命令

使用"对齐"命令可以创建与指定位置或对象平行的标注。执行"对齐"命令的方法有以下 3 种。

（1）单击"默认"选项卡功能区"注释"面板中"线性"按钮██ 线性右边的下拉按钮██，在弹出的下拉列表中选择"对齐"命令。

（2）单击"注释"选项卡功能区"标注"面板中"线性"按钮██ 线性右边的下拉按钮██，在弹出的下拉列表中选择"已对齐"命令。

（3）在命令行窗口中输入"dimaligned"。

微课："对齐"命令

执行"对齐"命令后，命令行提示如下。

```
命令: _dimaligned
指定第一个尺寸界线原点或 <选择对象>:        //指定第一个尺寸界线原点或选择要进行线性标注的对象并单击
                                              （单击尺寸标注对象起点或按 Enter 键选择"选择对象"选项，
                                              再单击要进行线性标注的对象）
指定第二条尺寸界线原点:                      //指定第二个尺寸界线原点（单击尺寸标注对象终点，若选择"选
                                              择对象"选项，则无此操作步骤）
指定尺寸线位置或[多行文字(M)/文字(T)/角度(A)]: //指定尺寸线的位置或选择"多行文字(M)/文字(T)/角度
                                              (A)/水平(H)/垂直(V)/旋转(R)"中的任意选项（在合
```

适位置单击，确定尺寸线位置，若要选择各选项，则输
入选项对应的字母并按 Enter 键确认）

标注文字 = 36 　　　　　　　　//（系统自动生成数字）

在命令执行过程中，命令行提示的"多行文字（M）""文
字（T）""角度（A）""水平（H）""垂直（V）""旋转（R）"
选项的功能与"线性"命令的相同，此处不再赘述。

常规对齐标注的效果如图 8.14 所示。

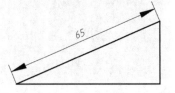

图 8.14　对齐标注

3."角度"命令

"角度"命令用于测量圆和圆弧的角度、两条直线间的角度及
三点间的角度。在 AutoCAD 2016 中，执行"角度"命令的方法有以下 3 种。

（1）单击"默认"选项卡功能区"注释"面板中"线性"按钮 线性 右
边的下拉按钮 ，在弹出的下拉列表中选择"角度"命令。

（2）单击"注释"选项卡功能区"标注"面板中"线性"按钮 线性 右
边的下拉按钮 ，在弹出的下拉列表中选择"角度"命令。

微课："角度"命令

（3）在命令行窗口中输入"dimangular"。

执行"角度"命令后，命令行提示如下。

```
命令: _dimangular
选择圆弧、圆、直线或 <指定顶点>：    //选择要标注的对象（单击要标注的圆弧、圆、直线）
……
```

在选择对象的过程中，因选择的对象不同，命令行提示的内容也不同。如果选择的对象为
圆弧，则命令行提示如下。

```
指定标注弧线位置或[多行文字(M)/文字(T)/角度(A)/象限点(Q)]：
                      //指定标注弧线尺寸数字的位置（在合适位置单击确定尺寸数字的位置）
标注文字 = 112        //（系统显示测量数据）
```

如果选择的对象为圆，则选择点位置提示为"指定角的第一个端点"，命令行提示如下。

```
指定角的第二个端点：       //指定角的第二个端点（鼠标单击圆上一点，确定角的第二个端点）
指定标注弧线位置或[多行文字(M)/文字(T)/角度(A)/象限点(Q)]：
                      //指定标注弧线尺寸数字的位置（在合适位置单击确定尺寸数字的位置）
标注文字 = 92         //（系统显示测量数据）
```

如果选择的对象为直线，则选择点位置提示为"选择第一条直线"，命令行提示如下。

```
选择第二条直线：         //选择第二条直线（单击第二条直线上的一点，选择第二条直线）
指定标注弧线位置或[多行文字(M)/文字(T)/角度(A)/象限点(Q)]：
                      //指定标注弧线尺寸数字的位置（在合适位置单击确定尺寸数字的位置）
标注文字 = 38         //（系统显示测量数据）
```

如果执行"角度"标注命令后，直接按 Enter 键，即选择 "指定顶点"选项，命令行提示
如下。

```
命令: _dimangular
选择圆弧、圆、直线或<指定顶点>:      //选择"指定顶点"选项（直接按 Enter 键）
指定角的顶点:                         //指定角的顶点（捕捉并单击确定测量角的顶点）
指定角的第一个端点:                   //指定角的第一个端点（捕捉并单击确定测量角的第一个端点）
指定角的第二个端点:                   //指定角的第二个端点（捕捉并单击确定测量角的第二个端点）
指定标注弧线位置或[多行文字(M)/文字(T)/角度(A)/象限点(Q)]:
                                      //指定标注弧线尺寸数字的位置（在合适位置单击确定尺寸数字的位置）
标注文字 = 125                        //（系统显示测量数据）
```

在命令执行过程中，命令行提示的"多行文字（M）""文字（T）""角度（A）"选项的功能与"线性"命令的相同，此处不再赘述。其中"象限点（Q）"选项的功能说明如下。

象限点（Q）：指定标注应锁定到的象限，选择此选项后，将标注文字放置在角度标注外时，尺寸线会延伸超过尺寸界线。

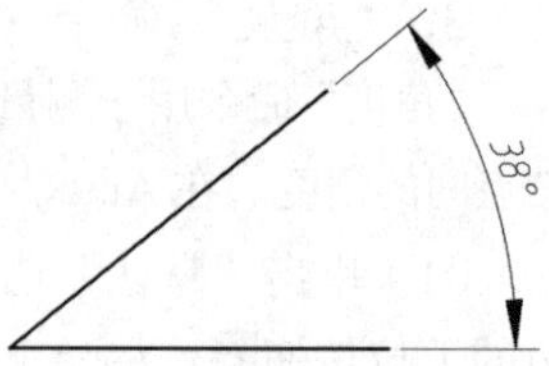

常规角度标注的效果如图 8.15 所示。

图 8.15　角度标注

4．"弧长"命令

"弧长"命令用于测量圆弧或多段线圆弧的弧长，并在标注文字的上方或前面显示圆弧符号。在 AutoCAD 2016 中，执行"弧长"命令的方法有以下 3 种。

微课："弧长"命令

（1）单击"默认"选项卡功能区"注释"面板中"线性"按钮 ▊ 线性 右边的下拉按钮 ▼，在弹出的下拉列表中选择"弧长"命令。

（2）单击"注释"选项卡功能区"标注"面板中"线性"按钮 ▊ 线性 右边的下拉按钮 ▼，在弹出的下拉列表中选择"弧长"命令。

（3）在命令行中窗口输入"dimarc"。

执行"弧长"命令后，命令行提示如下。

```
命令: _dimarc
选择弧线段或多段线圆弧段:  //选择弧线段或多段线圆弧段（单击弧线段或多段线圆弧段）
指定弧长标注位置或[多行文字(M)/文字(T)/角度(A)/部分(P)/引线(L)]:
                           //指定标注弧线尺寸数字的位置（在合适位置单击确定尺寸数字的位置）
标注文字 = 18              //（系统显示测量数据）
```

在命令执行过程中，命令行提示的"多行文字（M）"选项、"文字（T）"选项、"角度（A）"选项的功能与"线性"命令的相同，此处不再赘述，其中"部分（P）"选项与"引线（L）"选项的功能说明如下。

① 部分（P）。选择此选项，可缩短弧长标注的长度。

② 引线（L）。选择此选项，可添加引线对象，引线是按径向绘制的，指向所标注圆弧的圆心。仅当圆弧（或圆弧段）大于 90°时才会显示此选项。

弧长标注的效果如图 8.16 所示。

图 8.16　"弧长"标注

5．"半径"命令

"半径"命令通过可选的中心线或中心标记测量圆弧和圆的半径。在 AutoCAD 2016 中，执行"半径"命令的方法有以下 3 种。

（1）单击"默认"选项卡功能区"注释"面板中"线性"按钮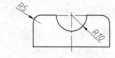右边的下拉按钮，在弹出的下拉列表中选择"半径"命令。

（2）单击"注释"选项卡功能区"标注"面板中"线性"按钮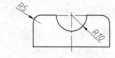右边的下拉按钮，在弹出的下拉列表中选择"半径"命令。

微课："半径"命令

（3）在命令行窗口中输入"dimradius"。

执行"半径"命令后，命令行提示如下。

```
命令: _dimradius
选择圆弧或圆:    //选择需要进行标注的圆弧或圆（单击需要进行标注的圆弧或圆）
标注文字 = 6    //（系统显示测量数据）
指定尺寸线位置或[多行文字(M)/文字(T)/角度(A)]:
                //指定标注弧线尺寸数字的位置（在合适位置单击确定尺寸数字的位置）
```

在命令执行过程中，命令行提示的"多行文字（M）"选项、"文字（T）"选项、"角度（A）"选项的功能与"线性"命令的相同，此处不再赘述。

半径标注的效果如图 8.17 所示。

图 8.17 "半径"标注

6. "直径"命令

"直径"命令通过可选的中心线或中心标记测量圆弧和圆的直径。在 AutoCAD 2016 中，执行"直径"命令的方法有以下 3 种。

（1）单击"默认"选项卡功能区"注释"面板中"线性"按钮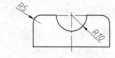右边的下拉按钮，在弹出的下拉列表中选择"直径"命令。

微课："直径"命令

（2）单击"注释"选项卡功能区"标注"面板中"线性"按钮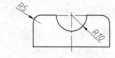右边的下拉按钮，在弹出的下拉列表中选择"直径"命令。

（3）在命令行窗口中输入"dimdiameter"。

执行"直径"命令后，命令行提示如下。

```
命令: _dimdiameter
选择圆弧或圆:    //选择需要进行标注的圆弧或圆（单击需要进行标注的圆弧或圆）
标注文字 = 12   //（系统显示测量数据）
指定尺寸线位置或[多行文字(M)/文字(T)/角度(A)]:
                //指定标注弧线尺寸数字的位置（在合适位置单击确定尺寸数字的位置）
```

在命令执行过程中，命令行提示的"多行文字（M）"选项、"文字（T）"选项、"角度（A）"选项的功能与"线性"命令的相同，此处不再赘述。

直径标注的效果如图 8.18 所示。

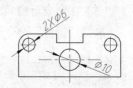

图 8.18 直径标注

7. "坐标"命令

"坐标"命令用于测量从原点（称为基准）到要素（如部件上的一个孔）的水平或垂直距离。在 AutoCAD 2016 中，执行"坐标"命令的方法有以下 3 种。

（1）单击"默认"选项卡功能区"注释"面板中"线性"按钮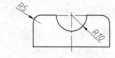右边的下拉按钮，在

弹出的下拉列表中选择"坐标"命令。

（2）单击"注释"选项卡功能区"标注"面板中"线性"按钮 线性右边的下拉按钮 ▼，在弹出的下拉列表中选择"坐标"命令。

（3）在命令行窗口中输入"dimordinate"。

微课："坐标"命令

执行"坐标"命令后，命令行提示如下。

```
命令：_dimordinate
指定点坐标：            //指定要进行坐标标注的点（单击或捕捉需要进行标注的坐标点）
创建了无关联的标注。
指定引线端点或[X基准(X)/Y基准(Y)/多行文字(M)/文字(T)/角度(A)]：
                       //指定标注坐标点X轴方向或Y轴方向上尺寸数字的位置（在合适位置单击确定尺寸数字的位置）
标注文字 = 1362         //（系统显示测量数据）
```

在命令执行过程中，命令行提示的"多行文字（M）"选项、"文字（T）"选项、"角度（A）"选项的功能与"线性"命令的相同，此处不再赘述，其中"X基准（X）"选项与"Y基准（Y）"选项的功能介绍如下。

① X 基准（X）：执行测量 X 轴坐标并确定引线和标注文字的方向，系统将显示"引线端点"提示，从中可以指定端点。

② Y 基准（Y）：执行测量 Y 轴坐标并确定引线和标注文字的方向，系统将显示"引线端点"提示，从中可以指定端点。

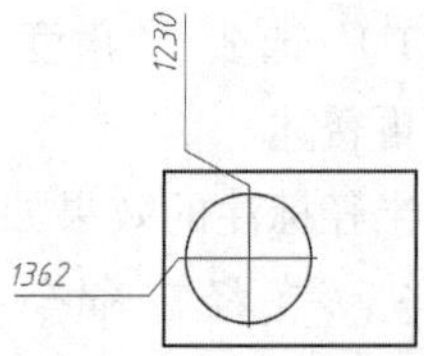

坐标标注的效果如图8.19所示。

图 8.19　坐标标注

8. "折弯"命令

当圆弧或圆的中心位于绘图窗口之外并且无法在其实际位置显示时，可以使用"折弯"命令为其创建折弯半径标注。可以在更方便的位置指定标注的原点（这称为中心位置替代）。折弯标注可以测量选定对象的半径，并在半径前面添加带有半径符号 R 的标注文字，并可以在任意合适的位置指定尺寸线的原点。

微课："折弯"命令

在 AutoCAD 2016 中，执行"折弯"命令的方法有以下3种。

（1）单击"默认"选项卡功能区"注释"面板中"线性"按钮 线性右边的下拉按钮 ▼，在弹出的下拉列表中选择"折弯"命令。

（2）单击"注释"选项卡功能区"标注"面板中"线性"按钮 线性右边的下拉按钮 ▼，在弹出的下拉列表中选择"折弯"命令。

（3）在命令行窗口中输入"dimjogged"。

执行"折弯"命令后，命令行提示如下。

```
命令：_dimjogged
选择圆弧或圆：            //选择要进行标注的圆弧或圆（单击要进行标注的圆弧或圆）
指定图示中心位置：        //指定要进行标注的圆弧或圆到圆心的位置（单击确定要进行标注的圆弧或圆的位置）
标注文字 = 4             //（系统显示测量数据）
指定尺寸线位置或[多行文字(M)/文字(T)/角度(A)]：   指定尺寸线的位置（在合适位置单击确定尺寸线的位置）
指定折弯位置：           //指定折弯的位置（在合适位置单击确定折弯的位置）
```

在命令执行过程中，命令行提示的"多行文字（M）"选项、"文字（T）"选项、"角度（A）"选项的功能与"线性"命令的相同，此处不再赘述。

折弯标注的效果如图 8.20 所示。

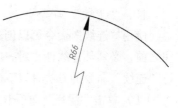

图 8.20　折弯标注

9．"快速"命令

"快速"命令是向图形中添加测量注释的过程，用户可以使用"快速"命令为各种对象沿各个方向快速创建标注。可用"快速"命令标注的基本标注类型包括线性标注、半径标注、直径标注、角度标注、坐标标注和弧长标注。在 AutoCAD 2016 中，执行"快速"命令的方法有以下两种。

微课："快速"命令

（1）单击"注释"选项卡功能区"标注"面板中的"快速"按钮 快速。

（2）在命令行窗口中输入"qdim"。

执行"快速"命令后，命令行提示如下。

```
命令：_qdim
关联标注优先级 = 端点
选择要标注的几何图形：找到 1 个                  //选择要标注的对象（单击要标注的第一个对象）
选择要标注的几何图形：找到 1 个，总计 2 个         //选择要标注的对象（单击要标注的第二个对象）
选择要标注的几何图形：找到 1 个，总计 3 个         //选择要标注的对象（单击要标注的第三个对象）
选择要标注的几何图形：                          //结束对象的选择（按 Enter 键，结束对象的选择）
指定尺寸线位置或[连续(C)/并列(S)/基线(B)/坐标(O)/半径(R)/直径(D)/基准点(P)/编辑(E)/设置(T) ] <连续>：
                                            //指定尺寸线的位置（拖动鼠标指针确定尺寸线的位置）
```

在命令执行过程中，命令行提示的各选项的功能说明如下。

① 连续（C）：指定多个标注对象并创建一系列连续标注，其中线性标注线端对端地沿同一条直线排列。

② 并列（S）：指定多个标注对象并创建一系列并列标注，其中线性尺寸线以恒定的增量相互偏移。

③ 基线（B）：指定多个标注对象并创建一系列基线标注，其中线性标注共享一条公用尺寸界线。

④ 坐标（O）：指定多个标注对象并创建一系列坐标标注，其中元素以单个尺寸界线及 X 轴或 Y 轴坐标值进行注释，相对于基准点进行测量。

⑤ 半径（R）：指定多个标注对象并创建一系列半径标注，显示所选圆弧和圆的半径值。

⑥ 直径（D）：指定多个标注对象并创建一系列直径标注，显示所选圆弧和圆的直径值。

⑦ 基准点（P）：为基线和坐标标注设置新的基准点；选择此选项后，命令行提示"选择新的基准点"，指定新基准点后，返回到上一提示。

⑧ 编辑（E）：编辑一系列标注；选择此选项后，命令行提示"指定要删除的标注点或[添加（A）/退出（X）]<退出>"，指定点后返回到上一提示。

⑨ 设置（T）：为指定尺寸界线原点设置默认对象捕捉；选择此选项后，命令行提示"关联标注优先级[端点（E）/交点（I）]<端点>"，选择选项后按 Enter 键返回到上一提示。

快速标注的效果如图 8.21 所示。

10. "连续"命令

使用"连续"命令可以创建首尾相连的多个标注。在创建连续标注之前，必须创建线性、对齐或角度标注。在 AutoCAD 2016 中，执行"连续"命令的方法有以下两种。

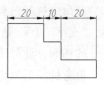

图 8.21　快速标注

（1）单击"注释"选项卡功能区"标注"面板中的"连续"按钮。

（2）在命令行窗口中输入"dimcontinue"。

在执行"连续"命令之前要建立或选择一个线性、对齐或角度标注作为原始标注，然后再执行"连续"命令。执行"连续"命令后，命令行提示如下。

微课："连续"命令

```
命令：_dimcontinue
选择连续标注：  //选择已完成的原始标注作为连续标注的起点（单击一个对象作为连续标注的起点）
指定第二个尺寸界线原点或[选择(S)/放弃(U)] <选择>:
               //指定第二个尺寸界线原点（单击第一个要标注对象的第二个尺寸界线的起点，完成第一个尺寸标注）
标注文字 = 30  //（系统显示测量数据）
指定第二个尺寸界线原点或[选择(S)/放弃(U)] <选择>:
               //指定第二个尺寸界线原点（单击第二个要标注对象的第二个尺寸界线的起点，完成第二个尺寸标注）
标注文字 = 10  //（系统显示测量数据）
指定第二个尺寸界线原点或[选择(S)/放弃(U)] <选择>:
               //结束尺寸界线原点的选择（按 Enter 键确认，结束对象的选择）
选择连续标注：  //结束命令（按 Enter 键确认，结束命令执行）
```

在命令执行过程中，命令行提示的各选项的功能如下。

① 放弃（U）：放弃在命令执行期间上一次输入的连续标注，返回最近的上一次操作。

② 选择（S）：命令行提示"选择连续标注"，用拾取框选择新的连续标注。

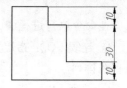

图 8.22　连续标注

连续标注的效果如图 8.22 所示。

11. "基线"命令

基线标注是从同一基线处测量的多个标注。在创建基线标注之前，必须创建线性、对齐或角度标注。在 AutoCAD 2016 中，执行"基线"命令的方法有以下两种。

微课："基线"命令

（1）单击"注释"选项卡功能区"标注"面板中"连续"按钮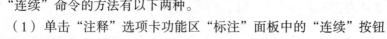右边的下拉按钮，在弹出的下拉列表中选择"基线"命令。

（2）在命令行窗口中输入"dimbaseline"。

执行"基线"命令后，命令行提示如下。

```
命令：_dimbaseline
选择基准标注：  //选择基准标注作为标注基准（单击基准标注的一条尺寸界线<该尺寸线即为基准>）
指定第二个尺寸界线原点或[选择(S)/放弃(U)] <选择>:
               //指定第二个尺寸界线起点（单击捕捉第二个尺寸界线起点）
```

标注文字 ＝ 30 ∥（系统显示测量数据）

指定第二个尺寸界线原点或 [选择 (S)/放弃 (U)] <选择>：

∥指定第三个尺寸界线起点（单击捕捉第三个尺寸界线起点）

标注文字 ＝ 40 ∥（系统显示测量数据）

指定第二个尺寸界线原点或 [选择 (S)/放弃 (U)] <选择>：

∥结束尺寸界线原点的选择（按 Enter 键确认，结束对象的选择）

选择基准标注： ∥结束命令（按 Enter 键确认，结束命令）

在命令执行过程中，命令行提示的各选项的功能同"连续"命令的相同，这里不再赘述。

基线标注的效果如图 8.23 所示。

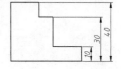

图 8.23　基线标注

三、项目实施

（一）新建文件

启动 AutoCAD 2016，进入"草图与注释"工作空间界面，新建一个无样板图形文件，保存此空白文件，文件名为"图 8.1.dwg"，注意在绘图过程中每隔一段时间保存一次。

（二）设置绘图环境

（1）设置图形界限，设置绘图窗口的大小为 297×210，窗口左下角点为坐标原点（如无特殊要求可不设置）。

（2）设置粗实线（CSX）、中心线（ZXX）、文字标注（WZ）、尺寸标注（CCBZ）和虚线（XX）5 个图层，图层参数如表 8.1 所示。

表 8.1　　　　　　　　　　　　图层参数

图层名	颜色	线型	线宽	用途
CSX	红色	Continuous	0.50mm	粗实线
ZXX	绿色	Center	0.25mm	中心线
WZ	黄色	Continuous	0.25mm	文字标注
CCBZ	青色	Continuous	0.25mm	尺寸标注
XX	黄色	Dashed	0.25mm	虚线

（三）绘制边框线、图框线和标题栏

设置边框大小为 297×210，图幅保留装订边格式。绘制过程如下。

（1）在"XSX"图层中执行"直线"命令，绘制长为 297，宽为 210 的矩形（也可执行"矩形"命令绘制，但使用此命令绘制矩形后需执行"分解"命令对所绘矩形进行分解），执行"偏移"命令，将左侧边向内偏移 25，将上、下和右侧边均向内偏移 5，执行"修剪"命令，修剪各线两端的图框矩形，修改图框的图层为"CSX"。

（2）在图框右下角按机械制图要求绘制标题栏，标题栏长为 130，宽为 28，各单元格尺寸参照机械制图简化标题栏的尺寸要求绘制。结果如图 8.24 所示。

为方便下次使用相同格式的图幅，可将此格式图幅保存为图形样板文件，操作过程为：单击"菜单浏览器"按钮，在弹出的下拉菜单中选择"另存为" ｜ "图形样板"选项，如图 8.25 所示。

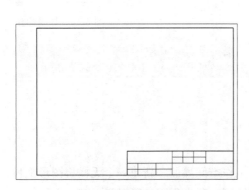

图 8.24　绘制图框和标题栏

图 8.25　建立图形样板文件

系统弹出图 8.26 所示的"图形另存为"对话框。在该对话框中，修改保存路径和位置，修改文件名为"A4 样板图.dwt"，单击"保存"按钮，即可建立一个图形样板文件。

图 8.26　"图形另存为"对话框

 　　　　为方便绘图，用户也可以先设置图层、文字样式、尺寸标注样式等参数后再创建样板文件，用户可根据绘图需要创建出"A3 样板图""A2 样板图""A1 样板图"等样板文件。

（四）绘制图形

绘制图形的操作步骤如下。

（1）调整绘图窗口显示大小，启用"极轴追踪""对象捕捉""对象捕捉追踪"和"显示/隐藏线宽"辅助绘图工具，在"草图设置"对话框的"对象捕捉"选项卡中设置"交点""端点""中点""圆心"等捕捉目标，并勾选"启用对象捕捉"复选框。

（2）绘制基准线。执行"直线"命令，在"ZXX"图层中绘制长度约为 150 的轴向基准线，在"CSX"图层中绘制长度为 37 的径向基准线 AB，执行"移动"命令或运用夹点功能调整两线的位置，结果如图 8.27 所示。

（3）绘制各轴段。绘制各轴类零件时，可暂不绘制轴段上的倒角和键槽等结构，即"先整体后细节"。

①执行"偏移"命令，将径向基准线 AB 以偏移距离 14（146−57−75=14）偏移出另一线段 CD；执行"直线"命令，连接两线段上下两端。

②执行"偏移"命令，将线段 CD 向左偏移 26 得到线段 EF，将中心对称线分别向上、向下偏移 16，改变中心线偏移后两线段的线型。

③执行"修剪"命令和"删除"命令，修剪并删除多余的线段，结果如图 8.28 所示。

图 8.27　绘制基准线　　　　　　　　　　图 8.28　绘制轴段 1

④执行"偏移"命令，将基准线 AB 向右偏移 15 得到线段 GH，将线段 CD 向左偏移 57，将中心对称线分别向上、向下偏移 15，改变中心线偏移后两线段的线型。

⑤执行"修剪"命令和"删除"命令，修剪和删除多余的线段，结果如图 8.29 所示。

⑥运用相同的方法分别绘制出线段 IJ 和线段 KL，结果如图 8.30 所示。

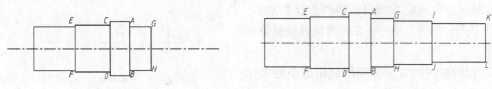

图 8.29　绘制轴段 2　　　　　　　　　　图 8.30　绘制轴段 3

（4）绘制 4 个 2×1 的退刀槽。执行"偏移"命令，将线段 IJ 向右偏移 2，将线段 IK 和线段 JL 分别向下、向上偏移 1，结果如图 8.31 所示。

执行"修剪"命令和"删除"命令，修剪并删除多余的线段，结果如图 8.32 所示。

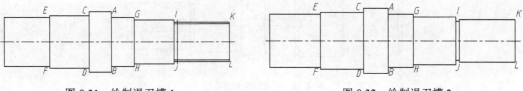

图 8.31　绘制退刀槽 1　　　　　　　　　图 8.32　绘制退刀槽 2

运用相同的方法分别绘制出其他各段退刀槽，结果如图 8.33 所示。

（5）绘制倒角。执行"倒角"命令，分别设置倒角距离为 2 和 1，对需要倒角的各段进行倒角，结果如图 8.34 所示。

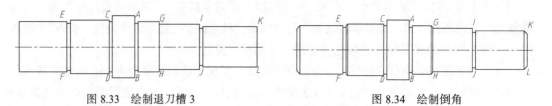

图 8.33　绘制退刀槽 3　　　　　　　　　　　　图 8.34　绘制倒角

（6）绘制键槽。执行"偏移"命令，将线段 CD 分别以偏移距离 8（3+5=8）和 20（3+22-5=20）向左偏移复制得到两线段，与中心线的交点分别为 M 和 N。

执行"圆"命令，分别以点 M 和点 N 为圆心，以 5 为半径绘制两圆，再执行"直线"命令，分别以两圆象限点为端点绘制两条线段，结果如图 8.35 所示。

执行"修剪"命令和"删除"命令，修剪并删除多余的线段。

运用相同的方法绘制出另一键槽，结果如图 8.36 所示。

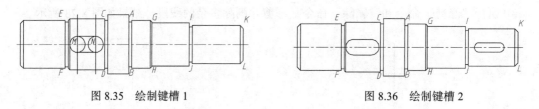

图 8.35　绘制键槽 1　　　　　　　　　　　　图 8.36　绘制键槽 2

（7）绘制剖切符号、投影箭头和标记字母。

① 执行"直线"命令，在 EC 轴段处绘制长度为 3.5 的垂直线段。

② 执行"线性"命令，在绘图窗口任意位置标注一个任意的长度（步骤 1）；执行"分解"命令，将该尺寸标注分解，执行"删除"命令，删除多余的尺寸界线和箭头（步骤 2）；运用夹点功能调整尺寸线至合适长短（步骤 3）；执行"移动"命令，将留下的尺寸线和箭头移动到垂直线段处（步骤 4）。绘图过程如图 8.37 所示。

③ 执行"镜像"命令，在对称位置处镜像出另一半。

④ 运用相同的方法分别绘制出剩余的剖切符号。

将"XSX"图层设置为当前图层，执行"多行文字"命令，在剖切符号旁创建字母 A 和 B，结果如图 8.38 所示。

步骤 1　　步骤 2　　步骤 3　　步骤 4

图 8.37　绘制剖切符号 1

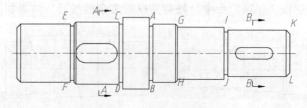

图 8.38　绘制剖切符号 2

（8）绘制两断面图。将"ZXX"图层设置为当前图层，绘制长度约为 40 的互相垂直的两条对称中心线，运用夹点功能调整两条中心线的长度，使两条线段的中点和交点正好重合。

将"CSX"图层设置为当前图层，以两中心线交点为圆心，以 15 为半径绘制一个圆。

执行"偏移"命令，将水平中心线以偏移距离 5 分别向上、向下偏移，将垂直中心线以偏移距离 12 向右偏移，再分别将偏移所得线段的线型修改为粗实线，结果如图 8.39 所示。

执行"修剪"命令和"删除"命令，修剪并删除多余的线段，结果如图 8.40 所示。

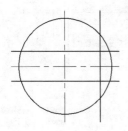

图 8.39　绘制断面图 1

图 8.40　绘制断面图 2

将"XSX"图层设置为当前图层，执行"图案填充"命令，选择图 8.40 所示的 4 个象限区域作为填充区域，完成剖面线的绘制。

执行"多行文字"命令，在断面图上方创建内容为"A-A"断面图标记。运用相同的方法绘制出"B-B"断面图，结果如图 8.41 所示。

（9）设置尺寸标注样式。将"XSX"图层设置为当前图层，创建"尺寸标注"文字样式，将文字高度设置为 0，其余内容设置同"项目七"中的"文字"文字样式，这里不再赘述。

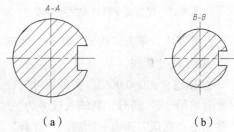

（a）　　　　　　（b）

图 8.41　绘制断面图 3

　说明

在建立"尺寸标注"文字样式时，应将文字高度设置为 0，如果文字样式的文字高度值不为 0，则"新建标注样式：尺寸标注"对话框（见图 8.4）中"文字"选项卡中的"文字高度"数值框将不起作用。

单击"默认"选项卡功能区"注释"面板下拉菜单中的"标注样式"按钮 ，即可新建一个标注样式，系统同时打开"标注样式管理器"对话框。

单击"标注样式管理器"对话框中的"新建"按钮，系统弹出"创建新标注样式"对话框。

在"创建新标注样式"对话框中的"新样式名"文本框中输入样式的名称"尺寸标注"，单击"继续"按钮，系统弹出"新建标注样式：尺寸标注"对话框。在此对话框中根据机械制图标准设置参数，主要参数设置如下。

将"箭头大小"设为 3.5（比尺寸标注文字字高小一号），如图 8.42 所示；在"文字样式"

图 8.42　设置"箭头大小"

下拉列表中选择"尺寸标注"选项，"文字高度"设为 5（只有被选择的文字样式的字高为 0 时，才可以设置文字高度，当选择的文字样式的字高不为 0 时，文字高度将对应于文字样式的字高），如图 8.43 所示；在"精度"下拉列表框中选择"0.00"选项；在"小数分隔符"下拉列表中选择"'.'（句点）"选项，如图 8.44 所示，其他选项均采用默认值。

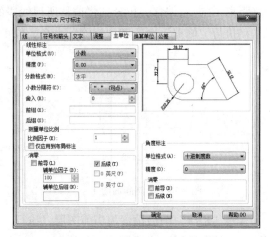

图 8.43　设置文字样式和文字高度　　　　　图 8.44　设置精度和小数分隔符

设置完毕，单击"确定"按钮，完成"尺寸标注"标注样式的创建。

（10）尺寸标注。

① 创建"$\phi30\pm0.0065$"类型尺寸标注。该尺寸标注为径向尺寸标注且上下偏差对称，标注尺寸时采用"±"符号，其输入代号为"%%p"，标注方法如下。

单击"默认"选项卡功能区"注释"面板中的"线性"按钮，命令行提示如下。

```
命令：_dimlinear
指定第一个尺寸界线原点或 <选择对象>：      //指定第一个尺寸界线原点（单击尺寸标注线段的一个端点）
指定第二条尺寸界线原点：                    //指定第二个尺寸界线原点（单击尺寸标注线段的另一个端点）
指定尺寸线位置或
[多行文字(M)/文字(T)/角度(A)/水平(H)/垂直(V)/旋转(R)]:m
                                           //选择"多行文字(M)"选项（输入 M 并按 Enter 键确认）
```

此时，系统弹出"文字编辑器"选项卡功能区，同时绘图窗口出现文本输入窗口，并有系统生成的尺寸数值"30"（显蓝）和闪烁的光标。将闪烁的光标移动到数值"30"前，输入"%%c"，"%%c"将转换为"ϕ"，再将光标移动到数值"30"后，在文本输入窗口中输入"%%p0.0065"，"%%p"将转换为"±"，结果如图 8.45 所示，命令行继续提示。

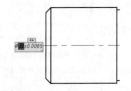

图 8.45　输入标注文字

```
指定尺寸线位置或
[多行文字(M)/文字(T)/角度(A)/水平(H)/垂直(V)/旋转(R)]:
                //指定尺寸线位置，结束命令（在文本输入窗口外单击，调整好位置后再次单击）
标注文字 = 30   //（系统显示测量数据）
```

创建"$\phi30\pm0.0065$"类型尺寸标注的结果如图 8.46 所示。

② 创建 "$\phi24^{+0.015}_{+0.002}$" 类型尺寸标注。执行 "线性" 命令后，命令行提示的内容同前文所述，此处不再重复讲述。此时，系统弹出 "文字编辑器" 选项卡功能区和文本输入窗口，并有系统生成的尺寸数值 "24"（显蓝）和闪烁的光标。用鼠标或方向键将闪烁的光标移动到 "24" 前，输入 "%%c"，"%%c" 转换为 "ϕ"，再将光标移动到 "24" 后，在文本输入窗口中输入 "+0.015^+0.002"，选中 "+0.015^+0.002"，如图 8.47 所示，单击 "堆叠" 按钮 🔳（显亮），输入的 "+0.015^+0.002" 转换为 $^{+0.015}_{+0.002}$，命令行继续提示。

```
指定尺寸线位置或
[多行文字(M)/文字(T)/角度(A)/水平(H)/垂直(V)/旋转(R)]:
                     //指定尺寸线位置，结束命令（在文本输入窗口外单击，调整好位置后再次单击）
标注文字 = 24    //（系统显示测量数据）
```

创建 "$\phi24^{+0.015}_{+0.002}$" 类型尺寸标注的结果如图 8.48 所示。

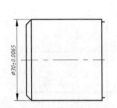

图 8.46　尺寸标注结果 1

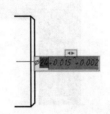

图 8.47　选中 "+0.015^+0.002" 文字

图 8.48　尺寸标注结果 2

在进行带有偏差值的尺寸标注时，在上偏差或下偏差为 0 时，由于 0 无正负号，所以为保证上偏差和下偏差上下对齐，在输入文本时，0 前应加空格，在选择文本时，空格也要一起被选中。

③ 创建 "2×1" 类型尺寸标注。执行 "线性" 命令后，命令行提示如下（省略的部分内容同前文所述）。

```
……
指定尺寸线位置或
[多行文字(M)/文字(T)/角度(A)/水平(H)/垂直(V)/旋转(R)]: t　//选择 "文字(T)" 选项（输入 T 并按 Enter 键确认）
```

此时，命令行提示 "输入标注文字 <2>:"，用户在提示后输入 "2X1"（"X" 为大写英文字母），并按 Enter 键确认，同时命令行提示如下。

```
输入标注文字 <2>: 2X1
指定尺寸线位置或
[多行文字(M)/文字(T)/角度(A)/水平(H)/垂直(V)/旋转(R)]:
                     //指定尺寸线位置，结束命令（在文本输入窗口外单击，调整好位置后再次单击）
标注文字 = 2    //（系统显示测量数据）
```

创建 "2×1" 类型尺寸标注的结果如图 8.49 所示。

运用相同的方法完成两断面图的 "10N9" "6N9" 及其他同类型的尺寸标注。

（11）倒角尺寸标注。执行 "直线" 命令，在倒角斜边端点位置处绘制延长线并弯折绘制一条水平线，绘制出引线。

执行"多行文字"命令或"单行文字"命令，在水平线上标注"*C*1"和"*C*2"。

（12）填写标题栏和"技术要求"。执行"多行文字"命令或"单行文字"命令均可在标题栏单元格中填写文字内容。

① 执行"多行文字"命令的操作过程如下。

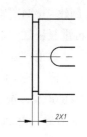

图 8.49　尺寸标注结果 3

执行"多行文字"命令，指定 *A* 点为第一角点，指定 *B* 点为对角点，确定单元格为文本输入区域，如图 8.50 所示。单击拾取 *B* 点后，系统弹出"文字编辑器"选项卡功能区和文本输入窗口，在光标处输入文字内容（如"制图"），选中文本内容，单击"对正"下拉按钮 ，在弹出的下拉列表中选择"正中"选项，如图 8.51 所示。在文本输入区域外单击，完成文本输入，结果如图 8.52 所示。

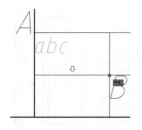

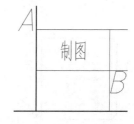

图 8.50　确定文本输入区域　　　图 8.51　文本编辑　　　图 8.52　文本输入结果 1

用户可用相同的方法填写其他单元格中的内容，"名称"和"单位名称"的字号可适当放大。

② 执行"单行文字"命令的操作过程如下。

执行"直线"命令，在单元格中绘制一条对角线作为辅助线。执行"单行文字"命令，命令行提示如下。

```
命令：_text
当前文字样式："文字"　文字高度：3.5000　注释性：否　对正：正中
指定文字的中间点 或[对正(J)/样式(S)]：j                //选择"对正(J)"选项（输入 J 并按 Enter 键确认）
输入选项[左(L)/居中(C)/右(R)/对齐(A)/中间(M)/布满(F)/左上(TL)/中上(TC)/右上(TR)/左中(ML)/正中
(MC)/右中(MR)/左下(BL)/中下(BC)/右下(BR)]：mc            //选择"正中(MC)"选项（输入 MC 并按 Enter 键确
                                                          认）
指定文字的中间点：                                       //指定文字的中间点位置（捕捉辅助线中点并单击）
指定文字的旋转角度 <0>：                                 //指定文字的旋转角度为 0，即不旋转（按 Enter 键
                                                          选择默认选项）
```

捕捉辅助线中点并单击，指定文字的中间点，如图 8.53 所示。文字的旋转角度指定完成后，在光标处输入文本内容（如"制图"），如图 8.54 所示。单击文本输入区域外的一点，并按 Enter 键结束命令。执行"删除"命令，删除辅助线，结果如图 8.55 所示。

用户可用相同的方法填写其他单元格中的内容。

③ 执行"多行文字"命令，输入"技术要求"文字内容。

至此完成全图，结果如图 8.1 所示。

（13）保存此文件。

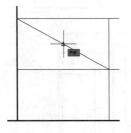

图 8.53　指定文字的中间点

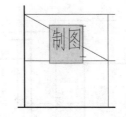

图 8.54　输入文本内容

图 8.55　文字输入结果 2

四、检测练习

（1）按 1：1 的比例绘制图 8.56 所示的直齿圆柱齿轮减速器齿轮轴零件图。要求：布图匀称，图形正确，线型符合国标，标注尺寸和尺寸公差，填写技术要求及标题栏，但不标注表面粗糙度和形位公差。

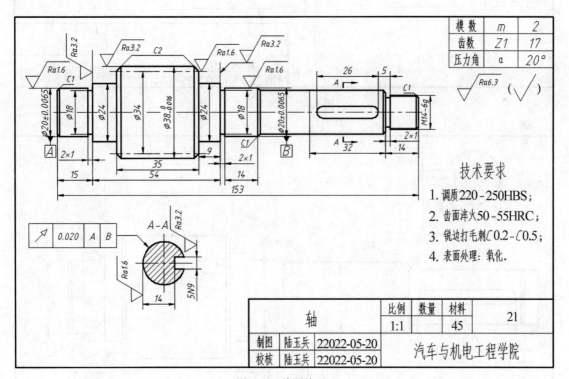

图 8.56　检测练习 1

（2）按 1：1 的比例绘制图 8.57 所示的轴类零件图。要求：布图匀称，图形正确，线型符合国标，标注尺寸和尺寸公差，填写技术要求及标题栏，但不标注表面粗糙度和形位公差。

（3）按 1：1 的比例绘制图 8.58 所示的齿轮轴零件图。要求：布图匀称，图形正确，线型符合国标，标注尺寸和公差，填写技术要求及标题栏，但不标注表面粗糙度。

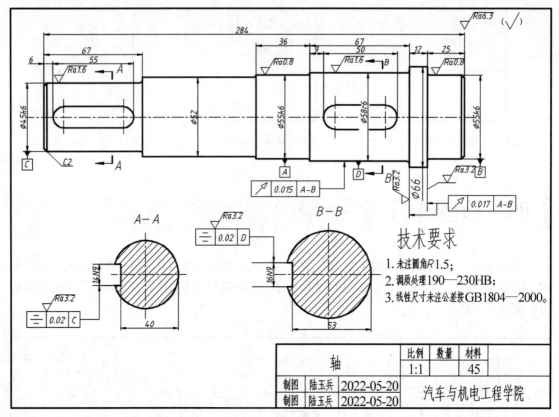

图 8.57　检测练习 2

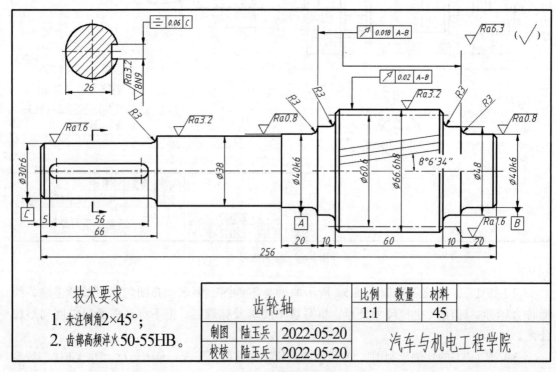

图 8.58　检测练习 3

五、提高练习

按 1：1 的比例绘制图 8.59 所示的直齿圆柱齿轮减速器从动轴零件图。要求：布图匀称，图形正确，线型符合国标，标注尺寸和公差，填写技术要求及标题栏，但不标注表面粗糙度。

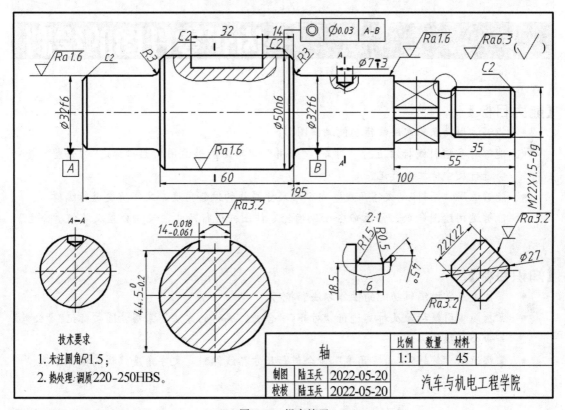

图 8.59　提高练习

项目九

齿轮零件图的绘制

【能力目标】

- 能够运用夹点的常用编辑功能编辑图形。
- 能够对多重引线标注进行"对齐""合并"编辑，能够运用"圆心标记""公差"等命令进行尺寸标注或标记。
- 能够运用"倾斜""文字角度"命令对尺寸界线的倾斜角度、文字角度进行编辑。
- 能够运用绘图命令、修改命令绘制齿轮零件图并进行尺寸、尺寸公差及几何"公差"标注。

【知识目标】

- 掌握夹点常用编辑功能的操作方法和技巧。
- 掌握多重引线标注及对其进行"对齐""合并"编辑的方法，掌握"圆心标记""公差"等命令的操作方法。
- 掌握运用"倾斜""文字角度"命令进行尺寸界线倾斜、文字角度编辑的操作方法。

一、项目导入

按 1∶1 的比例绘制图 9.1 所示的直齿圆柱齿轮减速器齿轮零件图。要求：布图匀称，图形正确，线型符合国标，标注尺寸和尺寸公差、几何公差，填写技术要求及标题栏，但不标注表面粗糙度。

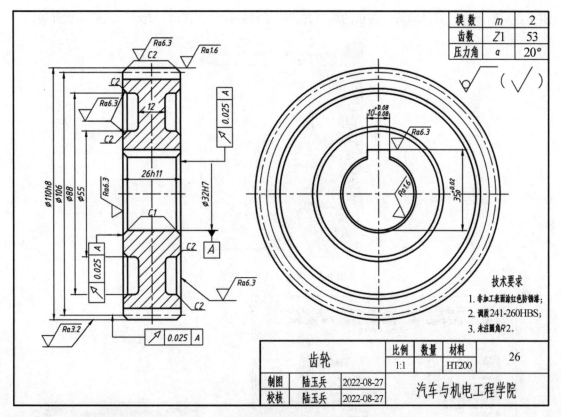

图 9.1　直齿圆柱齿轮减速器齿轮零件图

二、项目知识

（一）编辑夹点

在编辑图形之前，选中对象时，对象上将显示若干个小方框，这些小方框用来标记被选中对象上的控制点，称为"夹点"，如图 9.2 所示。夹点根据操作进程的不同分为未选中的夹点、选中的夹点和悬停的夹点，用户可以单击"菜单浏览器"按钮，在弹出的下拉菜单中单击"选项"按钮，如图 9.3 所示，在弹出的"选项"对话框中单击"选择集"选项卡，如图 9.4 所示，单击"夹点颜色"按钮，在弹出的"夹点颜色"对话框中设置夹点颜色。

夹点是一种集成的编辑模式，提供了一种方便、快捷的编辑操作途径。例如，使用夹点可以对对象进行拉伸、移动、旋转、缩放及镜像等操作。在 AutoCAD 2016 中，用户可以使

微课：编辑夹点

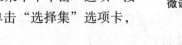

（a）　　　　　（b）　　　　　（c）

图 9.2　线段、样条曲线和圆上的夹点

用夹点对图形进行简单编辑，夹点的编辑方式有 5 种：拉伸、移动、旋转、比例缩放和镜像。

图 9.3　单击"选项"按钮

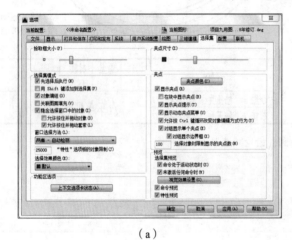

（a）

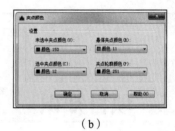

（b）

图 9.4　设置夹点颜色

在不执行任何命令的情况下选中对象，显示其夹点，把鼠标指针靠近夹点并单击，激活夹点的编辑状态，其中一个夹点作为拉伸的基点，此时，AutoCAD 2016 自动进入"拉伸"的编辑状态，命令行将显示如下提示信息。

```
** 拉伸 **
指定拉伸点或[基点(B)/复制(C)/放弃(U)/退出(X)]：
```

此时用户可以根据命令行提示的"拉伸"图形要素，连续按 Enter 键在所有常用编辑方式间切换，切换如下。

```
** MOVE **
指定移动点或[基点(B)/复制(C)/放弃(U)/退出(X)]：
** 旋转 **
指定旋转角度或[基点(B)/复制(C)/放弃(U)/参照(R)/退出(X)]：
** 比例缩放 **
```

指定比例因子或[基点(B)/复制(C)/放弃(U)/参照(R)/退出(X)]:
** 镜像 **
指定第二点或[基点(B)/复制(C)/放弃(U)/退出(X)]:

除此之外，在激活夹点后，单击鼠标右键，系统将弹出图 9.5 所示的快捷菜单，其中列出了较为详细的图形要素的编辑和控制方式，通过此快捷菜单也可以选择所需的编辑方式。

在不同的编辑方式间切换时，会发现 AutoCAD 2016 为每种编辑方式提供的选项基本相同，其中，"基点（B）"选项与"复制（C）"选项是所有编辑方式共有的，其功能介绍如下。

基点（B）：该选项使用户可以拾取某一个点作为编辑过程中的基点。例如，当进入旋转编辑模式，并要指定一个点作为旋转中心时，就可选择"基点（B）"选项。默认情况下，编辑的基点是被选中的夹点。

复制（C）：如果用户在编辑的同时还需复制对象，则选择此选项。

默认情况下，指定拉伸点（可以输入点的坐标或者直接单击拾取点）后，AutoCAD 2016 便把对象拉伸或移动到新的位置。对于某些夹点，移动时只能移动对象而不能拉伸对象，如文字、块、线段中点、圆心、椭圆中心和点对象上的夹点。

图 9.5 快捷菜单

值得一提的是，在运用夹点编辑功能绘图的过程中，有的功能较为简单、便捷，有的功能运用起来较为烦琐，具体运用形式用户可根据自己的习惯选择。

（二）"多重引线样式"命令

多重引线样式功能是指创建一个新的多重引线样式或修改已经存在的多重引线样式，多重引线样式可以指定基线、引线、箭头和内容的格式，综合控制引线的外观。用户可以使用默认的多重引线样式"Standard"，也可以创建自己的多重引线样式。默认的"Standard"多重引线样式使用带有实心闭合箭头和行文字内容的直线引线。在 AutoCAD 2016 中，执行"多重引线样式"命令的方式有以下两种。

微课："多重引线样式"命令

（1）单击"默认"选项卡功能区"注释"面板下拉菜单中的"多重引线样式"按钮。
（2）在命令行窗口中输入"mleaderstyle"。

执行该命令后，系统弹出"多重引线样式管理器"对话框，如图 9.6 所示。用户可以在该对话框中新建、修改和删除多重引线样式，也可以修改当前多重引线样式的相关参数。

对话框中各选项的含义如下。

① "当前多重引线样式"：用于显示创建的样式的名称，默认的样式为"Standard"。

② "样式"列表框：用于显示样式列表，当前样式为蓝色。

③ "列出"下拉列表框：用于控制"样式"列表

图 9.6 "多重引线样式管理器"对话框

框中显示的内容。选择"所有样式"选项，可显示图形中可用的所有样式，选择"正在使用的样式"选项，仅显示当前图形中参照的样式。

④ "预览"窗口：用于显示"样式"列表框中选定样式的预览图像。

⑤ "置为当前"按钮：单击此按钮可将"样式"列表框中选定的样式设定为当前样式，所有新的多重引线都将使用此样式进行创建。

⑥ "新建"按钮：单击此按钮可打开"创建新多重引线样式"对话框，从中可以定义新样式。

⑦ "修改"按钮：单击此按钮可打开"修改多重引线样式"对话框，从中可以修改样式。

⑧ "删除"按钮：单击此按钮可删除"样式"列表框中选定的样式，但不能删除图形中已使用的样式。

单击"多重引线样式管理器"对话框中的"新建"按钮 新建(N)... ，弹出"创建新多重引线样式"对话框，如图 9.7 所示。用户可以在该对话框中设置"新样式名"（如设置名称为"引线标注"）、选择基础样式，以及选择是否指定多重引线对象为注释，然后单击"继续"按钮，在弹出图 9.8 所示的"修改多重引线样式：引线标注"对话框中设置多重引线样式的各项参数。

图 9.7 "创建新多重引线样式"对话框　　图 9.8 "修改多重引线样式：引线标注"对话框

该对话框中包含"引线格式""引线结构""内容"3 个选项卡。

（1）"引线格式"选项卡如图 9.8 所示，其中各选项的功能说明如下。

"常规"选项组用于控制箭头的基本设置。"类型"下拉列表框用于确定引线类型，可以选择直线、样条曲线或无引线，"颜色"下拉列表框用于确定引线的颜色。"线型"下拉列表框用于确定引线的线型。"线宽"下拉列表框用于确定引线的线宽。

"箭头"选项组用于控制多重引线箭头的外观。"符号"下拉列表框用于设置多重引线的箭头符号，常用的箭头的符号为"实心闭合"和"小点"，进行"倒角"标注时，箭头的符号应选择"无"选项，箭头的符号如图 9.9 所示。"大小"数值框用于显示和设置箭头的大小。

"引线打断"选项组用于控制将折断标注添加到多重引线时的设置。"打断大小"数值框用于设置选择多重引线后用于"dimbreak"命令的折断大小。

在实际绘图中，除"箭头"选项组中的"大小"要根据需要重新设置外，其他参数均可使用默认值，一般可参照尺寸标注中的箭头大小进行设置，一般设置为 3.5。

（2）"引线结构"选项卡如图 9.10 所示。其中，各选项的功能说明如下。

"约束"选项组用于控制多重引线的约束。"最大引线点数"复选框用于指定引线的最大点数。"第一段角度"复选框用于指定引线中第一个拐点处的角度。"第二段角度"复选框用于指定引线中第二个拐点处的角度，在绘图时均可采用默认状态，即不勾选状态。

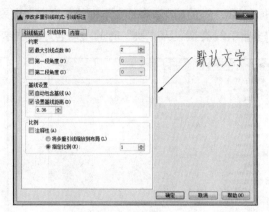

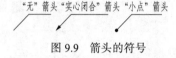

图 9.9　箭头的符号　　　　　　　　　图 9.10　"引线结构"选项卡

　　"基线设置"选项组用于控制多重引线的基线设置。"自动包含基线"复选框用于将水平基线附着到多重引线上。"设置基线距离"复选框用于确定多重引线基线的固定距离，系统默认值较小，用户可根据引线附着内容的需要重新设置，通常对于引线标注可设置为 5～10。

　　"比例"选项组用于控制多重引线的缩放。"注释性"复选框用于指定多重引线是否为注释。单击"将多重引线缩放到布局"单选按钮可根据模型空间视口和图纸空间视口中的缩放比例确定多重引线的比例因子，当多重引线不为注释时，此按钮可用。单击"指定比例"单选按钮可指定多重引线的缩放比例，当多重引线不为注释时，此按钮可用。

　　（3）"内容"选项卡如图 9.11 所示。其中各选项的功能说明如下。

　　"多重引线类型"下拉列表框用来确定多重引线是包含文字还是包含块，此选择将影响"内容"选项卡中的其他可用选项。图 9.11 所示的"内容"选项卡即"多重引线类型"为"多行文字"时的效果。

　　"文字选项"选项组用于控制文字的外观。"默认文字"栏用于设定多重引线内容的默认文字，单击 按钮将启动多行文字在位编辑器。"文字样式"下拉列表框用于列出可用的文本样式，单击"文字样式"按钮 将显示"文字样式"对话框，从中可以创建或修改文字样式。"文字角度"下拉列表框用于指定文字的旋转角度。"文字颜色"下拉列表框用于指定文字颜色。"文字高度"数值框用于指定文字的高度。"始终左对齐"复选框用于指定文字是否始终左对齐。"文字加框"复选框用于设置是否为文字内容添加边框，通过设置基线间隙，可控制文字和边框之间的距离。

　　"引线连接"选项组用于控制多重引线的引线连接方式为水平连接或垂直连接。

　　单击"水平连接"单选按钮将引线插入文字内容的左侧或右侧，此种连接需要设置文字和引线之间的基线。"连接位置 - 左"下拉列表框用于控制文字位于引线左侧时基线连接到文字的方式。"连接位置 - 右"下拉列表框用于控制文字位于引线右侧时基线连接到文字的方式。"基线间隙"数值框用于指定基线和文字之间的距离。

　　单击"垂直连接"单选按钮将引线插入文字内容的顶部或底部，此种连接无须设置文字和引线之间的基线。"连接位置 - 上"下拉列表框用于将引线连接到文字内容的中上部，可以在其中选择引线连接或在文字内容之间插入上画线。"连接位置 - 下"下拉列表框用于将引线连接到文字内容的底部，可以在其中选择在引线连接或在文字内容之间插入下划线。

"将引线延伸至文字"复选框用于确定是否将基线延伸到附着引线的文字行边缘（而不是多行文本框的边缘）处的端点，多行文本框的长度由文字最长一行的长度（而不是边框的长度）来确定。

"多重引线类型"为"块"时的"内容"选项卡如图 9.12 所示，各选项的功能如下。

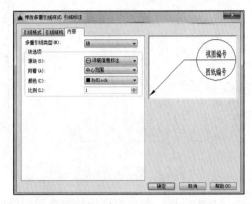

图 9.11 "内容"选项卡   图 9.12 "多重引线类型"为"块"时的"内容"选项卡

"块选项"选项组用于控制多重引线对象中块的特性。"源块"下拉列表用于指定使用多重引线内容的块。"附着"下拉列表用于指定将块附着到多重引线对象的方式，可以指定块的插入点或块的圆心来附着块。"颜色"下拉列表指定多重引线对象中块的颜色。"比例"数值框用于指定插入的块的比例。例如，如果块为 1mm，指定的比例为 0.5000，则将块插入后，块为 1/2mm。

（三）"引线"命令

可以添加引线的对象通常包含箭头、水平基线、引线、曲线、多行文字对象和块。如果已设置多重引线样式，则可以为对象创建相应样式的多重引线。多重引线标注是指由带箭头的引线和注释文字两部分组成的注释说明，多用于文字说明或几何公差等的标注。在 AutoCAD 2016 中，执行"引线"命令的方式有两种。

微课："引线"命令

（1）单击"默认"选项卡功能区"注释"面板中的"引线"按钮 引线。

（2）在命令行窗口中输入"mleader"。

执行"引线"命令后，命令行提示如下。

```
命令：_mleader
指定引线箭头的位置或[引线基线优先(L)/内容优先(C)/选项(O)] <选项>：
                    //指定多重引线对象箭头的位置(在需要进行引线标注的位置处单击,确定引线箭头的位置)
指定引线基线的位置：  //指定多重引线对象的基线的位置（在合适位置单击指定引线基线的位置）
......
```

当指定基线的位置时，系统将弹出"文字编辑器"选项卡功能区，同时在引线基线右端出现文本输入窗口，如图 9.13 所示。用户可在文本输入窗口中输入所需的文本内容。文本输入完毕，在文本输入窗口外单击，结束命令，结果如图 9.14 所示。

在命令执行过程中，命令行提示中的"引线基线优先（L）""内容优先（C）""选项（O）"选项很少使用，此处不做介绍。

在机械制图中，常用的引线标注方式为文字内容在基线上方，在"修改多重引线样式"对话框中设置参数时，应设置"连接位置 - 左"（控制文字位于引线右侧时基线连接到文字的方式）为"第一行加下划线"或"最后一行加下划线"，如进行倒角"C2"（箭头设置"无"）和零件序号"1"标注的结果如图 9.15 所示。

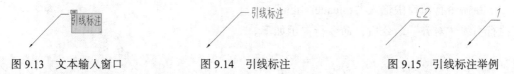

图 9.13　文本输入窗口　　　　图 9.14　引线标注　　　　图 9.15　引线标注举例

（四）"添加引线"命令

"添加引线"命令用于将引线添加至多重引线对象中，或在多重引线对象中删除引线（选择"删除"选项）。在 AutoCAD 2016 中，执行"添加引线"命令的方式有以下两种。

微课："添加引线"命令

（1）单击"默认"选项卡功能区"注释"面板中"引线"按钮 引线 右边的下拉按钮 ，在弹出的下拉列表中选择"添加引线"命令。

（2）在命令行窗口中输入"mleaderedit"或"aimleadereditadd"。

执行"添加引线"命令后，命令行提示如下。

```
命令：_mleaderedit(或_aimleadereditadd)
选择多重引线：                    //选择要更改的多重引线[单击要更改的多重引线，如图 9.16（a）所示]
找到 1 个
指定引线箭头位置或[删除引线(R)]：  //指定多重引线对象箭头的位置（在需要标注引线的位置单击确定第二
                                    个引线箭头的位置）
指定引线箭头位置或[删除引线(R)]：  //指定多重引线对象箭头的位置（在需要标注引线的位置单击确定第三
                                    个引线箭头的位置）
指定引线箭头位置或[删除引线(R)]：  //结束命令（按 Enter 键确认，结束命令）
```

执行"添加引线"命令前后的效果如图 9.16 所示。

（a）引线　　　　　　　　　　　　（b）添加引线后的效果

图 9.16　执行"添加引线"命令前后的效果

在执行"添加引线"命令的过程中，若选择"删除引线（R）"选项，可删除所选引线，此功能等同于"删除引线"命令，限于篇幅，"删除引线"命令将不再另行介绍。

（五）引线"对齐"命令

引线"对齐"命令用于对齐并间隔排列选定的多重引线对象，即选择多重引线后，指定所有其他多重引线要与之在水平或竖直方向对齐。在 AutoCAD 2016 中，执行引线"对齐"命令的方式有两种。

（1）单击"默认"选项卡功能区"注释"面板中"引线"按钮 右边的下拉按钮，在弹出的下拉列表中选择"对齐"命令。

微课：引线"对齐"命令

（2）在命令行窗口中输入"mleaderalign"。

执行引线"对齐"命令后，命令行提示如下。

```
命令：_mleaderalign
选择多重引线：找到 1 个              //选择多重引线（单击第一个多重引线）
选择多重引线：找到 1 个，总计 2 个    //选择多重引线（单击第二个多重引线）
选择多重引线：找到 1 个，总计 3 个    //选择多重引线（单击第三个多重引线）
选择多重引线：                       //结束多重引线的选择（按 Enter 键，结束对象的选择）
当前模式：使用当前间距              //使用多重引线内容的当前间距
选择要对齐到的多重引线或[选项(O)]：  //选择要对齐到的基准多重引线（单击要对齐的基准多重引线）
指定方向：                          //指定水平或竖直方向（单击确定水平或竖直方向）
```

在命令执行过程中，若选择"选项（O）"选项，则指定用于对齐并分隔选定的多重引线，此时命令行提示如下。

```
……
选择要对齐到的多重引线或[选项(O)]：o      //选择"选项(O)"选项（输入 O 并按 Enter 键确认）
输入选项[分布(D)/使引线线段平行(P)/指定间距(S)/使用当前间距(U)] <使用当前间距>：
                                         //输入选项（按 Enter 键选择"使用当前间距"选项）
……
```

在命令执行的过程中，命令行提示的"分布（D）""使引线线段平行（P）""指定间距（S）/使用当前间距（U）"选项的含义如下。

① 分布（D）：将内容在两个选定的点之间均匀隔开。

② 使引线线段平行（P）：放置内容，从而使选定多重引线中的最后的引线线段均平行。

③ 指定间距（S）：指定选定的多重引线内容范围的间距。

④ 使用当前间距（U）：使用多重引线内容的当前间距，为默认选项。

执行引线"对齐"命令前后的效果如图 9.17 所示。

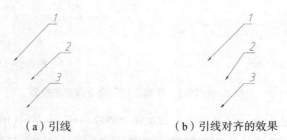

（a）引线　　　　　　　　　　（b）引线对齐的效果

图 9.17　执行引线"对齐"命令前后的效果

（六）引线"合并"命令

引线合并的作用是将选定的包含块（内容为块的多重引线有效）的多重引线整理到行或列

中，并通过单引线显示。在 AutoCAD 2016 中，执行引线"合并"命令的
方式有以下两种。

（1）单击"默认"选项卡功能区"注释"面板中"引线"按钮  右
边的下拉按钮 ，在弹出的下拉列表中选择"合并"命令。

（2）在命令行窗口中输入"mleadercollect"。

执行引线"合并"命令后，命令行提示如下。

```
命令: _mleadercollect
选择多重引线: 找到 1 个              //选择多重引线（单击序号为 3 的多重引线）
选择多重引线: 找到 1 个，总计 2 个    //选择多重引线（单击序号为 2 的多重引线）
选择多重引线: 找到 1 个，总计 3 个    //选择多重引线（单击序号为 1 的多重引线）
选择多重引线:                        //结束多重引线的选择（按 Enter 键，结束对象的选择）
指定收集的多重引线位置或[垂直(V)/水平(H)/缠绕(W)] <水平>:
                                    //指定合并后的多重引线的位置（在绘图窗口中单击指定合并后引线的位
                                      置，系统默认为"水平"方向）
```

在命令执行的过程中，命令行提示的"垂直（V）""水平（H）""缠绕（W）"选项的含义
如下。

① 垂直（V）：将多重引线集合放置在一列或多列中。

② 水平（H）：将多重引线集合放置在一行或多行中。

③ 缠绕（W）：指定缠绕的多重引线集合的宽度，此时需指定缠绕宽度和数目（多重引线
集合的每行中块的最大数目）。

执行引线"合并"命令前后的效果如图 9.18 所示。

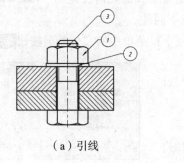

（a）引线

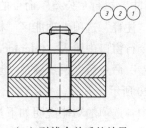

（b）引线合并后的效果

图 9.18 执行引线"合并"命令前后的效果

（七）"圆心标记"命令

"圆心标记"命令用于根据在"新建标注样式"对话框"符号和箭头"
选项卡中设定的"圆心标记"（DIMCEN 系统变量）的形式和大小，创建
圆和圆弧的圆心标记或中心线。在 AutoCAD 2016 中，执行"圆心标记"
命令的方法有以下两种。

（1）单击"注释"选项卡功能区"标注"面板下拉菜单中的"圆心标
记"按钮 。

（2）在命令行窗口中输入"dimcenter"。

执行"圆心标记"命令后，命令行提示如下。

```
命令：_dimcenter
选择圆弧或圆：//选择要标记的圆弧或圆（单击要标记的圆弧或圆，结束命令）
```

执行"圆心标记"命令后，"无""直线""标记"3 种圆心标记类型的效果如图 9.19 所示。

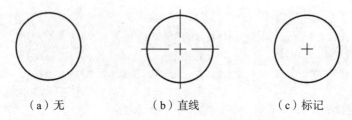

（a）无　　　　　　（b）直线　　　　　　（c）标记

图 9.19　圆心标记效果

（八）"公差"命令

几何公差标注包括引线和公差框格两部分内容，在 AutoCAD 2016 中，创建是带有还是不带引线的几何公差取决于创建公差时使用的是"leader"或"qleader"命令还是"tolerance"命令。使用"tolerance"命令创建的是不带引线的几何公差，使用"leader"和"qleader"命令可以创建（需要设置或执行命令行选项）带引线的几何公差。由于 AutoCAD 2016 的功能区仅提供"tolerance"按钮，所以下面只介绍创建不带引线的几何公差的"tolerance"命令。在 AutoCAD 2016 中，执行"公差"命令的方法有以下两种。

微课："公差"命令

（1）单击"注释"选项卡功能区"标注"面板下拉菜单中的"公差"按钮 。

（2）在命令行窗口中输入"tolerance"。

执行"公差"命令后，系统弹出"形位公差"对话框，如图 9.20 所示。

该对话框中各选项的功能说明如下。

（1）"符号"选项组：单击此选项组中的■图标，打开"特征符号"面板，如图 9.21 所示，在该面板中可以选择合适的特征符号。

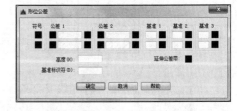

图 9.20　"形位公差"对话框

（2）"公差 1"选项组和"公差 2"选项组：单击文本框左边的■图标，添加直径符号"ϕ"，此时该图标变为 ⌀；可以在中间的文本框中输入公差值；单击文本框右边的■图标，打开"附加符号"面板，如图 9.22 所示，从中可以选择合适的图标。

图 9.21　"特征符号"面板

图 9.22　"附加符号"面板

（3）"基准1"选项组、"基准2"选项组、"基准3"选项组。这些选项组中的文本框用于创建基准参照值，直接在文本框中输入数值即可；单击文本框右边的■图标，打开"附加符号"面板，从中可以选择合适的图标。

（4）"高度"文本框：用于设置创建特征控制框中的投影公差带值，投影公差带（在延伸公差带值的后面插入延伸公差带符号）控制固定垂直部分延伸区的高度变化，并以位置公差控制公差精度。直接在文本框中输入数值，即可指定公差带值。

（5）"基准标识符"文本框：在文本框中输入字母，创建由参照字母组成的基准标识符。

（6）"延伸公差带"选项：单击■图标，在投影公差带值的后面插入投影公差带符号，此时该图标变为Ⓟ。

（九）"倾斜"命令

"倾斜"命令用于编辑（旋转、修改或恢复）标注文字和尺寸界线，更改尺寸界线的倾斜角，其中移动文字和尺寸线的功能等同于"dimedit"命令。在 AutoCAD 2016 中，执行"倾斜"命令的方法有以下两种。

微课："倾斜"命令

（1）单击"注释"选项卡功能区"标注"面板下拉菜单中的"倾斜"按钮 H。

（2）在命令行窗口中输入"dimedit"，按 Enter 键确认，输入字母"O"选择"倾斜（O）"选项，按 Enter 键确认。

执行"倾斜"命令后，命令行提示如下。

```
命令：_dimedit
输入标注编辑类型[默认(H)/新建(N)/旋转(R)/倾斜(O)] <默认>：_o
                            //输入标注编辑类型选项（系统自动添加）
选择对象：找到1个          //选择对象（单击需要进行"倾斜"的对象）
选择对象：                 //结束对象的选择（按 Enter 键结束对象的选择）
输入倾斜角度(按 ENTER 表示无)：//输入倾斜角度（输入倾斜角度 45 并按 Enter 键确认）
```

在命令执行过程中，各选项的功能说明如下。

①默认（H）：选择该选项，将旋转标注文字回默认位置。

②新建（N）：选择此选项，打开"文字编辑器"和文本输入窗口，在其中可以更改标注文字。

③旋转（R）：旋转标注文字。

④倾斜（O）：选择该选项，调整线性标注尺寸界线的倾斜角度，系统自动执行该选项。执行"倾斜"命令前后的效果如图 9.23 所示。

（a）未执行"倾斜"命令　　　　　　　　（b）执行"倾斜"命令后

图 9.23　执行"倾斜"命令前后的效果

（十）"文字角度"命令

"文字角度"命令用于移动和旋转标注文字并重新定位尺寸线，使用此命令可以更改或恢复标注文字的位置、对正方式和角度。其中更改尺寸线位置的功能等同于"dimedit"命令。在 AutoCAD 2016 中，执行"文字角度"命令的方法有以下两种。

微课："文字角度"
命令

（1）单击"注释"选项卡功能区"标注"面板下拉菜单中的"文字角度"按钮 。

（2）在命令行窗口中直接输入"dimedit"，按 Enter 键确认，输入字母"R"选择"旋转（R）"选项，按 Enter 键确认。

执行"文字角度"命令后，命令行提示如下。

```
命令: _dimedit
选择标注:                          //选择文字角度编辑尺寸标注（单击要编辑文字角度的尺寸标注）
为标注文字指定新位置或[左对齐(L)/右对齐(R)/居中(C)/默认(H)/角度(A)]: _a
                                  //指定新的标注文字角度[系统自动选择"角度（A）"选项]
指定标注文字的角度: 45             //输入标注文字的角度（输入标注文字的角度 45 并按 Enter 键确认）
```

在命令执行过程中，各选项的功能说明如下。

① 左对齐（L）：选择该选项，沿尺寸线的左边对齐标注文字，本选项只适用于线性、直径和半径标注。

② 右对齐（R）：选择该选项，沿尺寸线的右边对齐标注文字，本选项只适用于线性、直径和半径标注。

③ 居中（C）：选择该选项，标注文字被放在尺寸线的中间。

④ 默认（H）：选择该选项，标注文字被移回默认位置。

⑤ 角度（A）：选择该选项，可修改标注文字的角度，该选项由系统自动执行。执行"文字角度"命令前后的效果如图 9.24 所示。

（a）未指定标注文字角度　　　　　　（b）指定标注文字角度为 45°

图 9.24　执行"文字角度"命令前后的效果

三、项目实施

（一）新建文件

启动 AutoCAD 2016，进入"草图与注释"工作空间界面，调用"项目八"创建的"A4 样板图.dwt"样板文件，并将其另存为"图 9.1.dwg"，注意在绘图过程中每隔一段时间保存一次，用户也可参照"项目八"创建无样板图形文件。

（二）绘制图形

按 1:1 的比例绘制图 9.1 所示的直齿圆柱齿轮减速器齿轮零件图。要求：布图匀称，图形正确，线型符合国标，标注尺寸和尺寸公差、几何公差，填写技术要求及标题栏，但不标注表面粗糙度。

操作步骤如下。

（1）调整绘图窗口显示大小，启用"极轴追踪""对象捕捉""对象捕捉追踪""显示/隐藏线宽"绘图辅助工具，在"草图设置"对话框的"对象捕捉"选项卡中设置"交点""端点""中点""圆心"等捕捉目标，并勾选"启用对象捕捉"复选框。

（2）绘制基准线。执行"直线"命令，在"ZXX"图层中绘制主视图和左视图的轴向对称线和径向对称线，调整两两相交的线段间的位置关系，结果如图 9.25 所示。

（3）绘制端面轮廓线、三线（齿顶线、齿根线和分度线）和三圆（齿顶圆、齿根圆和分度圆）。

执行"偏移"命令，在主视图中将径向对称线分别向左、向右偏移 13，修改偏移线图层为"CSX"。

执行"偏移"命令，在主视图中将轴向对称线分别向上、向下偏移 55、53 和 50.5，并修改偏移距离为 55 和 50.5，修改偏移线图层为"CSX"。

执行"圆"命令，在左视图中以对称线交点为圆心，分别在"CSX"图层、"ZXX"图层和"SXX"图层中绘制半径为 55、53 和 50.5 的圆。

执行"修剪"命令，在主视图中分别修剪有关图线，结果如图 9.26 所示。

图 9.25　绘制基准线

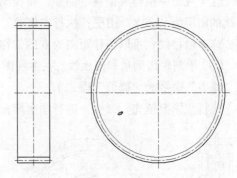

图 9.26　绘制端面轮廓线、三线、三圆

（4）绘制轮毂（圆）和键槽。在主视图中执行"偏移"命令，将轴向中心线向下偏移 16 得到线段 AB，修改线段 AB 的图层为"CSX"，执行"修剪"命令，修剪线段 AB。再次执行"偏移"命令，将线段 AB 向上偏移 35 得到线段 CD。

在左视图中执行"圆"命令，以 16 为半径绘制圆，执行"偏移"命令，以偏移距离 5 将垂直中心线分别向左、向右偏移得到两条直线，修改两线的图层为"CSX"，设两线交圆于点 E 和 F，执行"直线"命令，根据投影关系，在两线间绘制对齐于线段 CD 的线段 GH，在主视图

中对齐于点 *E* 或点 *F* 绘制线段 *IJ*。

在主视图中执行"倒角"命令，绘制 *C*1 倒角（设"修剪"命令为"不修剪"模式），执行"直线"命令，补画出倒角后的轮廓线。

在左视图中执行"圆"命令，绘制倒角圆（也可将半径为 16 的圆向外偏移 1），结果如图 9.27 所示。

执行"修剪"命令，修剪多余的线段，结果如图 9.28 所示。

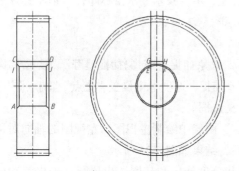
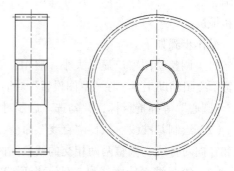

图 9.27　绘制轮毂（圆）和键槽 1　　　　　图 9.28　绘制轮毂（圆）和键槽 2

（5）绘制轮辐槽。在主视图中执行"偏移"命令，分别以偏移距离 44 和 27.5 向上、向下偏移，修改偏移后的线段的图层为"CSX"，执行"修剪"命令，修剪有关图线。在左视图中执行"圆"命令，以 44 和 27.5 为半径绘制两个圆。

在主视图中执行"倒角"命令，绘制 *C*2 倒角（设"修剪"命令为"不修剪"模式），执行"直线"命令，补画出倒角后的轮廓线。

在左视图中执行"圆"命令，绘制两个倒角圆（也可将半径为 44 和半径为 27.5 的圆分别向外、向内偏移 2）。

在主视图中执行"偏移"命令，将径向对称线以偏移距离 6 分别向左、向右偏移，修改偏移线的图层为"CSX"图层；执行"修剪"命令，分别以偏移距离为 44 和 27.5 的偏移线为边界，修剪偏移线；再以偏移距离为 6 的偏移线为边界，修剪有关图线。结果如图 9.29 所示。

（6）绘制轮齿倒角和剖面线。在主视图中执行"倒角"命令，在轮齿位置绘制 *C*2 倒角（修改"修剪"命令为"修剪"模式）。

执行"图案填充"命令，进行图案填充，结果如图 9.30 所示。

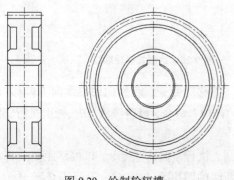
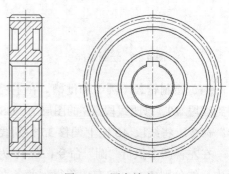

图 9.29　绘制轮辐槽　　　　　　　　图 9.30　图案填充

（7）设置尺寸标注样式，标注尺寸及尺寸公差。读者可重新设置尺寸标注样式，也可调用

"项目八"设置的尺寸标注样式，过程此处不再赘述。

使用尺寸标注的相关按钮，完成图 9.1 所示的所有尺寸、尺寸公差和倒角的标注，详细标注过程此处不再赘述，请读者自行完成。

（8）绘制齿轮参数表格，填写标题栏、齿轮参数表和技术要求。

执行"直线"命令和"偏移"命令，在图框左上角绘制一个宽度为 3×15=45，高度为 3×7=21 的表格。

执行"多行文字"命令，在标题栏、齿轮参数表和绘图窗口的合适位置填写标题栏、齿轮齿数、模数和压力角、技术要求等内容。

（9）标注形位公差。

① 绘制基准符号。在"XSX"图层中执行"直线"命令，按尺寸绘制图 9.31 所示的符号，绘制过程略。

执行"实体填充"命令，将三角形 "涂黑"。

执行"多行文字"命令，在方框内填写基准代码（如 A），结果如图 9.32 所示。

② 标注基准符号。执行"复制"命令，拾取图 9.32 所示三角形上边中点为基点，在齿轮零件图的合适位置复制基准符号。

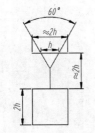

图 9.31　绘制基准符号 1

图 9.32　绘制基准符号 2

③ 标注几何公差。现以齿轮左端面"圆跳动"位置公差为例说明几何公差的标注方法。

设置多重引线样式。单击"默认"选项卡功能区"注释"面板下拉菜单中的"多重引线样式"按钮 。

执行"多重引线样式"命令后，系统弹出"多重引线样式管理器"对话框，单击对话框中的"新建"按钮，弹出"创建新多重引线样式"对话框。在该对话框中设置"新样式名"为"几何公差标注"并选择基础样式（此环节可采用默认样式），然后单击"继续"按钮，在弹出的"修改多重引线样式：几何公差标注"对话框中设置用于几何公差标注的多重引线样式，操作如下。

在"引线格式"选项卡中修改箭头选项组中的"大小"为 3.5（与尺寸标注一致），其他各参数均为默认值，如图 9.33 所示。

在"引线结构"选项卡中修改"最大引线点数"为 3，"自动包含基线"复选框为未勾选状态，其他参数均为默认值，如图 9.34 所示。

在"内容"选项卡中修改"多重引线类型"为"无"，如图 9.35 所示。

执行"mleader"（引线）命令，在图样轮廓线上绘制带箭头的引线，结果如图 9.36 所示。

单击"注释"选项卡功能区"标注"面板下拉菜单中的"公差"按钮 ，在弹出的"几何公差"对话框中输入"符号""公差 1""基准 1"等数值，其他值均为默认值，如图 9.37（a）所示。单击"确定"按钮，完成一个水平方向的几何浮动的公差框格的绘制，以框格左端中点

（项目符号端）为移动基点，将公差框格移动到引线末端完成几何标注。若框格方向与引线方向不一致，可通过"旋转""移动"等命令调整其方向。例如，图 9.37（b）所示的公差框格方向与引线不一致，需调整方向，具体方法如下。

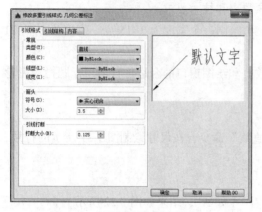

图 9.33 "引线格式"选项卡

图 9.34 "引线结构"选项卡

图 9.35 "内容"选项卡

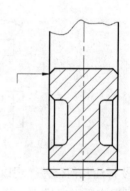

图 9.36 绘制带箭头的引线

执行"旋转"命令，以公差框格右端中点为基点（显示有"中点"的捕捉标记），将公差框格顺时针旋转 90°（输入旋转角度为"90"），结果如图 9.37（c）所示。

执行"移动"命令，以公差框格上方中点为基点，如图 9.37（c）所示，将公差框格移动到引线末端，结果参考图 9.1。

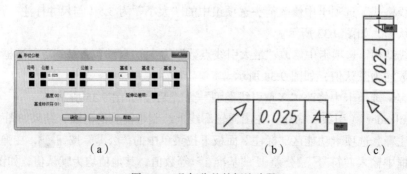

（a） （b） （c）

图 9.37 几何公差的标注步骤

用相同的方法完成其他几何公差标注。全图完成，结果如图 9.1 所示。

（10）保存此文件。

四、检测练习

（1）按 1∶1 的比例绘制图 9.38 所示的减速器嵌入透盖零件图。要求：布图匀称，图形正确，线型符合国标，标注尺寸和尺寸公差、几何公差，填写技术要求及标题栏，但不标注表面粗糙度。

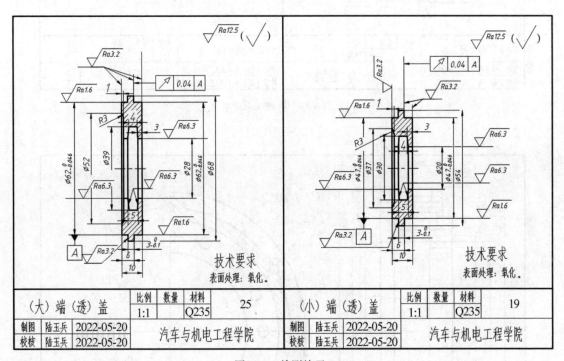

图 9.38　检测练习 1

（2）按 1∶1 的比例绘制图 9.39 所示的减速器封嵌入闷盖零件图。要求：布图匀称，图形正确，线型符合国标，标注尺寸和尺寸公差、几何公差，填写技术要求及标题栏，但不标注表面粗糙度。

（3）按 1∶1 的比例绘制图 9.40 所示的端盖零件图。要求：布图匀称，图形正确，线型符合国标，标注尺寸和尺寸公差、几何公差，填写技术要求及标题栏，但不标注表面粗糙度。

（4）按 1∶1 的比例绘制图 9.41 所示的 V 带轮零件图。要求：布图匀称，图形正确，线型符合国标，标注尺寸和尺寸公差、形位公差，填写技术要求及标题栏，但不标注表面粗糙度。

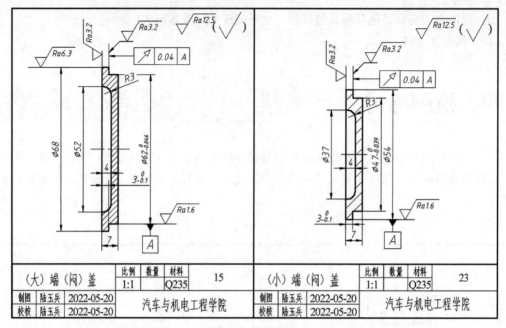

图 9.39　检测练习 2

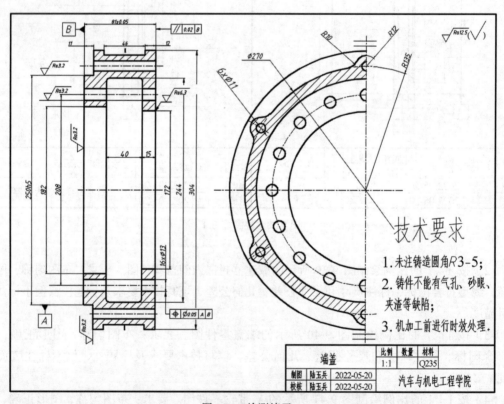

图 9.40　检测练习 3

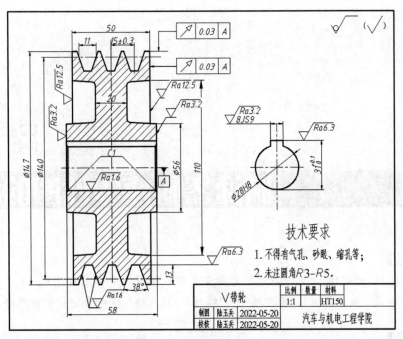

图 9.41　检测练习 4

五、提高练习

按 1∶1 的比例绘制图 9.42 所示的端盖零件图。要求：布图匀称，图形正确，线型符合国标，标注尺寸和尺寸公差、几何公差，填写技术要求及标题栏，但不标注表面粗糙度。

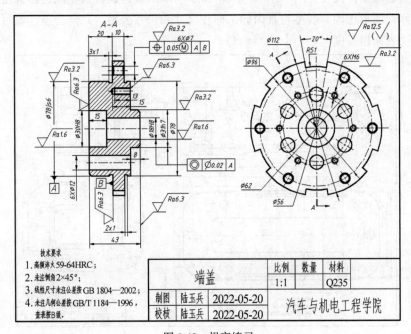

图 9.42　提高练习

【能力目标】

- 能够运用 "创建" "定义属性" 等命令创建机械图样中常用的符号。
- 能够运用"编辑属性""管理属性""编辑""插入块"等命令进行机械图样符号的标注。

【知识目标】

- 掌握机械图样符号标注的创建方法和技巧。
- 掌握"创建""定义属性""插入块""编辑"命令的操作方法。

一、项目导入

选择合适的图幅，按 1：1 的比例绘制图 10.1 所示的直齿圆柱齿轮减速器机座零件图。要求：布图匀称，图形正确，线型符合国标，标注尺寸和尺寸公差、几何公差，填写技术要求及标题栏，标注表面粗糙度。

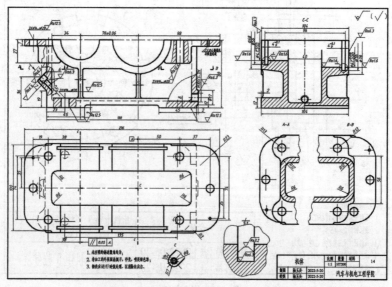

图 10.1　直齿圆柱齿轮减速器机座零件图

二、项目知识

（一）"创建块"命令

"创建块"命令用于将图形中已经绘制的对象组合后保存。根据保存方式的不同，创建的块可以分为内部块和外部块两种。

微课："创建块"命令

1. "创建"（内部块）命令

"创建"（内部块）命令是从选定的对象中创建一个块，创建的块对象与当前图形数据保存在一起。在 AutoCAD 2016 中，执行"创建"（内部块）命令的方法有以下 3 种。

（1）单击"默认"选项卡功能区"块"面板中的"创建"按钮 创建。

（2）单击"插入"选项卡功能区"块定义"面板中的"创建块"按钮 。

（3）在命令行窗口中输入"block"。

执行"创建块"命令后，系统弹出"块定义"对话框，如图 10.2 所示。该对话框中各选项的功能说明如下。

（1）"名称"下拉列表框：在该下拉列表框中可直接输入块的名称。

（2）"基点"选项组：用于设置块的插入基点。单击该选项组中的"拾取点"按钮 ，在绘图窗口中指定插入基点，或直接在该按钮下边的"X""Y""Z"文本框中输入插入基点的坐标值。

（3）"对象"选项组：用于设置组成块的对象。

① "选择对象"按钮 ：单击此按钮，系统切换到绘图窗口，可用鼠标指针选择构成块的对象。

② "快速选择"按钮 ：单击此按钮，系统弹出"快速选择"对话框，如图 10.3 所示，在该对话框中设置选择条件，即可快速选择构成块的对象，此功能在一般性绘图中很少用到，此处不做具体介绍。

图 10.2 "块定义"对话框

图 10.3 "快速选择"对话框

③ "保留"单选按钮：单击此单选按钮，创建块以后，将选定的对象保留在图形中，用户可以用该图形与创建的块进行对比。

④ "转换为块"单选按钮：单击此单选按钮，创建块以后，将选定的对象转换成图形中的块实例。

⑤ "删除"单选按钮：单击此单选按钮，创建块以后，从图形中删除选定的对象。

（4）"方式"选项组。

① "注释性"复选框：指定块的文字说明。

② "按统一比例缩放"复选框：勾选此复选框，按统一比例缩放插入的块。

③ "允许分解"复选框：勾选此复选框，可以将块分解。

（5）"设置"选项组：用于指定块的设置。

① "块单位"下拉列表框：指定块的插入单位。

② "超链接"按钮：单击此按钮，可以在弹出的"插入超链接"对话框中将某个超链接与块定义相关联。

（6）"在块编辑器中打开"复选框：勾选此复选框，单击"确定"按钮后，将在块编辑器中打开当前的块定义。

2. "写块"（外部块）命令

"写块"（外部块）命令用于将选定对象保存到指定的图形文件中或将块转换为指定的图形文件，创建的块与图形数据分开保存，这样当其他图形需要插入该块时，只需指定插入路径即可。在 AutoCAD 2016 中，执行"写块"（外部块）命令的方法有以下两种。

（1）单击"插入"选项卡功能区"块定义"面板中"创建块"按钮■下方的下拉按钮■，在弹出的下拉列表中选择"写块"命令。

（2）在命令行窗口中输入"w（wblock）"。

执行"写块"（外部块）命令后，系统弹出"写块"对话框，如图 10.4 所示。该对话框中各选项的功能说明如下。

图 10.4 "写块"对话框

（1）"源"选项组：用于指定"块""整个图形""对象"，将其保存为文件并指定插入点。

（2）"基点"选项组：用于指定块的基点。单击"拾取点"按钮■，切换到绘图窗口以指定基点，或直接在其下的文本框中输入基点的坐标值。

（3）"对象"选项组：其中的"选择对象"按钮和"快速选择"按钮的功能和图 10.2 中的完全一致，其中"从图形中删除"单选按钮和"块定义"对话框中的"删除"单选按钮的功能一样。

（4）"目标"选项组：用于指定文件的新名称和新位置，以及插入块时使用的测量单位。

完成各项设置后，单击"确定"按钮即可创建外部块。

（二）定义与编辑块属性

块属性是指块的一些非图形信息，如零件的名称、编号、材料、价格等。在创建块之前，用户可以先定义块的属性，然后再将其与选定的图形一起创建成块，必要时还可以对其进行修改。

微课："定义属性"
命令

1. "定义属性"命令

在 AutoCAD 2016 中，执行"定义属性"命令的方法有以下 3 种。

（1）单击"默认"选项卡功能区"块"面板下拉菜单中的"定义属性"按钮 。

（2）单击"插入"选项卡功能区"块定义"面板中的"定义属性"按钮 。

（3）在命令行窗口中输入"attdef"。

执行命令后，系统弹出"属性定义"对话框，如图 10.5 所示，其中各选项的功能说明如下。

（1）"模式"选项组：用于在图形中插入块时，设置与块相关联的选项。

① "不可见"复选框：勾选此复选框，插入块时不显示或不打印属性值。

② "固定"复选框：勾选此复选框，插入块时赋予属性固定值。

③ "验证"复选框：勾选此复选框，插入块时提示验证属性值是否正确。

图 10.5 "属性定义"对话框

④ "预设"复选框：勾选此复选框，插入包含预设属性值的块时，将属性设置为默认值。

⑤ "锁定位置"复选框：勾选此复选框，锁定块中属性的位置。取消勾选后，属性可以调整多行文字属性的大小。

⑥ "多行"复选框：用于指定属性值是否可以包含多行文字。勾选此复选框后，可以指定属性边界的宽度。

（2）"属性"选项组：用于设置属性数值。

① "标记"文本框：用于输入属性标记，标识图形中每次出现的属性。

② "提示"文本框：用于输入属性提示，指定在插入包含该属性定义的块时显示的提示。如果不输入提示，则属性标记将作为提示。

③ "默认"文本框：用于输入默认的属性值。

（3）"插入点"选项组：用于设置块的插入位置。

（4）"文字设置"选项组：用于设置文字的对正、样式、高度和旋转角度。

完成各项设置后，单击"确定"按钮，即可完成块的属性设置。

2. "编辑属性"命令

定义块的属性后，用户还可以编辑块中每个属性的值、文字选项和特性。在 AutoCAD 2016 中，执行"编辑属性"命令的方法有以下 3 种。

微课："编辑属性"
命令

（1）单击"默认"选项卡功能区"块"面板中"编辑属性"按钮 编辑属性 右边的下拉按钮 ，在弹出的下拉列表中选择"单个"命令（或"多个"命令）。

（2）单击"插入"选项卡功能区"块定义"面板中"编辑属性命令"按钮 右边的下拉按钮 ，在弹出的下拉列表中选择"单个"命令（或"多个"命令）。

（3）在命令行窗口中输入"eattedit"。

执行"编辑属性"|"单个"命令后，命令行提示如下。

```
命令：_ eattedit
选择块：   //选择要编辑属性的块（单击要编辑属性的块）
```

此时系统弹出"增强属性编辑器"对话框，如图 10.6 所示。该对话框中有"属性""文字选项""特性"3 个选项卡，分别用于设置块的属性、文字选项和特性，下面分别进行介绍。

① "属性"选项卡。该选项卡中显示了当前每个属性的标记、提示和值；用户可以查看这些块属性，但只能修改块属性的值，如图 10.6 所示。

② "文字选项"选项卡。该选项卡列出了定义文字在图形中的显示方式的特性；用户可以根据需要修改块的文字样式、对正、高度、旋转、宽度因子、倾斜角度等特性，如图 10.7 所示。

图 10.6 "增强属性编辑器"对话框

③ "特性"选项卡。该选项卡显示了块的图层、线型、颜色、线宽和打印样式，用户可以根据需要对其进行修改，如图 10.8 所示。

图 10.7 "文字选项"选项卡

图 10.8 "特性"选项卡

3. "管理属性"命令

除了执行"编辑属性"命令编辑属性外，还可通过执行"管理属性"命令编辑属性，执行"管理属性"命令的方法有以下 3 种。

（1）单击"默认"选项卡功能区"块"面板下拉菜单中的"管理属性"按钮 。

（2）单击"插入"选项卡功能区"块定义"面板中的"管理属性"按钮 。

（3）在命令行窗口中输入"battman"。

执行"管理属性"|"单个"命令后，系统弹出"块属性管理器"对话框，如图 10.9 所示。其中各选项的功能介绍如下。

① "选择块"按钮：用户可以使用定点设备从绘图窗口选择块，如果单击"选择块"按钮，对话框将关闭，直到用户从图形中选择块或按 Esc 键取消此操作。如果

图 10.9 "块属性管理器"对话框

修改了块的属性，并且未保存所做的更改就选择一个新块，系统将提示在选择其他块之前先保

存更改。

选定块的属性显示在属性列表中。默认情况下，标记、提示、默认、模式和注释性特性显示在属性列表中。对于每一个选定块，属性列表下的说明都会标识在当前图形和在当前布局中相应块的实例数目。

② "设置"按钮：单击此按钮可打开"块属性设置"对话框，从中可以自定义"块属性管理器"中属性信息的列出方式。

③ "块"下拉列表框：列出具有属性的当前图形中的所有块，可以从中选择要修改属性的块。

④ "同步"按钮：单击此按钮可更新具有当前定义属性的选定块的全部实例，此操作不会影响每个块中赋给属性的值。

⑤ "上移"按钮：在提示序列的早期阶段移动选定的属性标签。选定固定属性时，"上移"按钮不可用。

⑥ "下移"按钮：在提示序列的后期阶段移动选定的属性标签。选定常量属性时，"下移"按钮不可使用。

⑦ "编辑"按钮：单击此按钮打开"编辑属性"对话框，从中可以修改属性特性；双击某个属性也可以打开"编辑属性"对话框，如图 10.10 所示。

⑧ "删除"按钮：单击此按钮可从块定义中删除选定的属性，如果在单击"删除"按钮前已选择了"块属性设置"对话框（单击"设置"按钮，系统弹出"块属性设置"对话框）中的"将修改应用到现有参照"，将删除当前图形中全部块实例的属性。对于仅具有一个属性的块，"删除"按钮不可使用。

"编辑属性"对话框包含"属性""文字选项""特性"3 个选项卡，各选项卡的内容和"增强属性编辑器"对话框中的基本相同，此处不再赘述。

 在编辑属性时，若仅需编辑属性，则最简单的方法是双击属性标记，在弹出的"编辑属性定义"对话框中修改属性"标记""提示""默认"参数即可，如图 10.11 所示。

图 10.10 "编辑属性"对话框

图 10.11 "编辑属性定义"对话框

（三）"编辑"命令

执行"编辑"命令，将在块编辑器中打开块定义。块编辑器是一个独立的环境，用于为当前图形创建和更改块定义。执行"编辑"命令并在弹出的对话框中选择要编辑的块定义或输入要创建的块定义的名称，然后单击"确定"按钮，块定义将在块编辑器中打开。如果功能区处于激活状态，将显示"块编辑器"选项卡功能区，否则，将显示"块编辑器"工具栏。

在 AutoCAD 2016 中，执行"编辑"命令有以下 3 种方法。

（1）单击"默认"选项卡功能区"块"面板中的"编辑"按钮 编辑。

（2）单击"插入"选项卡功能区"块定义"面板中的"块编辑器"按钮 。

微课："编辑"命令

（3）在命令行窗口中输入"bedit"。

执行"编辑"命令后，系统弹出"编辑块定义"对话框，如图 10.12 所示。在"编辑块定义"对话框中，可以从列表框中选择某个块定义，也可以输入新块定义的名称，单击"确定"按钮，关闭"编辑块定义"对话框，并显示"块编辑器"选项卡功能区（见图 10.13）及编辑区。

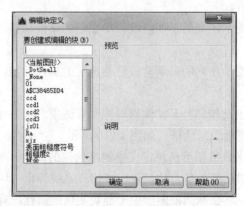

图 10.12 "编辑块定义"对话框

图 10.13 "块编辑器"选项卡功能区

用户可根据需要在编辑区中编辑块定义，编辑完成后依次单击选项卡功能区中的"保存块"按钮 和"关闭块编辑器"按钮 ，即完成对已有的块定义的编辑。

（四）"插入块"命令

在绘制图形时，可以根据需要将已经创建的图块以任意比例和旋转角度插入图形中的任意位置。AutoCAD 2016 提供了 4 种常用的插入块的方法，下面分别进行介绍。

1. 在命令行窗口输入"insert"插入块

微课："插入块"命令

在命令行窗口中输入命令"insert"后按 Enter 键确认，命令行提示如下。

```
命令：_insert
输入块名或[?]<新标准粗糙度符号>：    //输入插入块的名称或选择默认选项，重复选择上次使用的块（输入插
                                     入块的名称并按 Enter 键确认或按 Enter 键重复选择上次使用的块）
单位：毫米    转换：    1.0000
指定插入点或[基点(B)/比例(S)/X/Y/Z/旋转(R)]：        //指定插入点（单击指定插入点）
输入 X 比例因子，指定对角点，或[角点(C)/xyz(XYZ)] <1>：//输入 X 轴方向上的缩放比例或选择默认值 1（输入
```

	X 轴方向上的缩放比例或按 Enter 键选择默认值）
输入 Y 比例因子或 <使用 X 比例因子>：	//输入 Y 轴方向上的缩放比例或选择默认值 1（输入 Y 轴方向上的缩放比例或按 Enter 键选择默认值）
指定旋转角度 <0>：	//指定旋转角度或选择默认值 0（输入旋转角度或按 Enter 键选择默认值）

在命令执行过程中，命令行中各选项的功能说明如下。

（1）?：选择该选项，列出当前图形中定义的所有块。

（2）基点（B）：选择该选项，将块临时放置到当前所在的图形中，并允许在将块参考拖动到位时，为其指定新基点，这不会影响为块参照定义的实际基点。

（3）比例（S）：选择该选项，设置 X 轴、Y 轴和 Z 轴上的比例因子。

（4）X、Y、Z：选择该选项，指定 X 轴、Y 轴和 Z 轴上的比例因子。

（5）旋转（R）：选择该选项，设置块插入的旋转角度。

（6）角点（C）：同时以插入点和另一点作为长方体的角点，定义 X 轴和 Y 轴上的比例因子；长方体的 X 轴和 Y 轴标注成为 X 轴和 Y 轴上的比例因子，插入点是第一角点。

（7）XYZ：设定 X 轴、Y 轴和 Z 轴上的比例因子。

在命令执行过程中，若插入的块为属性块，在指定旋转角度时，系统将弹出"编辑属性"对话框，如图 10.14 所示。用户可修改属性值，并单击"确定"按钮，完成块的插入。

2. 利用对话框插入块

使用对话框插入块时，用户不仅可以插入内部块，而且可以通过指定外部块的存储路径插入指定的外部块。在 AutoCAD 2016 中，利用对话框插入块的方法有以下 3 种。

（1）单击"默认"选项卡功能区"块"面板中的"插入"按钮。

（2）单击"插入"选项卡功能区"块"面板中的"插入"按钮。

（3）在命令行窗口中输入"insert"。

执行以上操作系统均弹出"插入"对话框，如图 10.15 所示。

图 10.14 "编辑属性"对话框

图 10.15 "插入"对话框

3. 以拖放方式插入块

以拖放方式插入块是指使用鼠标指针将图块文件从文件夹、资源管理器或设计中心窗口拖放到当前图形中，从而插入指定的块。

（1）文件夹。打开存放块的文件夹，单击文件夹窗口右上角的"向下还原"按钮，将其悬浮在 AutoCAD 2016 的窗口上。

选中块文件后将其拖动到打开的 AutoCAD 图形文件中，此时命令行窗口中提示的内容和相应步骤与前面在命令行窗口中输入"insert"命令插入块相同。

从文件夹中拖动图形文件到当前图形中时，如果图形文件中有多个对象，则这些对象将被作为一组对象并以块的形式插入当前图形中。

（2）Windows 资源管理器。在"此电脑"快捷方式或任意文件夹上单击鼠标右键，在弹出的快捷菜单中选择"资源管理器"命令，打开 Windows 资源管理器窗口。

Windows 资源管理器窗口悬浮在当前打开的 AutoCAD 2016 窗口上，然后在 Windows 资源管理器右边的显示框中选中要插入的块，将其拖动到打开的 AutoCAD 图形文件中，并根据命令行的提示指定插入点、X 轴和 Y 轴上的比例因子及旋转角度，这样就可以将选中的图形以块的形式插入当前图形中。

4. 多重插入块

多重插入块实质上是以阵列的方式在当前图形中插入多个相同的块，在命令行窗口中输入多重插入块的命令"minsert"后按 Enter 键，命令行提示如下。

```
命令: _minsert
输入块名或[?]<电池>:                   //输入块名称或选择默认选项（输入块名称或按 Enter 键选择默认选项）
单位: 毫米    转换:    1.0000
指定插入点或[基点(B)/比例(S)/X/Y/Z/旋转(R)]: //指定插入点（单击确定插入点）
输入 X 比例因子, 指定对角点, 或[角点(C)/xyz(XYZ)] <1>:
                                        //输入 X 轴方向上的缩放比例或选择默认值1（输入 X 轴方向上的缩放
                                        比例或按 Enter 键选择默认值）
输入 Y 比例因子或 <使用 X 比例因子>:   //输入 Y 轴方向上的缩放比例或选择默认值1（输入 Y 轴方向上的缩放
                                        比例或按 Enter 键选择默认值）
指定旋转角度 <0>:                      //指定旋转角度或选择默认值0（输入旋转角度或按 Enter 键选择默认值0）
输入行数 (---) <1>:                    //指定插入块的行数（输入 3 并按 Enter 键确认）
输入列数 (|||) <1>:                    //指定插入块的列数（输入 4 并按 Enter 键确认）
输入行间距或指定单位单元 (---):       //指定插入块的行间距（输入 20 并按 Enter 键确认）
指定列间距 (|||):                      //指定插入块的列间距, 结束命令（输入 40 并按 Enter 键确认, 结束命令）
```

多重插入块的效果如图 10.16 所示。

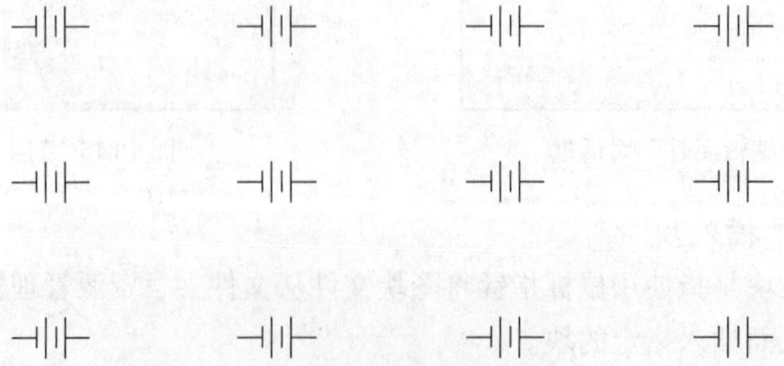

图 10.16　多重插入块的效果

三、项目实施

（一）新建文件

启动 AutoCAD 2016，进入"草图与注释"工作空间界面，调用"项目八"创建的"A4 样板图.dwt"，将其修改为 A2 图幅大小，并另存此文件为"图 10.1.dwg"，用户也可参照"项目八"创建无样板图形文件，注意在绘图过程中每隔一段时间保存一次。

（二）绘制图形

按 1∶1 的比例绘制图 10.1 所示的直齿圆柱齿轮减速器机座零件图。要求：布图匀称，图形正确，线型符合国标，标注尺寸和尺寸公差、几何公差，填写技术要求及标题栏，标注表面粗糙度。

操作步骤如下。

 图 10.17～图 10.22，图 10.24～图 10.26 所示尺寸为说明绘制过程进行的尺寸标注，不是图形的最终尺寸标注。

1. 调整绘图窗口显示大小

启用"极轴追踪""对象捕捉""对象捕捉追踪""显示/隐藏线宽"辅助绘图工具，在"草图设置"对话框中的"对象捕捉"选项卡中设置"交点""端点""中点""圆心"等捕捉目标，并勾选"启用对象捕捉"复选框。

2. 绘制基准线和主要位置线

执行"直线"命令，在"ZXX"图层和"CSX"图层中根据尺寸要求绘制主视图、俯视图、左视图中的基准线和主要位置线，并调整有关图线间的位置关系，结果如图 10.17 所示。

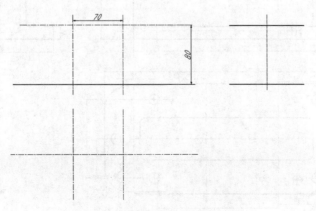

图 10.17 绘制基准线和主要位置线

3. 绘制底板和箱壁轮廓线

在"XX"图层和"CSX"图层中执行"直线""圆""圆角""偏移""修剪"等命令，根据尺寸要求［其中尺寸（40）和（70）是计算数据，不是实际标注尺寸］绘制图 10.18 所示的底板和箱壁轮廓线。在表达方案中已确定不画或将与其他结构合为一体的轮廓线可暂不绘制。

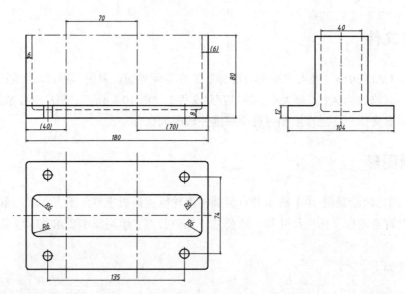

图 10.18　绘制底板和箱壁轮廓线

4. 绘制连接板结构

在"ZXX"图层、"XX"图层、和"CSX"图层中执行"直线""圆""圆角""复制""偏移""修剪"等命令，根据尺寸要求绘制图 10.19 所示的连接板及其连接孔、销孔轮廓线。在俯视图中修改底板被连接板遮挡部分的轮廓线为虚线，在表达方案中已确定不画或将与其他结构合为一体的轮廓线可暂不绘制。

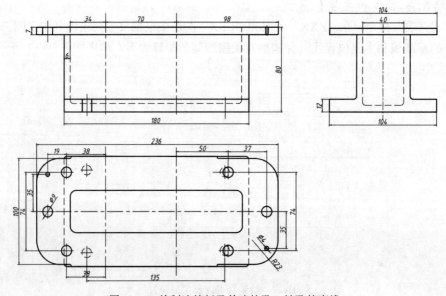

图 10.19　绘制连接板及其连接孔、销孔轮廓线

5. 绘制轴承安装孔及其端面和肋结构

在"CSX"图层中执行"直线""圆""镜像""偏移""修剪"等命令,根据尺寸要求绘制图 10.20 所示的轴承安装孔及其端面和肋结构。在左视图中修改内腔壁虚线为粗实线,左视图为阶梯剖视图,需要注意投影对应关系。

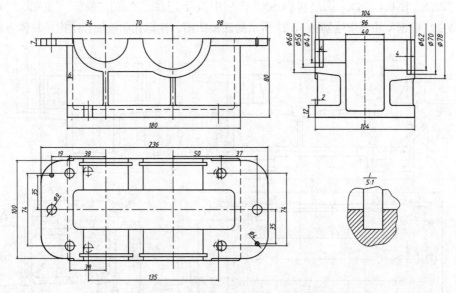

图 10.20　绘制轴承安装孔及其端面和肋结构

6. 绘制连接板螺栓连接孔及凸台结构

在"ZXX"图层、"XX"图层和"CSX"图层中执行"直线""圆""圆角""复制""偏移""修剪"等命令,根据尺寸要求绘制图 10.21 所示的连接板螺栓连接孔及凸台结构。在俯视图中由于其结构被遮挡但其结构和位置又需要得到表达,所以在"XX"图层中绘制其结构。由于在俯视图中采用虚线绘制,不便于进行尺寸标注,故需采用局部剖视图重新表达。

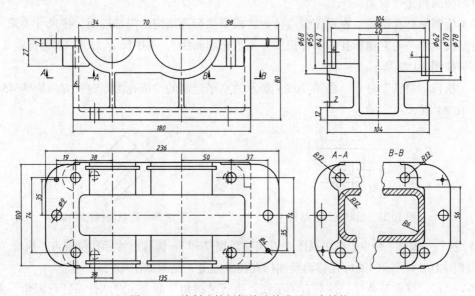

图 10.21　绘制连接板螺栓连接孔及凸台结构

执行"复制"命令，局部复制俯视图两边结构；执行"样条曲线"命令，在合适位置绘制 4 段曲线；执行"修剪"命令，以曲线为边界修剪复制的图线；执行"偏移"命令，将内腔轮廓线向外偏移 6，执行"图案填充"命令，在箱壁内外轮廓线间填充剖面线。

7. 绘制底板凹槽、油标孔和放油孔结构

在"ZXX"图层、"XX"图层和"CSX"图层中执行"直线""圆""圆角""复制""偏移""修剪"等命令，根据尺寸要求绘制图 10.22 所示的底板凹槽、油标孔和放油孔结构。具体方法如下。

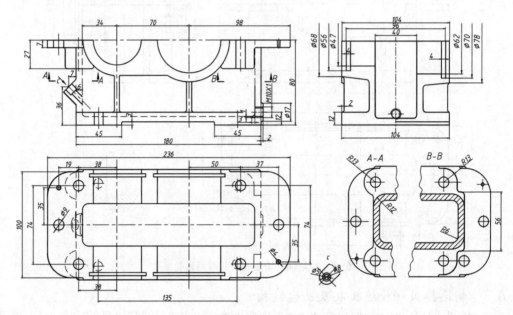

图 10.22　绘制底板凹槽、油孔标和放油孔结构

（1）绘制底板凹槽结构。执行"偏移"命令，分别以偏移距离 3、45 和 45 将底部边线、左边边线和右边边线向上、向右和向左偏移；执行"修剪"命令，修剪偏移线；执行"圆角"命令，对凹槽内角进行圆角。

（2）绘制油标孔结构。在视图旁边位置，根据油标孔结构的局部视图，按尺寸要求（长度尺寸自定义）水平绘制油标孔的局部视图（不填充剖面线），其中尺寸 25 和 12 为自定义尺寸，绘制结果如图 10.23 所示。

（3）执行"旋转"命令，将图 10.23 所示的水平绘制的油标孔沿顺时针方向旋转 45°，结果如图 10.24 所示。

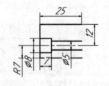

图 10.23　绘制油标孔结构 1

图 10.24　绘制油标孔结构 2

（4）执行"偏移"命令，在主视图中以偏移距离 7 和 36 偏移出油标孔位置点，执行"移动"命令，将图 10.24 所示的油标孔移动至油标孔位置点处，结果如图 10.25 所示。

（5）执行"修剪"命令，修剪有关图线，执行"圆角"命令，对结合面进行圆角。由于油标孔端面结构尺寸不便标注，故需要绘制一个局部视图。结果如图 10.26 所示。

（6）绘制放油孔结构。执行"直线""圆角""偏移""修剪"等命令，根据尺寸要求绘制图 10.27 所示的放油孔结构廓线和螺纹，其中尺寸 1 和 3 为自定义尺寸，只要使螺纹孔工艺结构合理即可。根据投影关系，在左视图中绘制放油孔视图。

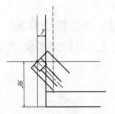

图 10.25　绘制油标孔结构 3

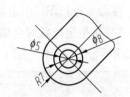

图 10.26　油标孔端面结构尺寸标注

图 10.27　绘制放油孔

（7）绘制底板凹槽、油标孔和放油孔结构的结果如图 10.22 所示。

8. 绘制局部剖视图和局部放大图

执行"样条曲线""修剪""图案填充"命令，在需要运用局部剖视图的区域，绘制样条曲线，修剪有关图线并填充剖面线。修改有关图线图层。值得注意的是，为避免油标孔位置处的剖面线与轮廓线平行，可将此处剖面线角度调整为 30°。

考虑左视图中的轴承安装孔凹槽结构不便于标注表面粗糙度，可采用局部放大图重新表达。局部放大图的绘制过程如下。

（1）执行"圆"命令，在需要放大表达的区域绘制一个圆；执行"直线"命令，在圆上绘制一条引线；执行"多行文字"命令，在引线上方注写符号 I，结果如图 10.28 所示。

（2）执行"复制"命令，将圆连同圆内与圆相交的图线一起复制至另一位置；执行"缩放"命令，将复制后的图形放大 5 倍；执行"修剪"命令，以圆为边界修剪各图线；执行"样条曲线"命令，在修剪后的各线段的端点处绘制一条曲线；执行"图案填充"命令，在剖视区域填充剖面线；执行"直线"命令，在放大后的图形上方绘制一条长度约为 10 的线段；执行"多行文字"命令，在线段上方注写符号 I，在线段下方注写"5 : 1"字样。结果如图 10.29 所示。

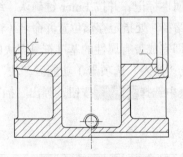

图 10.28　绘制局部放大图 1

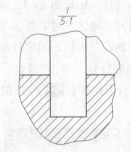

图 10.29　绘制局部放大图 2

9. 标注尺寸和尺寸公差

调用"尺寸标注"样式，按照图 10.1 所示的尺寸标注出全部尺寸及其公差。

10. 标注几何公差

用户可参照"项目九"通过"直线"命令和"文字"（多行文字或单行文字）命令创建基准符号，这里不再赘述。下面介绍创建带有属性的基准符号的步骤。

（1）参照"项目九"绘制图 10.30 所示的基准符号。

（2）定义属性。单击"默认"选项卡功能区"块"面板下拉菜单中的"定义属性"按钮 ，弹出"属性定义"对话框，如图 10.31 所示。

在该对话框中，设置如下参数："标记"设为 JZ（"基准"汉语拼音首字母），"提示"设为"请输入基准代号："，"默认"设为 A；"对正"设为"正中"，"文字样式"设为"样式 2"（已设置文字样式），其他选项保持默认设置。

设置完参数后单击"确定"按钮，在命令行提示"指定起点："时单击，在方格中拾取一点，方格中出现"JZ"字符。由于"JZ"字符在指定位置时会偏离指定点位置，所以需要将"JZ"字符拖动到合适位置，结果如图 10.32 所示。

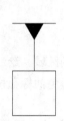
图 10.30　绘制基准符号

图 10.31　"属性定义"对话框

图 10.32　定义属性

（3）创建外部图块。单击"插入"选项卡功能区"块定义"面板中"创建块"按钮下方的下拉按钮，在弹出的下拉列表中选择"写块"命令［对于习惯使用功能键的用户，建议使用键盘输入命令方式执行命令，即在命令行窗口中输入"w（wblock）"后按 Enter 键确认］，弹出"写块"对话框，如图 10.33 所示。

在"写块"对话框中，单击"拾取点"按钮，确定块插入的基点，此时该对话框消失，系统返回到绘图窗口，单击拾取三角形上边中点作为基点，如图 10.32 所示。块插入的基点确定后，返回"写块"对话框。单击"选择对象"按钮，"写块"对话框消失，系统返回到绘图窗口，单击并拖动鼠标指针，框选图 10.32 所示的图形及属性标记，并按 Enter 键确认，结束对象的选择，系统再次返回"写块"对话框。在"文件名和路径"处指定存储位置并命名（命名为"基准符号"），单击"确定"按钮，结束外部块的创建，即完成带有属性的基准符号图块的创建。

（4）插入基准符号。单击"默认"选项卡（或"插入"选项卡）功能区"块"面板中"插入"按钮下边的下拉按钮，在弹出的下拉列表中选择更多选项...按钮，弹出"插入"对话框，如图 10.34 所示。

图 10.33　"写块"对话框

图 10.34　"插入"对话框

单击"浏览"按钮，按照存储路径找到"基准符号"文件，单击"确定"按钮，"插入"对话框消失，系统返回到绘图窗口，同时命令行提示"指定插入点或[基点（B）/比例（S）/X/Y/Z/旋转（R）]:"。在图形中需进行基准符号标记处单击确定插入点，此时弹出"编辑属性"对话框，如图 10.35 所示。对话框中的"请输入基准代号"文本框中的默认值为"A"，用户可对此进行修改。单击"确定"按钮，完成带有属性的基准符号图块的插入，如图 10.36（a）所示。

在基准代号标记过程中，若需要对基准符号进行旋转，可在命令行提示"指定插入点或 [基点（B）/比例（S）/X/Y/Z/旋转（R）]:"时，输入 R，此时命令行提示如下。

图 10.35 "编辑属性"对话框

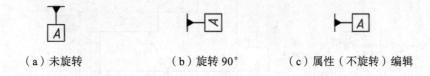

指定插入点或[基点(B)/比例(S)/X/Y/Z/旋转(R)]:
　　　　　　　　　　　　//选择"旋转(R)"选项（输入 R 并按 Enter 键确认）
指定旋转角度 <0>: 90　　//指定旋转角度，结束命令（输入角度 90 并按 Enter 键确认，结束命令）

执行效果如图 10.36（b）所示。

在机械图样的基准符号标记规定中，基准代号字母 A 应水平书写，此时还需要编辑旋转后的基准符号的属性。双击旋转后的基准符号，弹出"增强属性编辑器"对话框，单击"文字选项"选项卡，如图 10.37 所示。将"旋转"角度 90 修改为 0，并单击"确定"按钮，结束属性（不旋转）的编辑，效果如图 10.36（c）所示。

（a）未旋转　　　　　　　（b）旋转 90°　　　　　（c）属性（不旋转）编辑

图 10.36　插入块的未旋转、旋转和属性编辑效果对比

使用同样方法，继续执行"插入块"命令，完成其他基准符号的标注。

11. 标注表面粗糙度

（1）绘制图 10.38 所示的图形。

图 10.37　"文字选项"选项卡

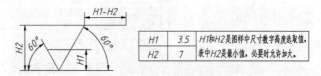

| H1 | 3.5 | H1和H2是图样中尺寸数字高度选取值， |
| H2 | 7 | 表中H2是最小值，必要时允许加大。 |

图 10.38　表面粗糙度标注

（2）定义属性。执行"定义属性"命令，弹出"属性定义"对话框。

在对话框中，设置如下参数："标记"设为 CCD（"粗糙度"汉语拼音首字母），"提示"设为"请输入粗糙度值:"，"默认"设为 *Ra*3.2，"对正"设为"正中"，"文字样式"设为"文字"

（在项目八中定义），其他选项保持默认设置。

设置完参数后单击"确定"按钮，在命令行窗口中提示"指定起点："时单击，在水平线下方中间位置拾取一点，此处出现"CCD"字符，由于"CCD"字符偏离指定位置，所以需要将"CCD"字符拖动到合适位置，结果如图 10.39 所示。

图 10.39　粗糙度符号

（3）创建外部图块，方法同前。

（4）标注表面粗糙度。执行"插入块"命令，按照图 10.1 所示的标注完成全部粗糙度的标注。

12.　填写标题栏和技术要求并保存文件

（1）参照"项目八"填写标题栏和技术要求。

（2）保存此文件。

四、检测练习

（1）按图 10.40（a）所示的尺寸创建名称为 CCD 的表面粗糙度属性图块，完成图 10.40（b）所示的平面图形，并标注表面粗糙度。

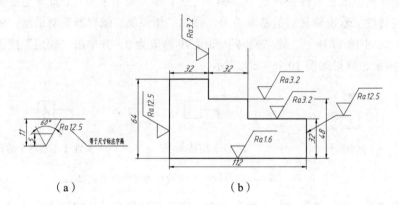

（a）　　　　　　　　　　（b）

图 10.40　检测练习 1

（2）按图 10.41 所示的尺寸创建名称为"简化标题栏"的标题栏属性图块。要求：零件名称、制图人和制图日期、审核人和审核日期、比例、数量、材料、图号和单位设置为属性值。

图 10.41　检测练习 2

（3）按 1：1 的比例绘制图 10.42 所示的齿轮泵泵体零件图。要求：布图匀称，图形正确，线型符合国家标准，标注尺寸和尺寸公差、几何公差，填写技术要求及标题栏，标注表面粗糙度。

（4）按 1：1 的比例绘制图 10.43 所示的蜗轮箱零件图。要求：布图匀称，图形正确，线型符合国家标准，标注尺寸和尺寸公差、几何公差，填写技术要求及标题栏，标注表面粗糙度。

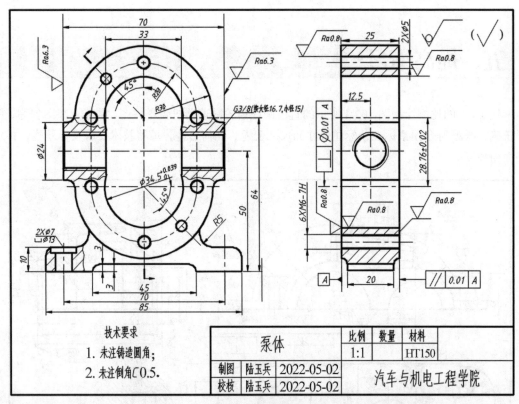

图 10.42　检测练习 3

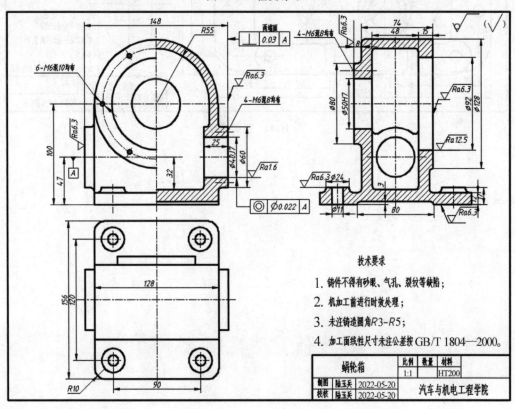

图 10.43　检测练习 4

五、提高练习

按 1∶1 的比例绘制图 10.44 所示的直齿圆柱齿轮减速器机盖零件图。要求：布图匀称，图形正确，线型符合国家标准，标注尺寸和尺寸公差、几何公差，填写技术要求及标题栏，标注表面粗糙度。

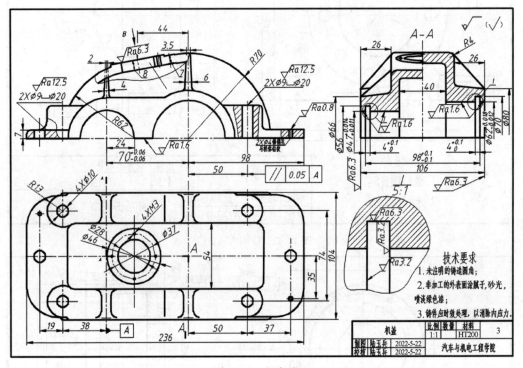

图 10.44　提高练习

项目十一

减速器装配图的绘制

【能力目标】
- 能够运用"表格样式"命令和"表格"命令创建装配图明细栏。
- 能够运用"多重引线样式"命令和"引线"命令编制装配图零件序号。
- 能够运用基于"复制粘贴功能"拼装画法，绘制装配图。

【知识目标】
- 掌握"表格样式""表格"等命令及表格编辑功能的使用方法。
- 掌握"多重引线样式"和"引线"等命令的使用方法。
- 掌握用"引线"命令编制装配图零件序号的操作方法。

一、项目导入

根据直齿圆柱齿轮减速器各零件图，选择合适的图幅，按 1∶1 的比例"拼装"图 11.1 所示的一级直齿圆柱齿轮减速器装配图。要求：布图匀称，图形正确，线型符合国家标准，标注装配尺寸，编写零件序号，填写技术要求、标题栏及明细栏。

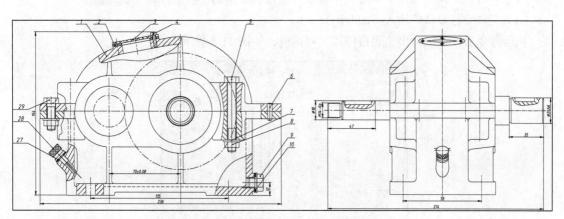

图 11.1 一级直齿圆柱齿轮减速器装配图

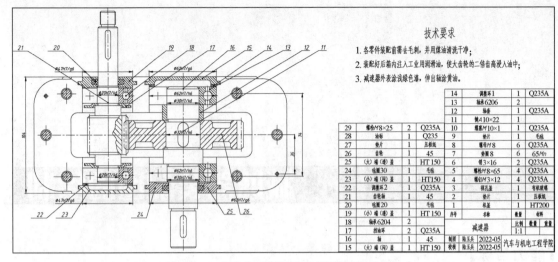

技术要求

1. 各零件装配首需去毛刺，并用煤油清洗干净；

2. 装配好后箱内注入工业用润滑油，使大齿轮的二倍齿高浸入油中；

3. 减速器外表涂浅绿色漆，伸出轴涂黄油。

29	螺栓M8×25	2	Q235A		14	调整环1	1	Q235A
28	油标	1	Q235		13	轴承6206	2	
27	垫片	1	压板纸		12	轴套	1	Q235A
26	齿轮	1	45		11	键A10×22	1	
25	（大）端（透）盖	1	HT 150		10	螺塞M10×1	1	Q235A
24	毡圈30	1	毛毡		9	垫片	1	毛毡
23	（小）端（闷）盖	1	HT150		8	螺母M 8	6	Q235A
22	调整环2	1	Q235A		7	垫圈8	6	65Mn
21	齿轮轴	1	45		6	销3×16	2	Q235A
20	毡圈20	1	毛毡		5	螺栓M8×65	4	Q235A
19	（小）端（透）盖	1	HT 150		4	螺钉M3×12	4	Q235A
18	轴承6204	2			3	视孔盖	1	有机玻璃
17	挡油环	2	Q235A		2	垫片	1	压板纸
16	轴	1	45		1	箱盖	1	HT200
15	（大）端（闷）盖	1	HT 150		序号	名称	数量	材料

减速器 1:1

制图 陆玉兵 2022-05

校核 陆玉兵 2022-05

汽车与机电工程学院

图 11.1　一级直齿圆柱齿轮减速器装配图（续）

二、项目知识

（一）定义表格样式

　　表格通过行和列以一种简洁、清晰的格式提供信息。用户可以用"表格"命令创建表格并在表格中输入数据，还可以将图形粘贴到表格中，对绘制的表格内容进行编辑，以便输出或使其被其他程序使用。

　　创建表格样式，可以设置表格的标题栏与数据栏中文字的样式、高度、颜色及单元格的长度、宽度和边框特性。在 AutoCAD 2016 中，执行创建表格样式命令的方法有以下 3 种。

微课：定义表格样式

　　（1）单击"默认"选项卡功能区"注释"面板下拉菜单中的"表格样式"按钮。

　　（2）单击"注释"选项卡功能区"表格"面板右下角的"表格样式"按钮。

　　（3）在命令行窗口中输入"tablestyle"。

　　执行命令后，系统弹出"表格样式"对话框，如图 11.2 所示。

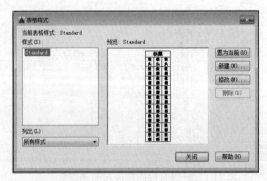

图 11.2　"表格样式"对话框

单击该对话框中的"新建"按钮，弹出"创建新的表格样式"对话框，如图 11.3 所示。在该对话框中的"新样式名"文本框中输入新建的表格样式的名称（如"明细栏"），在"基础样式"下拉列表框中选择一个表格样式作为基础样式，然后单击"继续"按钮，弹出"新建表格样式：明细栏"对话框，如图 11.4 所示。该对话框左边有"起始表格"和"常规"两个选项组，其中"常规"选项组中的"表格方向"设置为"向上"。右边是"单元样式"选项组，其下拉列表中有"数据""表头""标题" 3 个选项，通过这 3 个选项可以设置表格数据单元格、列标题单元格和标题单元格的属性，以及单元格的长、宽和边框属性。设置完成后，单击"确定"按钮即可完成表格样式的设置。

图 11.3 "创建新的表格样式"对话框   图 11.4 "新建表格样式：明细栏"对话框

在"常规"选项卡的"特性"选项组中，可以设置"对齐"方式为"正中"，其他参数保持默认设置。

在"文字"选项卡的"特性"选项组中，如图 11.5 所示，选择"文字样式"为已经设置的"文本标注"文字样式，"文字高度"引用文字样式中"文字高度"的数值，其他参数保持默认设置。

在"边框"选项卡的"特性"选项组中，根据表格类型选择相应的边框，其他参数保持默认设置，如图 11.6 所示。

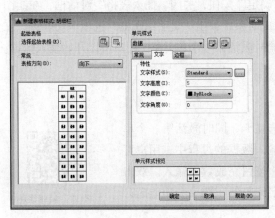

图 11.5 "文字"选项卡   图 11.6 "边框"选项卡

（二）创建表格

创建表格样式后，在"表格样式"对话框中的"样式"列表框中选中需要的表格样式，单击"置为当前"按钮，就可以按指定的表格样式创建表格了。在 AutoCAD 2016 中，执行创建表格命令的方法有以下 3 种。

（1）单击"默认"选项卡功能区"注释"面板中的"表格"按钮 表格。

（2）单击"注释"选项卡功能区"表格"面板中的"表格"按钮 表格。

（3）在命令行窗口中输入"table"。

执行命令后，系统弹出"插入表格"对话框，如图 11.7 所示。

图 11.7 "插入表格"对话框

该对话框中主要选项的功能说明如下。

① "表格样式"选项组：用于设置表格的外观，可以在"表格样式"下拉列表框中指定表格样式，或单击该下拉列表框右边的"'表格样式'对话框"按钮 ，在弹出的"表格样式"对话框中新建或修改表格样式。

② "插入方式"选项组：用于指定表格的插入位置，其中包括"指定插入点"和"指定窗口"两种方式。

③ "列和行设置"选项组：用于设置列和行的数目及列宽和行高。

各项参数设置完成后，单击该对话框中的"确定"按钮，关闭"插入表格"对话框，在绘图窗口中指定表格的插入点后即完成表格的插入。此时系统弹出"文字编辑器"选项卡功能区，在绘图窗口插入一个和"表格样式"一样的表格，同时激活第一个单元格，用户可以开始输入数据。

（三）编辑表格

创建表格后，系统会弹出"文字编辑器"选项卡，同时激活第一个单元格，要求用户输入数据，如图 11.8 所示。在输入数据的过程中，用户可以按 Tab 键在各单元格之间切换，单击"确定"按钮完成数据输入。双击单元格也可以激活单元格，同时系统弹出"文字编辑器"选项卡功能区，用户可以在该编辑器中编辑表格中的数据。

要选择多个单元格，可在表格单元格内单击并在多个单元格上拖动，或者按住 Shift 键并在另一个单元内单击，同时选中这两个单元格及它们之间的所有单元格。

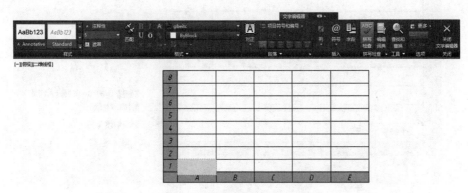

图 11.8　表格数据的输入与编辑

单击表格中的某个或几个单元格，然后在选中的单元格上单击鼠标右键，弹出快捷菜单，如图 11.9 所示，用户可以利用该快捷菜单中的命令对单元格进行剪切、复制、对齐、插入块或公式、插入行或列、合并单元格等操作。

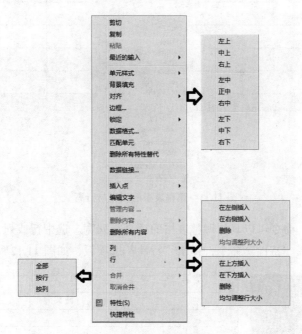

图 11.9　单元格快捷菜单

若编辑表格时需要调整表格的行高与列宽，可采用以下 4 种方法。

（1）选中表格后，拖动不同的夹点可以移动表格的位置，或者修改已有表格的列宽和行高。这些夹点的功能如图 11.10 所示。

（2）选择对应的单元格，单元格的 4 条边上各显示一个夹点，同时系统弹出"表格单元"选项卡功能区。拖动夹点可以改变对应行的高度或对应列的宽度。

（3）选中表格后单击鼠标右键，从弹出的快捷菜单中选择"均匀调整列大小"命令和"均匀调整行大小"命令可以均匀调整表格的列宽与行高，如图 11.11 所示。

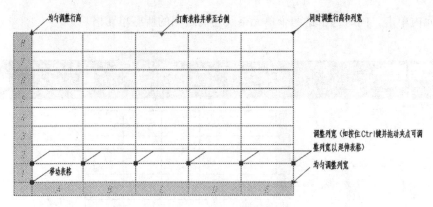

图 11.10 夹点功能

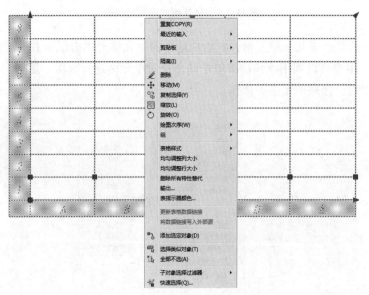

图 11.11 调整表格的列宽与行高

（4）通过"特性"命令可以具体调整表格的行高与列宽。选中行或列，单击鼠标右键，在弹出的快捷菜单中选择"特性"命令，弹出"特性"选项板，如图 11.12 所示。

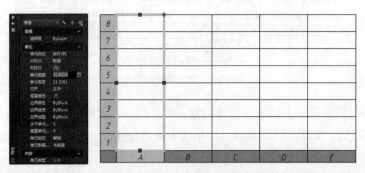

图 11.12 通过"特性"选项板调整表格的行高与列宽

在"特性"选项板中，单击"单元宽度"和"单元高度"右侧的文本框，在其中输入新的宽度值和高度值，并按 Enter 键确认，即可修改列宽和行高。

三、项目实施

绘制装配图通常采用两种方法。一种是直接利用绘图命令及图形编辑命令，按手工绘图的步骤，结合"对象捕捉""极轴追踪"等辅助绘图工具来绘制。这种方法不但作图过程繁杂，而且容易出错，只能绘制一些比较简单的装配图。另一种是"拼装法"，即先绘出各零件的零件图，然后将各零件以图块或复制粘贴的形式"拼装"在一起，构成装配图。"拼装法"可分为基于设计中心拼装装配图、基于工具选项板拼装装配图、基于"块功能"拼装装配图和基于"复制粘贴功能"拼装装配图4种画法。其中基于设计中心拼装装配图和基于"复制粘贴功能"拼装装配图为常用画法。本项目绘制装配图采用的是基于"复制粘贴功能"拼装画法。

（一）新建文件

启动 AutoCAD 2016，进入"草图与注释"工作空间界面，新建一个无样板图形文件，保存此空白文件，文件名为"图 11.1.dwg"，注意在绘图过程中每隔一段时间保存一次。

（二）设置绘图环境

根据需要设置粗实线（CSX）、中心线（ZXX）、虚线（XX）、引线（YX）、尺寸标注（CCBZ）、文字（WZ）等 6 个图层，图层参数如表 11.1 所示。

表 11.1　　　　　　　　　　　　图层参数

图层名	颜色	线型	线宽	用途
CSX	红色	Continuous	0.50mm	粗实线
ZXX	绿色	Center	0.25mm	中心线
XX	黄色	Dashed	0.25mm	虚线
YX	青色	Continuous	0.25mm	引线
CCBZ	洋红	Continuous	0.25mm	尺寸标注
WZ	黑色	Continuous	0.25mm	文字

（三）绘制图形

采用基于"复制粘贴功能"拼装画法，绘制直齿圆柱齿轮减速器装配图。

操作步骤如下（本装配图的绘制方法仅是说明"复制粘贴功能"拼装画法的过程，并不一定是最佳的绘图方法）。

1. 确定表达方法、比例

根据减速器的结构特点，减速器的装配图需要采用主视图、俯视图和左视图 3 个主要视图，主视图采用多处局部剖视以表达螺栓、销等连接零件的装配关系，俯视图采用装配图沿结合面剖切的方法表达内部各零件的装配关系，左视图采用剖视图表达，对顶部各零件采用拆卸画法。

根据表达需要，本减速器装配图采用 1∶1 的比例绘制。

2. 复制、粘贴各零件图

打开所需的零件图，保留粗实线（CSX）、中心线（ZXX）和虚线（XX）图层，冻结或关闭尺寸标注（CCBZ）等其他图层，利用复制及粘贴功能将零件图复制到"图 11.1.dwg"文件中，每复制一个零件图均可将其对应的技术要求、标题栏等文字和多余的图线删除，以使复制的零件图显得简洁。

3. 选择主体零件

（1）选择"机座"零件图作为主体零件，调整各视图间距，删除多余的局部视图及图线。

（2）由于左视图为阶梯剖视图，所以根据装配图表达方案的需要，要将阶梯剖视图修改为仅表达外形结构视图，即删除左视图中的剖面线和表示内部结构的轮廓线，保留外部轮廓线。

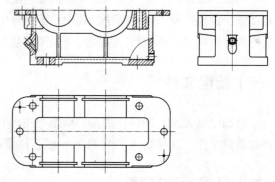

（3）由于"机座"零件在轴孔位置处呈左右对称，因此要将左视图修改为主体结构呈左右对称的效果（根据零件图的剖切面位置只保留对称线左边的外部轮廓线，再镜像出右边的外部轮廓线），在补画油标孔视图时，由于油标孔在左视图中不能反映实形，所以可采用近似的方法大致画出，结果如图 11.13 所示。

图 11.13　绘制主体零件

4. 拼装"轴""齿轮轴""齿轮"等内部主体零件

（1）执行"移动"命令，将"轴"移动到"机座"旁边，执行"旋转"命令，将"轴"旋转使其轴线与安装孔轴线平行。

（2）确定好轴的安装位置和方向，在轴的安装齿轮段的中心线处绘制一条辅助线，利用"中点"对象捕捉功能，将"轴"移动到"机座"前后对称线和轴孔对称线的交点处。在拼装过程中，为使拼装的零件图线和机座图线有明显区分，可利用"特性"工具栏将拼装的零件图线颜色改成不同颜色。

（3）用同样方法将"齿轮轴"和"齿轮"拼装在"机座"的相应位置，修改或删除"机座""轴""齿轮轴""齿轮"中相互遮挡的轮廓线。

（4）根据齿轮啮合区的表达需要，将啮合区改为局部剖视图。

（5）根据表达方案和零件投影关系，完成主视图两齿轮分度圆、"轴"端部轮廓线和左视图两轴外部轮廓线的绘制，结果如图 11.14 所示。

5. 拼装"轴"和"齿轮轴"上各附件零件

（1）绘制"轴""齿轮轴"上 6204 和 6206 两个深沟球轴承标准件。

（2）拼装"轴"上的轴承端盖（透盖和闷盖）和调整环，填充透盖内的密封装置（密封圈），修改相关图线。

（3）拼装"齿轮轴"上的轴承端盖（透盖和闷盖）、挡油环和调整环，填充透盖内的密封装置（密封圈），修改相关图线。

（4）拼装"轴"和"齿轮轴"上的轴承，修改相关图线。

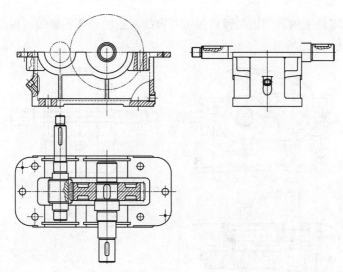

图 11.14 拼装"轴""齿轮轴""齿轮"等内部主体零件

（5）根据表达方案和零件的投影关系，在主视图上完成"机座"前方的端盖及"轴"与端盖处的投影，结果如图 11.15 所示。

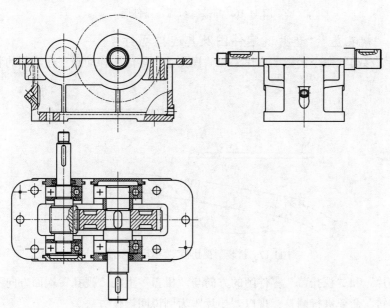

图 11.15 拼装"轴"和"齿轮轴"上各附件零件

6．拼装"机盖"零件图

（1）执行"移动"命令，将"机盖"零件图移动到正在绘制的装配图旁边，因为根据装配图表达方案的需要，俯视图采用的是装配图剖切画法，故不需要拼装"机盖"零件图。

（2）执行"移动"命令，由于"机座"和"机盖"在结合面位置的结构相同，所以利用特征点"对象捕捉"功能，将"机盖"零件图的主视图移动到正在绘制的装配图的上边。

（3）由于左视图为阶梯剖视图，所以根据装配图表达方案的需要，要将阶梯剖视图修改为仅表达外形结构视图，即删除左视图中的剖面线和表示内部结构的轮廓线，保留外部轮廓线。

（4）由于"机盖"零件在轴孔位置处呈左右对称，因此要将左视图修改为主体结构呈左右对称的效果（根据零件图的剖切面位置只保留对称线左边的外部轮廓线，再镜像出右边的外部轮廓线），结果如图 11.16 所示。

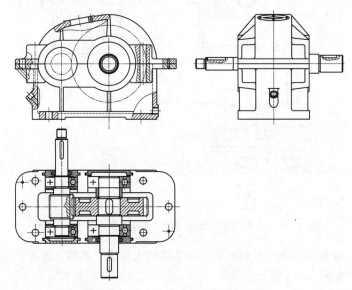

图 11.16　拼装"机盖"零件图

7. 拼装"视孔盖""垫片"零件图及其连接螺钉

（1）执行"移动"命令，将"垫片"和"视孔盖"零件图移动到正在绘制的装配图旁边，如图 11.17 所示。

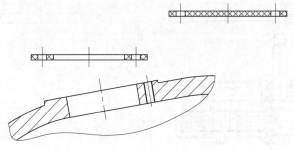

图 11.17　拼装"视孔盖""垫片"零件图

由于"垫片"和"视孔盖"零件图的方向与"机盖"上的"视孔"端面方向不一致，故需执行"参照旋转"命令进行调整，现以"垫片"为例说明操作方法。

执行"旋转"命令，命令行提示如下。

```
命令：_rotate
UCS 当前的正角方向：　ANGDIR=逆时针　ANGBASE=0
选择对象：指定对角点：找到 14 个                 ∥选择对象（用框选的形式选择对象）
选择对象：                                       ∥结束对象的选择（按 Enter 键结束对象的选择）
指定基点：                                       ∥指定基点（单击拾取 O 点作为旋转中心）
指定旋转角度，或[复制(C)/参照(R)] <0>：R          ∥选择"参照(R)"选项（输入 R 并按 Enter 键确认）
指定参照角 <0>：指定第二点：                       ∥指定旋转对象上需旋转对齐线的两点（单击拾取 A 点，在
                                                   命令行提示"指定第二点："时再单击拾取点 B）
指定新角度或[点(P)] <0>：P                        ∥选择"点(P)"选项，即通过"两点"方式确定参照对齐线两
```

指定第一点： 指定第二点：	点（输入 P 并按 Enter 键确认） 指定参照对齐线两点（单击拾取 C 点，命令行接着提示"指定第二点："，单击拾取 D 点，结束命令）

运用相同的方法将"视孔盖"零件图的方向旋转至与"垫片"相同，执行结果如图 11.18 所示。

（2）执行"移动"命令，将"垫片"和"视孔盖"零件图移动到"机盖"上的"视孔"相应位置。

（3）绘制圆柱头沉头螺钉 M3×12，执行"参照旋转"命令和"移动"命令，将螺钉"拼装"到"机盖"上的相应位置。在装配图中，螺钉采用非剖视画法，需要修改相关图线。

由于左视图采用拆卸画法，因此省去"视孔盖""垫片"及其连接螺钉等零件的绘制，结果如图 11.19 所示。

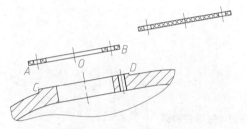

图 11.18　旋转"视孔盖""垫片"零件图

图 11.19　拼装"视孔盖""垫片"及其连接螺钉

8. 拼装"机座""机盖"的连接螺钉和销

（1）绘制螺栓 M8×25、螺栓 M8×65 及其相配的螺母 M8 和垫圈，绘制圆锥销 4×16。各标准件零件图如图 11.20 所示。

（2）执行"移动"命令，将螺栓 M8×25、螺栓 M8×65 及其相配的螺母 M8、垫圈和圆锥销 4×16 移动到正在绘制的装配图主视图中相应的位置，根据螺栓、销的连接画法，修改相应图线。

（3）根据装配图剖切画法的规定，在俯视图中完成螺栓和销断面的绘制，在左视图中绘制螺栓、销表示位置的中心线（简化画法），结果如图 11.21 所示。

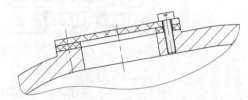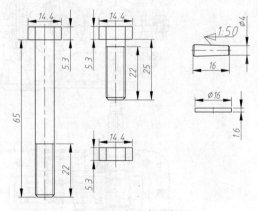

图 11.20　标准件零件图

9. 拼装"油标"及其垫片和"油塞"及其垫片

（1）执行"移动"命令，将"油标"及其垫片和"油塞"及其垫片移动到正在绘制的装配图旁边，执行"旋转"命令，将"油标"及其垫片旋转至合适位置。

（2）执行"移动"命令，将"油标"及其垫片和"油塞"及其垫片移动到正在绘制的装配图的相应位置，修改相关图线。

（3）根据投影关系依次完成"油标"及其垫片和"油塞"及其垫片的俯视图和左视图中的投影（俯视图投影为不可见轮廓线可以不画），由于"油标"及其垫片在左视图中的投影反映为类似形，可不必严格按照投影关系绘制，在保证投影关系的前提下，大致完成相关视图即可。

到此完成减速器各零件的拼装，结果如图 11.22 所示。

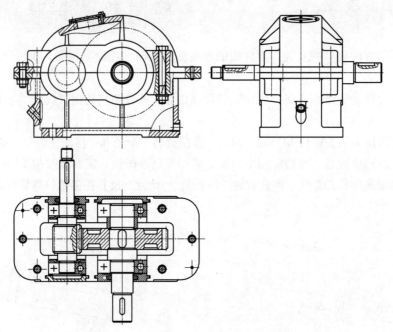

图 11.21　拼装机座、机盖的连接螺钉和销

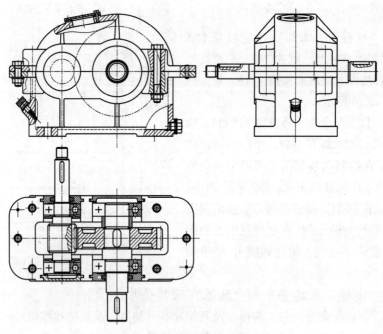

图 11.22　装配图拼装完成

10.　标注装配图尺寸

装配图所标注尺寸的类型主要为性能规格尺寸、配合尺寸、总体尺寸、安装尺寸及其他重要尺寸。

（1）标注性能规格尺寸，主要为两轴输出端轴径及公差要求、两轴输出端安装的带轮或齿轮的毂宽尺寸。

（2）标注配合尺寸，主要为轴承端盖和"机盖""机体"端孔的配合尺寸，轴承外径、内径和"机盖""机体"及两轴相应装配段配合尺寸。

（3）标注减速器总长、总宽和总高尺寸。

（4）标注安装尺寸，主要为"机座"底部安装孔之间的相互关系尺寸。

（5）标注其他重要尺寸，主要为两轴间尺寸及其他有重要位置关系的零件间的位置尺寸，定位销相对于高度基准这一尺寸，结果如图 11.23 所示。

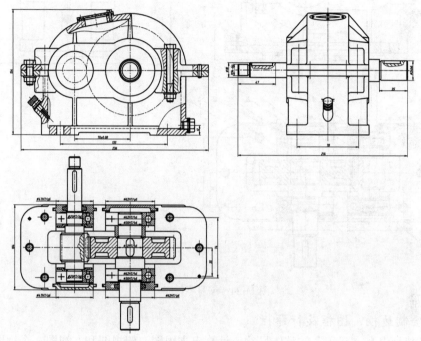

图 11.23　标注装配图尺寸

11. 编写零件序号

（1）执行"多重引线样式"命令，弹出"多重引线管理器"对话框，单击"新建"按钮（也可以单击"修改"按钮，直接在系统默认的样式下完成设置），弹出"创建新多重引线样式"对话框，在此对话框中，输入样式名（如输入"减速器装配图引线"），单击"继续"按钮，弹出"修改多重引线样式：减速器装配图引线"对话框。

（2）在"引线格式"选项卡中修改"箭头"选项组中的"符号"为"小点"，"大小"为 3.5，其他内容保持默认设置。

（3）在"引线结构"选项卡中修改"基线设置"选项组中的"设置基线距离"为 7，其他内容保持默认设置。

（4）在"内容"选项卡中修改"文字选项"选项组中的"文字样式"为与尺寸标注相对应的文字样式，如选择"减速器装配图引线"文字样式。

（5）执行"引线"命令，按顺时针或逆时针方向有序地标注出所有的零件序号。

（6）在合适位置绘制水平辅助线，利用夹点编辑功能将水平标注的多重引线对齐，执行引线"对齐"命令，将竖直标注的多重引线按列的形式对齐。

（7）执行"分解"命令将标注的所有多重引线分解，利用夹点编辑功能将序号移动到基准线上方的中间位置处，结果如图 11.24 所示。

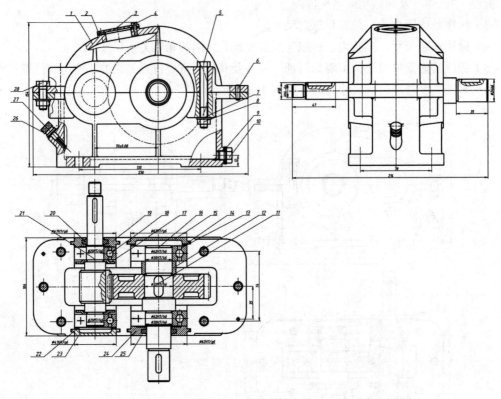

图 11.24　编写零件序号

12．绘制边框、图框及标题栏

根据"机座"和"机盖"的整体尺寸，计算出主视图、俯视图和左视图 3 个视图所占绘图窗口的大小，综合考虑视图间距和尺寸标注所占区域，按 1∶1 的比例绘图至少需采用 A2 图幅，因此绘制有装订边的 A2 图幅（594×420）的边框和图框。

13．绘制明细栏，填写明细栏

（1）创建明细栏表格样式。单击"默认"选项卡功能区"注释"面板下拉菜单中的"表格样式"按钮，弹出"表格样式"对话框。单击"新建"按钮，弹出"创建新的表格样式"对话框，在"新样式名"文本框中输入"减速器明细栏"。单击"继续"按钮，弹出"新建表格样式：减速器明细栏"对话框。

在"表格方向"下拉列表框中选择"向上"；在"单元样式"下拉列表框中选择"数据"。在"常规"选项卡的"对齐"下拉列表框中选择"正中"选项，在"页边距"选项组的"水平"文本框与"垂直"文本框中输入 0.5；在"文字"选项卡中，选择合适的"文字样式"（"文字高度"设为 0）；在"边框"选项卡中的"线宽"下拉列表框中选择"ByLayer"选项，再单击"无边框"按钮，其余各项均采用默认设置。

在"单元样式"下拉列表框中选择"表头"选项并进行和选择"数据"选项同样的设置。单击"确定"按钮，返回"表格样式"对话框，单击"置为当前"按钮，将"减速器明细栏"表格样式置为当前。单击"关闭"按钮，完成表格样式的创建。

（2）创建表格。单击"默认"选项卡功能区"注释"面板中的"表格"按钮，弹出"插入表格"对话框，在"表格样式"下拉列表框中选择"减速器明细栏"选项，在"插入选项"选项组中单击"从空表格开始"单选按钮，在"插入方式"选项组中单击"指定插入点"单选按钮，设置"列数"为 5、"列宽"为 26、"数据行数"为 28、行高为 1。设置"设置单元样式"选项组中的"第一行单元样式"为"表头"，设置"第二行单元样式"和"所有其他行单元样式"为"数据"，如图 11.25 所示。

图 11.25 "插入表格"对话框

（3）单击"确定"按钮，在绘图窗口的适当位置单击，指定表格的插入点。

（4）激活"表头"单元格并输入相应文字，单击"确定"按钮，完成减速器明细栏的插入。修改表格的行高和列宽。

（5）单击"默认"选项卡功能区"特性"面板右边的"特性"按钮█，系统弹出"特性"选项板，如图 11.26 左图所示，用框选的方式（或单击左上角表单元格后，按 Shift 键再单击右下角表单元格）选择所有单元格，或先选择单元格，再单击鼠标右键，在弹出的快捷菜单中选择"特性"命令，系统也会弹出"特性"选项板。在"特性"选项板的"单元高度"文本框中输入 8，并按 Enter 键完成单元格高度的设置。依次在第一行单元格内单击，在"特性"选项板的"单元宽度"文本框中输入每一列的宽度。

按 Esc 键，退出选择，完成行高、列宽的修改。

（6）修改表格的边框。在"特性"选项板中，单击"边界线宽"右侧文本框，系统将弹出█按钮，单击此按钮，系统将弹出"单元边框特性"对话框，如图 11.26 右图所示。

在"线宽"下拉列表框中选择"0.5mm"选项，在"线型"下拉列表框中选择"ByLayer"选项、"颜色"下拉列表框中选择"ByBlock"选项（若系统显示均为默认，则不执行此操作），再单击"左边框"按钮，设置表格左边线为粗实线。

（7）由于明细栏较高，在绘图区窗口中没有足够空间自下而上排列全部明细，所以需要调整一部分放在标题栏的左边。选中表格后，单击鼠标右键，在弹出的快捷菜单中选择"特性"命令，弹出图 11.27 所示的"特性"选项板。设置"表格打断"选项组中的"启用"为"是"、"方向"为"左"、"间距"为 0，单击并向下拖动表格上的▼符号，同时表格将有一部分转移到标题栏的左边，结果如图 11.27 所示。

（8）在单元格中双击，自下而上、自右向左填写明细栏中的内容。

  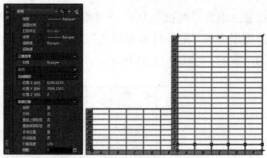

图 11.26　"特性"选项板与"单元边框特性"对话框　　　　图 11.27　表格打断

14. 撰写技术要求并保存文件

（1）执行"多行文字"命令，在绘图窗口选择合适的位置撰写图 11.1 所示的技术要求，至此完成全图，结果如图 11.1 所示。

（2）保存文件。

附：减速器各零件图。

轴零件图如图 8.1 所示，齿轮轴零件图如图 8.58 所示，齿轮零件图如图 9.1 所示，（大）端（透）盖和（小）端（透）盖零件图如图 9.38 所示，（大）端（闷）盖和（小）端（闷）盖零件图如图 9.39 所示，机座零件图如图 10.1 所示，机盖零件图如图 10.44 所示。

其他零件图如图 11.28～图 11.31 所示。

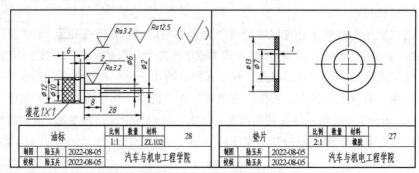

图 11.28　油标、垫片零件图

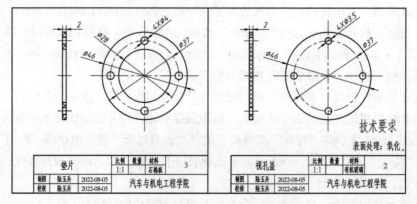

图 11.29　垫片、视孔盖零件图

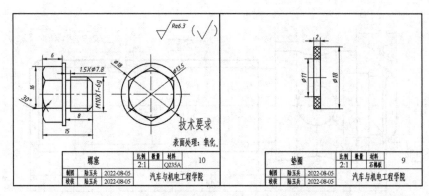

图 11.30　螺塞、垫圈零件图

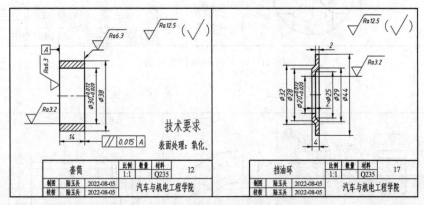

图 11.31　套筒、挡油环零件图

四、检测练习

　　绘制图 11.32～图 11.36 所示的千斤顶各零件图，根据完成的各零件图，选择合适的图幅，按 1∶1 的比例"拼装"图 11.37 所示的千斤顶装配图。要求：布图匀称，图形正确，线型符合国标，标注装配尺寸，编写零件序号，填写技术要求、标题栏及明细栏。

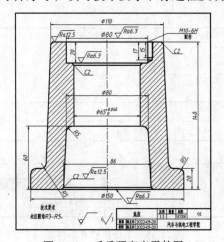

图 11.32　千斤顶底座零件图

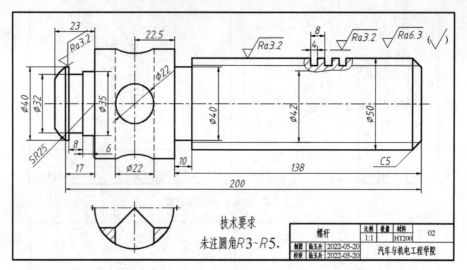

图 11.33　千斤顶螺杆零件图

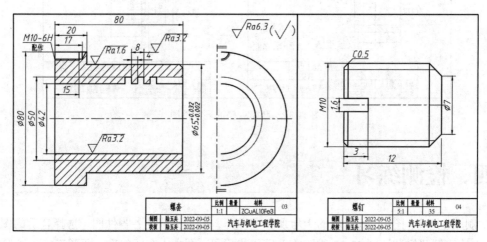

图 11.34　千斤顶螺套、螺钉零件图

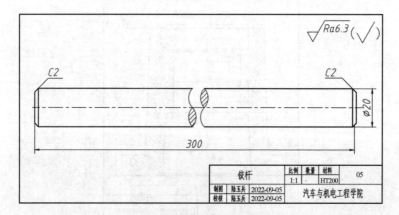

图 11.35　千斤顶铰杆零件图

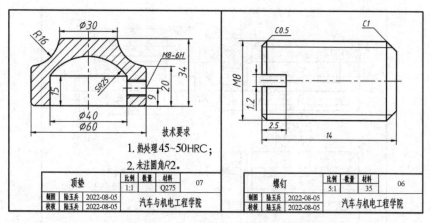

图 11.36　千斤顶顶垫、螺钉零件图

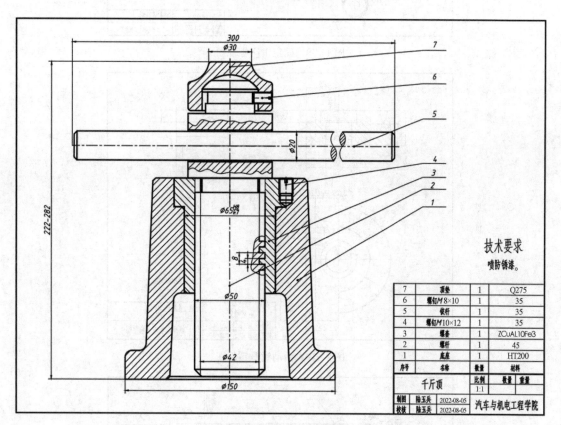

图 11.37　千斤顶装配图

五、提高练习

　　绘制图 11.38～图 11.43 所示的机用虎钳各零件图，根据完成的各零件图，按 1∶1 的比例"拼装"图 11.44 所示的机用虎钳装配图。要求：布图匀称，图形正确，线型符合国标，标注装配尺寸，编写零件序号，填写技术要求、标题栏及明细栏。

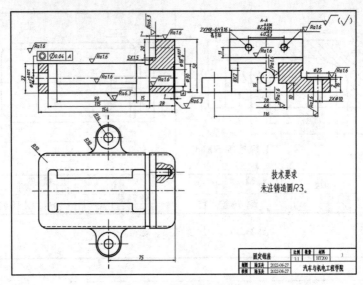

图 11.38　固定钳座零件图

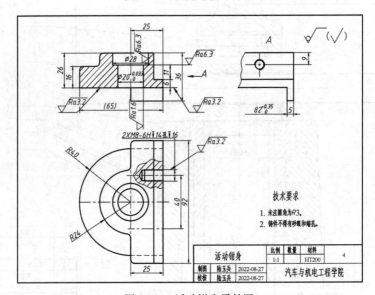

图 11.39　活动钳身零件图

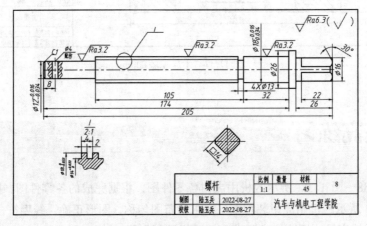

图 11.40　螺杆零件图

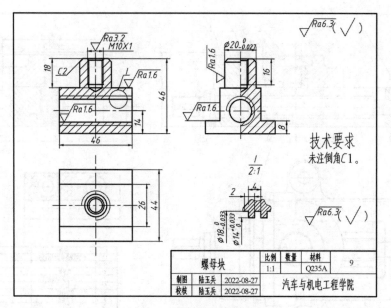

图 11.41 螺母块零件图

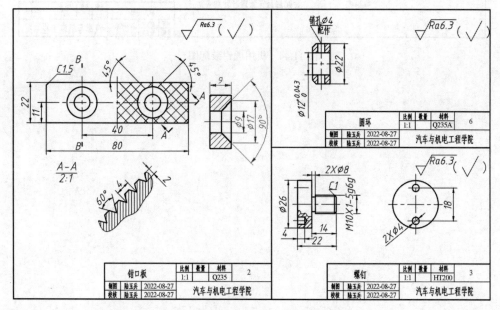

图 11.42 钳口板、圆环、螺钉零件图

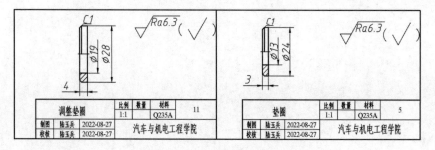

图 11.43 调整垫圈、垫圈零件图

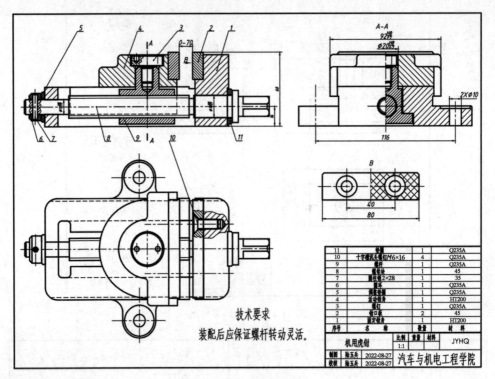

11	垫圈	1	Q235A
10	十字槽沉头螺钉M6×16	4	Q235A
9	螺杆	1	Q235A
8	滑块	1	45
7	圆柱销2×28	1	35
6	垫圈	1	Q235A
5	活动钳座	1	Q235A
4	钳身	1	HT200
3	钉	1	Q235A
2	钳口板	2	45
1	固定钳身	1	HT200
序号	名 称	数量	材 料

机用虎钳	比例 1:1	重量	材料	JYHQ
制图 陆玉兵 2022-08-27				汽车与机电工程学院
校核 陆玉兵 2022-08-27				

技术要求

装配后应保证螺杆转动灵活。

图 11.44 机用虎钳装配图

【能力目标】

- 能够根据三维建模需要建立恰当的用户坐标系。
- 能够根据三维建模需要选择视图和视觉样式。
- 能够综合运用基本三维对象创建命令，能够使用"并集""差集""交集"命令进行简单组合体的三维建模。

【知识目标】

- 掌握用户坐标系、视图、视觉样式命令的操作方法。
- 掌握基本三维对象的创建方法。
- 掌握"并集""差集""交集"命令的操作方法。

一、项目导入

按 1∶1 的比例绘制图 12.1 所示简单组合体的三维模型，要求：建模准确，图形正确，不标注尺寸。

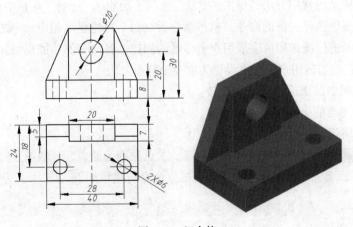

图 12.1　组合体

二、项目知识

运用 AutoCAD 2016 进行三维建模时，需切换工作空间界面为"三维基础"或"三维建模"，其中"三维基础"工作空间界面可用于简单的三维建模，其按钮较少（见图 1.11），"三维建模"工作空间界面可用于较复杂的三维建模，其按钮较多（见图 1.12），用户可根据建模的复杂程度自行选择三维建模工作空间界面。下面主要在"三维基础"工作空间界面中进行三维建模。

（一）用户坐标系

AutoCAD 2016 中使用的坐标系有两种：一种是绘制二维图形时使用的世界坐标系（WCS），世界坐标系是一个固定坐标系；另一种是为方便三维绘图，由用户自己定义的坐标系，称为用户坐标系（UCS）。用户坐标系主要用于绘制三维图形，创建用户坐标系有以下两种方法。

微课：用户坐标系

（1）单击"默认"选项卡功能区"坐标"面板中的相应下拉按钮，在弹出的下拉列表中选择相应的命令，如图 12.2 所示。

（2）在命令行窗口中输入"UCS"。

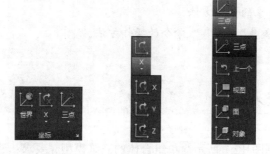

图 12.2 "坐标"面板及相应的下拉列表

创建用户坐标系的常用方法是单击"默认"选项卡功能区"坐标"面板中的相应下拉按钮，在弹出的下拉列表中选择相应的命令。执行命令后，命令行将显示相应命令的操作提示，用户按照命令行的提示进行操作即可完成用户坐标系的创建。各命令的功能说明如下。

（1）世界：将当前用户坐标系设置为世界坐标系。

（2）X：将当前坐标系绕 X 轴旋转。

（3）Y：将当前坐标系绕 Y 轴旋转。

（4）Z：将当前坐标系绕 Z 轴旋转。

（5）三点：运用 3 点定义用户坐标系，3 点分别为原点、X 轴正方向上的一点和坐标值为正的 XOY 平面上的一点，执行命令后，根据命令行提示如下。

```
命令：_ucs
当前 UCS 名称：*世界*
```

指定 UCS 的原点或 [面 (F)/命名 (NA)/对象 (OB)/上一个 (P)/视图 (V)/世界 (W)/X/Y/Z/Z 轴 (ZA)] <世界>: _3
　　　　　　　//（系统自动执行）
指定新原点 <0,0,0>: //指定新坐标系原点（在模型或其他位置单击确定新坐标系原点）
在正 X 轴范围上指定点 <3592.2091,4904.3005,30.0000>:
　　　　　　　//在 X 轴正方向上指定点，确定 X 轴方向（在模型或其他位置单击确定 X 轴方向上的一点）
在 UCS XY 平面的正 Y 轴范围上指定点 <3591.2091,4903.3005,30.0000>:
　　　　　　　//在 Y 轴正方向上指定点，确定 Y 轴方向（在模型或其他位置单击确定 Y 轴方向上的一点）
正在检查 903 个交点… //结束命令

（6）上一个（P） ：恢复上一次使用的 UCS。

（7）视图（V） ：以垂直于观察方向的平面为 XY 平面，建立新的坐标系。

（8）面（F） ：依据在三维实体中选中的面来定义 UCS。

执行"面（F）"（三维实体表面）命令建立 UCS，AutoCAD 2016 将允许用户创建与已知实体某一个面平行或垂直的坐标系，且新坐标系的原点为实体被选择面的一个角点。执行该命令后，命令行提示如下。

命令：_ucs
当前 UCS 名称：*没有名称*
指定 UCS 的原点或 [面 (F)/命名 (NA)/对象 (OB)/上一个 (P)/视图 (V)/世界 (W)/X/Y/Z/Z 轴 (ZA)] <世界>: _fa
选择实体面、曲面或网格： //选择实体表面（单击需要选择的三维实体的表面）
输入选项 [下一个 (N)/X 轴反向 (X)/Y 轴反向 (Y)] <接受>:
　　　　　　　//选择默认的"<接受>"选项（按 Enter 键选择默认的"<接受>"选项）

默认选项（"接受"选项）允许用户创建一个 XY 平面平行于被选取面的坐标系，且新坐标系的原点为被拾取边上离拾取点较近的那个顶点。如图 12.3 所示，边 1 为用户拾取的边。

> 提示　在该方式中，新坐标系的原点为拾取点靠近的那个顶点，且 X 轴方向总是与该顶点到拾取点的方向相同。在上述命令行提示中，选择"下一个（N）"选项可将新坐标系绕 X 轴方向逆时针旋转 90°，选择"X 轴反向（X）"选项可将新坐标系绕 X 轴翻转 180°，选择"Y 轴反向"选项可将新坐标系绕 Y 轴翻转 180°。图 12.4 所示为选择"X 轴反向"选项后的 UCS。

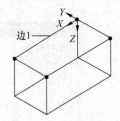

图 12.3　使用已知面建立的 UCS

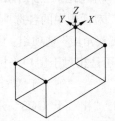

图 12.4　选择"X 轴反向"选项后的 UCS

（9）对象（OB） ：根据选定的三维对象定义新的坐标系；新建的 UCS 的拉伸方向（Z 轴正方向）与选定对象的拉伸方向相同。

在各新建用户坐标系的命令中，执行"对象（OB）"命令可以指定实体定义新的坐标系，被指定的实体将与新坐标系有相同的 Z 轴方向，原点及 X 轴正方向的取法如表 12.1 所示。确定

X 轴和 Z 轴之后，Y 轴方向由右手定则确定。执行此命令后，AutoCAD 2016 将提示"选择对齐 UCS 的对象："，要求用户选取用来确定新坐标系的实体。

表 12.1　　　　　　　　　　　　　标准视点及其参数设置

菜单选项	视点方向矢量	与 X 轴的夹角	与 XY 平面的夹角
俯视	0, 0, 1	270°	90°
仰视	0, 0, −1	270°	90°
左视	−1, 0, 0	180°	0°
右视	1, 0, 0	0°	0°
主视	0, −1, 0	270°	0°
后视	0, 1, 0	90°	0°
西南等轴测	−1, −1, −1	225°	45°
东南等轴测	1, −1, 1	315°	45°
东北等轴测	1, 1, 1	45°	45°
西北等轴测	−1, 1, 1	135°	45°

　　　在确定新的坐标原点时，用户可以直接输入二维坐标，也可输入三维坐标。坐标原点改变后，绘图窗口中的 UCS 图标会立即移至新的位置，但 X 轴、Y 轴、Z 轴的方向保持不变。只有将 UCSICON（UCS 图标显示参数）的值设为在原点显示时，绘图窗口中的 UCS 图标才会随着原点位置的改变而变化，否则，即使设置了新的原点，UCS 图标也可能在原位不动。

（二）"视点"命令

　　视图的观测点也叫视点，调整视点可设置图形的三维可视化观察方向，即观察三维对象的位置。在绘制与观察三维对象时，需要经常变换视点才能从不同角度观测模型的各个部位。例如，绘制正方体时，如果使用平面坐标系，即 Z 轴垂直于屏幕，则仅能看到物体在 XY 平面上的投影。如果调整视点至当前坐标系的左上方，将看到一个三维物体。

　　AutoCAD 2016 中，执行"视点"命令的方法是在命令行窗口中输入"vpoint"。执行"视点"命令后，系统弹出图 12.5 所示的"视点预设"对话框，用户可以在该对话框中预设视点。

　　"视点预设"对话框中的各选项的功能说明如下。

　　（1）"设置观察角度"选项组：用于设置是相对于世界坐标系（WCS）还是相对于用户坐标系（UCS）设定查看方向，两者只可选其一。"绝对于 WCS"是指相对于世界坐标系设定观察方向；"相对于 UCS"是指相对于当前用户坐标系设定观察方向。

　　（2）"自"栏：用于设置是按"X 轴"还是"XY 平面"指定查看角度；"X 轴"表示指定与 X 轴的角度，"XY 平面"表示指定与 XY 平面的角度。

　　用户也可以使用样例图像来指定查看角度。黑针指示新角度，灰针指示当前角度。通过选择圆或半圆的内部区域来

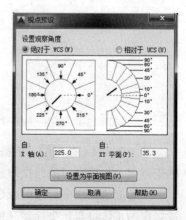

图 12.5　"视点预设"对话框

指定一个角度，如果选择了边界外面的区域，就舍入在该区域显示的角度值；如果选择了内弧或内弧中的区域，角度将不会进行舍入，结果可能是一个分数。

（3）"设置为平面视图"按钮。

在一般绘图过程中，运用"视点预设"对话框预设视点不便捷，且没有必要。AutoCAD 2016提供了10个视图（标准视点），完全可以满足实际工程中的绘图需要。

（三）"视图"命令

在三维建模过程中，经常需要运用"俯视""仰视""左视""右视""前视""后视""西南等轴测""东南等轴测""东北等轴测""西北等轴测"等常用标准视图来观察模型。执行各标准视图命令以切换视图的方法有以下两种。

微课："视图"命令

（1）在"默认"选项卡功能区"图层和视图"面板"三维导航"下拉列表框 西南等轴测 中选择需要的标准视图类型，如图 12.6（a）所示。

（2）单击"可视化"选项卡功能区"视图"面板中的标准视图图标，用户可通过单击 按钮选择需要的标准视图类型，也可单击下拉按钮 ，在打开的下拉列表中选择需要的标准视图类型，如图 12.6（b）所示。

（a）

（b）

图 12.6 "三维导航"下拉列表和标准视图类型

（四）"动态观察"命令

用户在三维空间中绘制或观测图形时，必须清楚当前的观测位置和三维模型的位置关系，并需要从不同方位观察创建的实体模型。AutoCAD 2016 提供了"动态观察""自由动态观察""连续动态观察"3 种动态观察命令，用户可以根据需要选择。执行"动态观察"命令的方法有以下两种。

微课："动态观察"
命令

（1）单击"视图"选项卡功能区"视口工具"面板中的"导航栏"按钮 （显示蓝色为打开），绘图窗口右边将显示"导航栏"工具，如图 12.7 所示，单击"动态观察"按钮 或其下方的下拉按钮 ，在弹出的下拉列表中选择"自由动态观察"命令或"连续动态观察"命令。

（2）在命令行窗口中输入"3dorbit"（"动态观察"命令）、"3dforbit"（"自由动态观察"命令）或"3dcorbit"（"连续动态观察"命令）。

① "动态观察"命令。执行该命令，激活三维动态观察视图，在视图中的任意位置按住鼠标左键并拖动鼠标指针，可动态观察图形中的对象。释放鼠标左键后，对象保持静止。因为使用该命令观察三维图形时，视图的目标始终保持静止，而观察点将围绕目标移动，所以从用户的视点看，就像三维模型正在随着鼠标指针移动而旋转。拖动鼠标指针时，如果水平拖动指针，则视点将平行于世界坐标系的 XY 平面移动；如果垂直拖动指针，则视点将沿 Z 轴移动。

图 12.7 "导航栏"工具

② "自由动态观察"命令。执行该命令，激活三维自由动态观察视图，并显示一个导航球，导航球被更小的圆分成 4 个区域，拖动鼠标指针可动态观察三维模型。在执行该命令前，用户可以选中整个图形，或者选择一个或多个对象进行观察。

③ "连续动态观察"命令。执行该命令后，在绘图窗口中按住鼠标左键并沿任意方向拖动鼠标指针，可使对象沿着鼠标指针移动的方向旋转。释放鼠标左键后，对象在指定方向上继续沿着轨迹运动。鼠标指针移动的速度决定了对象旋转的速度。

（五）"视觉样式"命令

在 AutoCAD 2016 的三维建模中，除可使用"缩放""平移"命令对三维图形进行缩放或平移，以观察图形的整体或局部（其方法与观察平面图形的方法相同）外，还可以执行视觉样式命令直观地观察三维实体的边、着色、背景和阴影等显示效果，以不同的视觉样式显示实体对象。视觉样式是一组自定义设置，用来控制当前视口中三维实体和曲面的边、着色、背景和阴影的显示效果，有很强的立体效果。在 AutoCAD 2016 中，执行视觉样式命令的方法有以下两种。

微课："视觉样式"命令

（1）在"默认"选项卡功能区"图层和视图"面板"视觉样式"下拉列表框 中选择相应的视觉样式类型，如图 12.8 所示。

（2）单击"可视化"选项卡功能区"视觉样式"面板中的相应按钮，或在 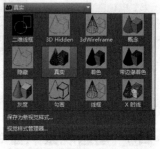 下拉列表框中选择相应的视觉样式类型。

图 12.8 "视觉样式"类型

在 AutoCAD 2016 中，常用的视觉样式有 5 种："二维线框""线框""隐藏""真实""概念"。使用这些视觉样式观察三维图形会有不同的效果，下面分别进行介绍。

① "二维线框"。该模式用于显示用线段和曲线表示边界的对象。

② "线框"。该模式用于显示用线段和曲线表示边界的对象，同时显示三维坐标球和已经使用的材质颜色，如图 12.9 所示。

③ "隐藏"。该模式用于显示用三维线框表示的对象，并隐藏当前视图中看不到的线段，如图 12.10 所示。

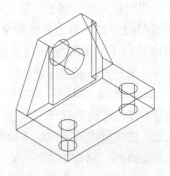

图 12.9 "线框"效果

④ "真实"。该模式用于着色多边形平面间的对象，并使对象的边平滑，同时显示已附着到对象上的材质。图层为青色时的"真实"效果如图 12.11 所示。

⑤ "概念"。该模式用于着色多边形平面间的对象，并使对象的边平滑。着色使用古氏面样式，古氏面样式是一种冷色和暖色之间的过渡。在该模式下显示的对象效果缺乏真实感，但可以方便地查看对象的细节。图层为青色时的"概念"效果如图 12.12 所示。

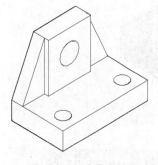
图 12.10 "隐藏"效果

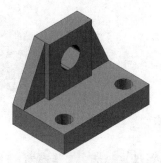
图 12.11 "真实"效果

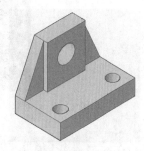
图 12.12 "概念"效果

（六）创建基本三维实体

1. "长方体"命令

长方体是建模过程中经常用到的基本三维实体，在 AutoCAD 2016 的"三维基础"工作空间界面中，执行"长方体"命令的方法有以下两种。

微课："长方体"命令

（1）单击"默认"选项卡功能区"创建"面板中的"长方体"按钮■（系统默认显示"长方体"按钮■，若系统未显示默认的"长方体"按钮■，则可单击按钮下方的下拉按钮■▼，在图 12.13 所示的下拉列表中，选择"长方体"）。

（2）在命令行窗口中输入"box"。

执行命令后，命令行提示如下。

```
命令：_box
指定第一个角点或[中心(C)]：        //指定长方体底面的第一个角点（在绘图窗口合适位置单击）
指定其他角点或[立方体(C)/长度(L)]：_l
                                //选择根据长方体的长、宽、高绘制长方体（输入 L 并按 Enter 键确认）
指定长度：60                     //指定长方体的长度（调整鼠标指针，在追踪线与 X 轴平行时输入 60 并按
                                  Enter 键确认）
指定宽度：40                     //指定长方体的宽度（输入 40 并按 Enter 键确认）
指定高度或[两点(2P)]：20          //指定长方体的高度，结束命令（输入 20 并按 Enter 键确认，结束命令，
                                  或输入选项字母）
```

命令执行的结果如图 12.14 所示。

在命令执行过程中，命令行各选项的功能说明如下，限于篇幅，各选项的操作步骤不再介绍，读者可根据命令行提示进行操作。

① 中心（C）：选择此选项，使用指定的中心点创建长方体。

②立方体（C）：选择此选项，创建一个长、宽、高相同的长方体。

③长度（L）：选择此选项，按照指定的长、宽、高创建长方体。

④两点（2P）：选择此选项，指定两点确定长方体的高。

图 12.13 "创建"下拉列表

图 12.14 绘制的长方体

  使用"box"命令根据长度、宽度和高度绘制长方体时，长、宽、高的方向分别与当前用户坐标系的 X 轴、Y 轴、Z 轴方向平行。当 AutoCAD 2016 提示输入长度、宽度和高度时，输入的值可为正也可为负。正值表示沿相应坐标轴的正方向绘制长方体，负值表示沿相应坐标轴的负方向绘制长方体。

2．"楔体"命令

楔体是另一种常用的建模实体，它可以看作是长方体沿对角线被切成两半的结果，因此可以使用与创建长方体相同的方法来绘制楔体。在 AutoCAD 2016 中，执行"楔体"命令的方法有以下两种。

（1）单击"默认"选项卡功能区"创建"面板中"长方体"按钮![]（系统默认显示"长方体"按钮![]或显示其他实体按钮时）下方的下拉按钮![]，在图 12.13 所示的下拉列表中，选择"楔体"命令。

微课："楔体"命令

（2）在命令行窗口中输入"wedge"。

执行命令后，命令行提示如下。

```
命令：_wedge
指定第一个角点或[中心(C)]：              //指定楔体底面的第一个角点（在绘图窗口合适位置单击）
指定其他角点或[立方体(C)/长度(L)]：_l     //选择根据楔体的长、宽、高绘制楔体（输入 L 并按 Enter 键确认）
指定长度 <60.0000>：40                    //指定楔体的长度（调整鼠标指针，在追踪线与 X 轴平行时输
                                          入 40 并按 Enter 键确认）
指定宽度 <40.0000>：40                    //指定楔体的宽度（输入 40 并按 Enter 键确认）
指定高度或[两点(2P)] <20.0000>：20        //指定楔体的高度，结束命令（输入 20 或输入选项字母,并按
                                          Enter 键确认，结束命令）
```

命令执行的结果如图 12.15 所示。

在命令执行过程中，命令行各选项的功能说明如下，限于篇幅，各选项的操作步骤不再介绍，读者可根据命令行提示进行操作。

①中心（C）：选择此选项，使用指定中心点创建楔体。

②立方体（C）：选择此选项，创建等边楔体。

③ 长度（L）：选择此选项，创建指定长度、宽度和高度的楔体。

④ 两点（2P）：选择此选项，通过指定两点来确定楔体的高度。

3. "圆柱体"命令

圆柱体是建模过程中使用较多的一种基本实体，常用于创建支柱等模型。在 AutoCAD 2016 中，执行"圆柱体"命令的方法有以下两种。

微课："圆柱体"命令

（1）单击"默认"选项卡功能区"创建"面板中"长方体"按钮■（系统默认显示"长方体"按钮■或显示其他实体按钮时）下方的下拉按钮 ▼，在图 12.13 所示的下拉列表中，选择"圆柱体"命令。

（2）在命令行窗口中输入"cylinder"。

执行命令后，命令行提示如下。

```
命令: _cylinder
指定底面的中心点或[三点(3P)/两点(2P)/切点、切点、半径(T)/椭圆(E)]:
                    //指定底面的中心点或选择"三点(3P)/两点(2P)/切点、切点、半径(T)/椭圆
                      (E)"选项(在选定位置单击确定圆柱体底面中心点或输入选项对应的字母)
指定底面半径或[直径(D)]: 20   //指定圆柱体的底面半径(输入 20 并按 Enter 键确认)
指定高度或[两点(2P)/轴端点(A)] <20.0000>: 60
                    //指定圆柱体的高度或选择"两点(2P)/轴端点(A)"选项(输入 60，并按
                      Enter 键确认，结束命令或输入选项对应的字母)
```

命令执行的结果如图 12.16 所示。

图 12.15　绘制的楔体

图 12.16　绘制的圆柱体

在命令执行过程中，命令行各选项的功能说明如下，限于篇幅，各选项的操作步骤不再介绍，读者可根据命令行提示进行操作。

① 三点（3P）：选择此选项，可指定 3 点来确定圆柱体的底面。

② 两点（2P）：选择此选项，可指定两点来确定圆柱体的底面。

③ 相切、相切、半径（T）：选择此选项，指定圆柱体底面的两个切点和半径来确定圆柱体的底面。

④ 椭圆（E）：选择此选项，创建具有椭圆底的圆柱体。

⑤ 直径（D）：选择此选项，输入直径确定圆柱体的底面。

⑥ 两点（2P）：选择此选项，通过两点来确定圆柱体的高。

⑦ 轴端点（A）：选择此选项，指定圆柱体轴的端点位置。

4. "圆锥体"命令

圆锥体是建模过程中使用得较少的一种基本实体，但在创建锥形结构模型时，需要用到圆锥体。在 AutoCAD 2016 中，执行"圆锥体"命令的方法有以下两种。

（1）单击"默认"选项卡功能区"创建"面板中"长方体"按钮■（系统默认显示"长方体"按钮■或显示其他实体按钮时）下方的下拉按钮▼，在图 12.13 所示的下拉列表中，选择"圆锥体"命令。

（2）在命令行窗口中输入"cone"。

执行命令后，命令行提示如下。

```
命令：_cone
指定底面的中心点或[三点(3P)/两点(2P)/切点、切点、半径(T)/椭圆(E)]：
                    //指定圆锥体底面的中心点或选择"三点(3P)/两点(2P)/切点、切点、半径
                      (T)/椭圆(E)"选项（在选定位置单击确定圆柱体底面的中心点或输入选项
                      对应的字母）
指定底面半径或[直径(D)]：20  //指定圆锥体底面的半径 （输入 20 并按 Enter 键确认）
指定高度或[两点(2P)/轴端点(A)/顶面半径(T)]：  50
                    //指定圆锥体高度或选择"两点(2P)/轴端点(A)/顶面半径(T)"选项,结束命
                      令（输入 50,并按 Enter 键确认，结束命令，或输入选项对应的字母）
```

命令执行的结果如图 12.17 所示。

在命令执行过程中，命令行各选项的功能说明如下，读者可根据命令行的提示进行操作。

① 三点（3P）：选择此选项，指定 3 点来确定圆锥体的底面。

② 两点（2P）：选择此选项，指定两点来确定圆锥体的底面，两点的连线为圆锥体底面圆的直径。

图 12.17　绘制的圆锥体

③ 相切、相切、半径（T）：选择此选项，指定圆锥体底面圆的两个切点和半径来确定圆锥体的底面。

④ 椭圆（E）：选择此选项，创建底面为椭圆的圆锥体。

⑤ 直径（D）：选择此选项，输入直径确定圆锥体的底面。

⑥ 两点（2P）：选择此选项，指定两点来确定圆锥体的高。

⑦ 轴端点（A）：选择此选项，指定圆锥体轴的端点位置。

⑧ 顶面半径（T）：选择此选项，输入圆锥体顶面圆的半径。

5. "球体"命令

球体是建模过程中使用得较少的一种基本实体，但在创建滚动轴承、控制阀结构模型时，需要创建球体，在 AutoCAD 2016 中，执行"球体"命令的方法有以下两种。

（1）单击"默认"选项卡功能区"创建"面板中"长方体"按钮■（系统默认显示"长方体"按钮■或显示其他实体按钮时）下方的下拉按钮▼，在图 12.13 所示的下拉列表中，选择"球体"命令。

（2）在命令行窗口中输入"sphere"。

执行命令后，命令行提示如下。

```
命令：_sphere
指定中心点或[三点(3P)/两点(2P)/切点、切点、半径(T)]：
                    //指定球体的中心点或选择"三点(3P)/两点(2P)/切点、切点、半径
```

	(T)" 选项（在选定位置单击确定球体的中心点或输入选项对应的字母）
指定半径或[直径(D)] <20.0000>: 20	//指定球体的半径或选择 "直径(D)" 选项（输入 20，并按 Enter 键确认，结束命令或输入选项对应的字母）

在命令执行过程中，命令行各选项的功能说明如下，读者可根据命令行提示进行操作。

① 三点（3P）：选择此选项，指定 3 点来确定球体的大小和位置。

② 两点（2P）：选择此选项，指定两点来确定球体的大小和位置，两点的端点为球体一条直径的端点。

③ 相切、相切、半径（T）：选择此选项，指定球体表面的两个切点和半径来确定球体的大小和位置。

④ 直径（D）：选择此选项，指定球体的直径来确定球体的大小。

在 "线框" 视觉样式下，可通过系统变量 ISOLINES 控制实体的线框密度，即确定实体表面上的网格线数，以创建不同光滑程度的曲面，效果如图 12.18 所示。

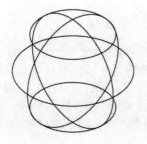　　　　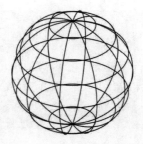

（a）ISOLINES=4（默认）　　　　（b）ISOLINES=10

图 12.18　系统变量 ISOLINES 不同值的效果

（七）布尔运算

通过对三维实体进行布尔运算可以创建各种复杂的实体对象。布尔运算有 3 种：并集运算、差集运算和交集运算。下面分别进行介绍。

微课：布尔运算

1. "并集" 命令

执行 "并集" 命令的方法有以下两种。

（1）单击 "默认" 选项卡功能区 "编辑" 面板中的 "并集" 按钮 。

（2）在命令行窗口中输入 "union"。

执行命令后，命令行提示如下。

命令: _union	
选择对象：指定对角点：找到 2 个	//选择对象（单击依次拾取或框选多个实体对象）
选择对象:	//结束对象的选择，结束命令（按 Enter 键确认，结束命令）

执行 "并集" 命令时必须至少选中两个实体对象才能进行操作。如果选中的多个实体对象没有实际相交，执行 "并集" 命令后，多个对象仍被视为一个实体对象。并集运算的效果如图 12.19 所示。

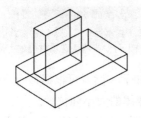 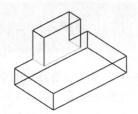

（a）原图　　　　　　　　　　　（b）并集运算后

图 12.19　并集运算

2. "差集" 命令

执行 "差集" 命令的方法有以下两种。

（1）单击 "默认" 选项卡功能区 "编辑" 面板中的 "差集" 按钮。

（2）在命令行窗口中输入 "subtract"。

执行命令后，命令行提示如下。

```
命令：_subtract
选择要从中减去的实体、曲面和面域...

选择对象：找到 1 个                    //选择要从中减去的实体、曲面和面域（单击被减去的对象）
                                      //结束对象的选择（按 Enter 键结束对象的选择）
选择对象： 选择要减去的实体、曲面和面域…  //选择要减去的实体、曲面和面域（单击减去的对象）
选择对象：找到 1 个                    //结束对象的选择，命令结束（按 Enter 键结束对象的选择
                                        并结束命令）
```

差集运算的效果如图 12.20 所示。

在差集运算过程中，如果被减去的实体与减去的实体没有相交，则被减去的实体将会被删除。

3. "交集" 命令

执行 "交集" 命令的方法有以下两种。

（1）单击 "默认" 选项卡功能区 "编辑" 面板中的 "交集" 按钮。

（2）在命令行窗口中输入 "intersect"。

执行命令后，命令行提示如下。

```
命令：_intersect
选择对象：找到 1 个              //选择执行 "交集" 命令的对象（依次单击对象或框选对象）
选择对象：找到 1 个，总计 2 个    //结束对象的选择，命令结束（按 Enter 键，结束对象的选择，结束命令）
```

交集运算的效果如图 12.21 所示。

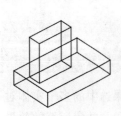 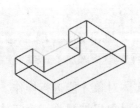 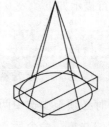

（a）原图　　　　（b）差集运算后　　　　　　（a）原图　　　　（b）交集运算后

图 12.20　差集运算　　　　　　　　　图 12.21　交集运算

交集运算用于创建多个实体间相交的实体部分，如果被选中的多个实体间没有相交，则执行"交集"命令后，被选中的多个实体均会被删除。

三、项目实施

（一）新建文件

启动 AutoCAD 2016，进入"三维基础"工作空间界面，新建一个图形文件，文件命名为"图 12.1"。

（二）设置绘图环境

在"默认"选项卡功能区"图层和视图"面板中的"三维导航"下拉列表 ◆ 西南等轴测 ▼
中，选择"西南等轴测"标准视图。

（三）三维建模

绘制图 12.1 所示简单组合体三维模型的操作步骤如下。

1. 绘制底板

单击"默认"选项卡功能区"创建"面板中的"长方体"按钮■。

命令行提示如下。

```
命令: _box
指定第一个角点或[中心(C)]:        //指定长方体底面的第一个角点（在绘图窗口中的合适位置单击）
指定其他角点或[立方体(C)/长度(L)]:_l
                                //选择根据长方体的长、宽、高绘制长方体（输入 L 并按 Enter 键确认）
指定长度: 40                     //指定长方体的长度（调整鼠标指针，在追踪线与 X 轴平行时输入 40 并按
                                  Enter 键确认）
指定宽度: 24                     //指定长方体的宽度（输入 24 并按 Enter 键确认）
指定高度或[两点(2P)]: 8           //指定长方体的高度，结束命令（输入 8 并按 Enter 键确认，结束命令）
```

执行"直线"命令，在长方体后底边位置绘制线段 AB，在长方体左下边位置绘制线段 AC；执行"偏移"命令，将线段 AB 向前偏移 18，将线段 AC 向右分别以偏移距离 6 和 34 各偏移一次，线段 AB 偏移所得线段与线段 AC 偏移所得两线段的交点为 D 和 E。

执行"圆柱"命令，命令行提示如下。

```
命令: _cylinder
指定底面的中心点或[三点(3P)/两点(2P)/切点、切点、半径(T)/椭圆(E)]:
                                     //指定底面的中心点（单击拾取点 D）
指定底面半径或[直径(D)]: 3            //指定圆柱体底面的半径（输入 3 并按 Enter 键确认）
指定高度或[两点(2P)/轴端点(A)] <20.0000>: 8   //指定圆柱体的高度（输入 8 并按 Enter 键确认，结束命令）
```

用相同的方法在交点 *E* 处绘制一个圆柱，也可执行"复制"命令绘制圆柱。

执行"差集"命令，命令行提示如下。

```
命令：_subtract
选择要从中减去的实体、曲面和面域…
                        //选择要从中减去的实体、曲面和面域（单击要被减去的长方体）
选择对象：找到 1 个     //结束对象的选择（按 Enter 键结束对象的选择）
选择对象：  选择要减去的实体、曲面和面域…
                        //选择要减去的实体、曲面和面域（单击要减去的圆柱体）
选择对象：找到 1 个     //继续选择对象（单击要减去的另一个圆柱体）
选择对象：找到 2 个     //结束对象的选择，命令结束（按 Enter 键结束对象的选择并结束命令）
```

绘制结果如图 12.22 所示。

2．绘制后板

执行"长方体"命令，在底板附近绘制长为 20，宽为 7，高为 22 的长方体。

执行"移动"命令，以线段 *FG* 的中点为基点，以线段 *AB* 的中点为第二点，将所绘制的长方体移动到合适位置，结果如图 12.23 所示。

单击"默认"选项卡功能区"坐标"面板中"X"按钮，命令行提示如下。

```
当前 UCS 名称：*没有名称*
指定 UCS 的原点或 [面(F)/命名(NA)/对象(OB)/上一个(P)/视图(V)/世界(W)/X/Y/Z/Z 轴(ZA)] <世界>：_x
                        //（系统自动选择"x"选项）
指定绕 X 轴的旋转角度 <90>：   //指定绕 X 轴的旋转角度（输入 90 并按 Enter 键确认，结束命令）
```

执行"直线"命令，连接线段 *FG* 绘制一条线段。

执行"偏移"命令，将线段 *FG* 向上偏移 12，偏移复制一条线段 *HJ*（需要特别注意的是，"偏移"命令只有在 *XY* 平面中执行才能得到预期结果）。

执行"圆柱体"命令，以线段 *HJ* 的中点为圆心，以 5 为半径，以 7 为高度绘制一个圆柱体。

执行"差集"命令，从长方体中减去圆柱体，结果如图 12.24 所示。

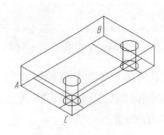
图 12.22　绘制的底板

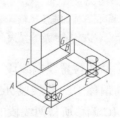
图 12.23　绘制的后板 1

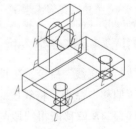
图 12.24　绘制的后板 2

3．绘制两肋板

单击"默认"选项卡功能区"坐标"面板中的"世界坐标系"按钮，将用户坐标系还原为世界坐标系。

单击"默认"选项卡功能区"创建"面板中"长方体"按钮下方的下拉按钮，在弹出的下拉列表中选择"楔体"命令，命令行提示如下。

```
命令：_wedge
指定第一个角点或[中心(C)]：                  //指定楔体底面的第一个角点（在图 12.24 所示模型附近单击）
指定其他角点或[立方体(C)/长度(L)]：_l        //选择根据楔体的长、宽、高绘制楔体（输入 L 并按 Enter 键确认）
指定长度 <60.0000>：10                      //指定楔体的长度（调整鼠标指针，在追踪线与 X 轴平行时输入
                                              10 并按 Enter 键确认）
指定宽度 <40.0000>：5                       //指定楔体的宽度（输入 5 并按 Enter 键确认）
指定高度或[两点(2P)] <20.0000>：22          //指定楔体的高度，结束命令（输入 22 并按 Enter 键确认，结
                                              束命令）
```

完成右肋板的绘制，如图 12.25 所示。

执行"移动"命令，将所绘肋板移动到合适位置。

单击"默认"选项卡功能区"坐标"面板中"X"按钮下方的下拉按钮，在弹出的下拉列表中选择"Z"命令，命令行提示如下。

```
命令：_ucs
当前 UCS 名称：*世界*
指定 UCS 的原点或[面(F)/命名(NA)/对象(OB)/上一个(P)/视图(V)/世界(W)/X/Y/Z/Z 轴(ZA)] <世界>：_z
                                              //（系统自动选择"Z"选项）
指定绕 Z 轴的旋转角度 <90>：180             //指定绕 Z 轴的旋转角度（输入 180 并按 Enter 键确认，结束命令）
```

命令结束，建立另一个用户坐标系。

执行"楔体"命令和"移动"命令，按前述方法完成左肋板的绘制，结果如图 12.26 所示。

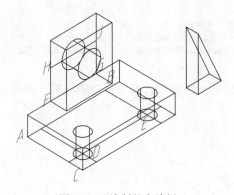

图 12.25　绘制的右肋板

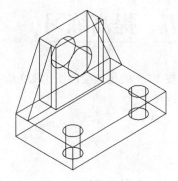

图 12.26　绘制的左肋板

单击"默认"选项卡功能区"编辑"面板中的"并集"按钮，命令行提示如下。

```
命令：_union
选择对象：指定对角点：找到 4 个 //选择对象（单击依次拾取底板、后板和两个肋板，或一次框选全部实体对象）
选择对象：                        //结束对象的选择，结束命令（按 Enter 键确认，结束命令）
```

至此完成全图，结果如图 12.26 所示。

4. 保存文件

将文件保存。

四、检测练习

（1）按 1∶1 的比例绘制图 12.27 所示的简单组合体的三维模型，要求：建模准确，图形正确，不标注尺寸。

（2）按 1∶1 的比例绘制图 12.28 所示的简单组合体的三维模型，要求：建模准确，图形正确，不标注尺寸。

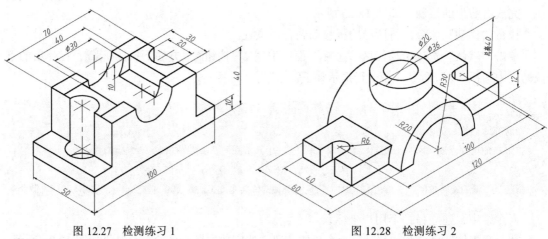

图 12.27　检测练习 1　　　　　　　　　　　图 12.28　检测练习 2

五、提高练习

按 1∶1 的比例绘制图 12.29 所示的简单组合体的三维模型，要求：建模准确，图形正确，不标注尺寸。

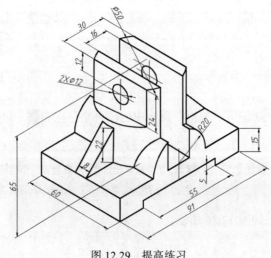

图 12.29　提高练习

项目十三

复杂组合体三维建模

【能力目标】

- 能够运用"倒角""圆角""剖切""加厚"等实体编辑命令编辑三维实体。
- 能够运用"面域""拉伸""旋转"等实体编辑命令将二维对象创建成三维实体。
- 综合运用三维建模和实体编辑命令进行复杂组合体的三维建模。

【知识目标】

- 掌握"倒角""圆角""剖切""加厚"等实体编辑命令的操作方法。
- 掌握"面域""拉伸""旋转"等实体编辑命令的操作方法。
- 了解"扫掠""放样""截面"等实体编辑命令的操作方法。
- 了解常用实体系统变量的设置方法。

一、项目导入

按 1∶1 的比例绘制图 13.1 所示的复杂组合体的三维模型，要求：建模准确，图形正确，不标注尺寸。

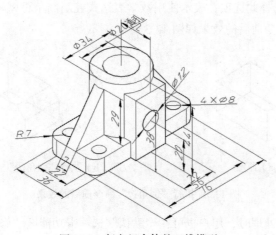

图 13.1 复杂组合体的三维模型

二、项目知识

（一）"倒角边"命令和"圆角边"命令

"倒角边"命令和"圆角边"命令是 AutoCAD 2016 的新增功能，可以用来编辑三维实体的边。

1."倒角边"命令

在 AutoCAD 2016 中，执行"倒角边"命令的方法有以下两种。

（1）在"默认"选项卡功能区"编辑"面板的下拉菜单中如图 13.2 所示，单击"倒角边"按钮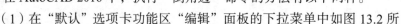。

微课："倒角边"命令

（2）在命令行窗口中输入"chamferedge"。

执行"倒角边"命令后，命令行提示如下。

图 13.2　"编辑"面板下拉菜单

```
命令: _chamferedge
距离 1 = 10.0000, 距离 2 = 10.0000
选择一条边或[环(L)/距离(D)]: d                          //选择"距离(D)"选项（输入 D 并按 Enter 键确认）
指定距离 1 或[表达式(E)] <10.0000>: 10                  //指定基面倒角距离（输入 10 并按 Enter 键确认）
指定距离 2 或[表达式(E)] <10.0000>: 10                  //指定基面倒角距离（输入 10 并按 Enter 键确认）
选择一条边或[环(L)/距离(D)]:                            //选择实体的第一条棱线（单击实体的一条棱线）
选择同一个面上的其他边或[环(L)/距离(D)]:                 //再次选择要进行倒角的边或结束边的选择（按 Enter 键结
                                                       束边的选择）
按 Enter 键接受倒角或[距离(D)]:                         //确认是否接受倒角（按 Enter 键，确定接受倒角）
```

在命令执行过程中，命令行各选项的功能说明如下。

① 环（L）：选择此选项，表示一次选择基面上的所有边。

② 距离（D）：选择此选项，指定基面的倒角距离。

③ 表达式（E）：选择此选项，表示使用数学表达式控制倒角距离。

执行"倒角边"命令前后的效果如图 13.3 所示。

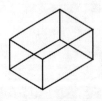
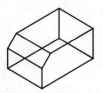

（a）原图　　　　　　　　　　　（b）执行"倒角边"命令后的效果

图 13.3　执行"倒角边"命令前后的效果

在对实体进行倒角处理时，用户也可在"默认"选项卡功能区"修改"面板下拉菜单中单击"倒角"按钮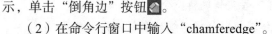，执行"倒角"命令对实体进行倒角处理。

2. "圆角边"命令

在 AutoCAD 2016 中，执行"圆角边"命令的方法有以下两种。

（1）在"默认"选项卡功能区"编辑"面板的下拉菜单中单击"圆角边"按钮。

（2）在命令行窗口中输入"filletedge"。

执行命令后，命令行提示如下。

```
命令：_filletedge
半径 = 1.0000
选择边或[链(C)/环(L)/半径(R)]: R            //选择"半径(R)"选项（输入 R 并按 Enter 键确认）
输入圆角半径或[表达式(E)] <1.0000>: 10       //指定圆角半径（输入 10 并按 Enter 键确认）
选择边或[链(C)/环(L)/半径(R)]:              //选择实体上的第一条棱线（单击实体的一条棱线）
选择边或[链(C)/环(L)/半径(R)]:              //再次选择要进行圆角的边或结束边的选择（按 Enter 键结
                                            束边的选择）

已选定 1 个边用于圆角。
按 Enter 键接受圆角或[半径(R)]:             //确认是否接受圆角（按 Enter 键，确定接受圆角）
```

在命令执行过程中，命令行各选项的功能说明如下。

① 链（C）：选择此选项，当选择三维对象的一条边时，同时选择与其相切的边。

② 环（L）：选择此选项，表示在实体的面上指定边的环。

③ 半径（R）：选择此选项，可重新设置圆角的半径。

④ 表达式（E）：选择此选项，表示使用数学表达式控制倒角距离。

执行"圆角边"命令前后的效果如图 13.4 所示。

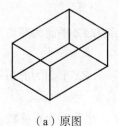

（a）原图　　　　　　　　　　（b）执行"圆角边"命令后的效果

图 13.4　执行"圆角边"命令前后的效果

在对实体进行圆角处理时，也可在"默认"选项卡功能区"修改"面板下拉菜单中单击"圆角"按钮，执行"圆角"命令对实体进行圆角处理。

（二）"剖切"命令

剖切是指通过剖切或分割现有对象，创建新的三维实体和曲面，在 AutoCAD 2016 中，执行"剖切"命令的方法有以下两种。

（1）在"默认"选项卡功能区"编辑"面板下拉菜单中单击"剖切"按钮。

（2）在命令行窗口中输入"slice"。

执行命令后，命令行提示如下。

```
命令: _slice
选择要剖切的对象: 找到1个        //选择要剖切的对象（选择要进行剖切的实体对象）
选择要剖切的对象:                //结束对象的选择（按Enter键确认，结束对象的选择）
指定切面的起点或[平面对象(O)/曲面(S)/z轴(Z)/视图(V)/xy(XY)/yz(YZ)/zx(ZX)/三点(3)] <三点>:
                              //指定切面的起点或选择"平面对象(O)/曲面(S)/z轴(Z)/视图(V)/xy(XY)/
                                yz YZ)/ zx(ZX)/三点(3)"功能选项（输入3并按Enter键确认或直接按
                                Enter键确认，选择"三点<3>"默认选项）
指定平面上的第一个点:            //指定实体平面上的第一个点（单击拾取实体的棱线中点A）
指定平面上的第二个点:            //指定实体平面上的第二个点（单击拾取实体的棱线中点B）
指定平面上的第三个点:            //指定实体平面上的第三个点（单击拾取实体的棱线中点C）
在所需的侧面上指定点或[保留两个侧面(B)] <保留两个侧面>:
                              //确定在所需保留部分实体的侧面上指定点（单击拾取实体右下角拐点）
```

在命令执行过程中，命令行各选项的功能说明如下。

① 平面对象（O）：选择此选项，将指定圆、椭圆、圆弧、椭圆弧、二维样条曲线或二维多段线为剪切面。

② 曲面（S）：选择此选项，将剪切平面与选定的曲面对齐。

③ Z轴（Z）：选择此选项，由在平面上指定的一点和在平面的 Z 轴（法线方向）上指定另一点来定义剪切平面。

④ 视图（V）：选择此选项，将指定当前视口的视图平面为剪切平面，指定一点来定义剪切平面的位置。

⑤ XY 平面（XY）：选择此选项，将指定当前用户坐标系的 XY 平面为剪切平面，指定一点来定义剪切平面的位置。

⑥ YZ 平面（YZ）：选择此选项，将指定当前用户坐标系的 YZ 平面为剪切平面，指定一点来定义剪切平面的位置。

⑦ ZX 平面（ZX）：选择此选项，将指定当前用户坐标系的 ZX 平面为剪切平面，指定一点来定义剪切平面的位置。

⑧ 三点（3）：选择此选项，将指定三点来定义剪切平面，此选项为系统默认的定义剪切面的选项。

⑨ 保留两个侧面（B）：选择此选项，将剖切实体的两侧均保留。

执行"剖切"命令前后的效果如图 13.5 所示。

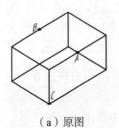

（a）原图

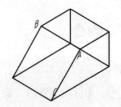

（b）执行"剖切"命令后的效果

图 13.5 执行"剖切"命令前后的效果

（三）"面域"命令

面域是使用形成闭合环的对象创建的二维闭合区域。环可以是线段、多段线、圆、圆弧、椭圆、椭圆弧和样条曲线的组合。组成环的对象必须闭合或通过与其他对象共享端点而形成闭合的区域。执行"面域"命令的方法是在命令行窗口中输入"region"。

如果用户在"三维建模"工作空间界面中创建面域，也可在"默认"选项卡功能区"绘图"面板的下拉菜单中单击"面域"按钮 ⊙，以执行"面域"命令。

执行命令后，命令行提示如下。

```
命令：_region
选择对象：指定对角点：找到 4 个           //选择要执行"面域"命令的对象（框选长方形线框或依次单击长方形
线框各边）
选择对象：                               //继续选择要拉伸的对象或结束对象的选择且结束命令（按 Enter 键结束
                                            对象的选择，结束命令）

已提取 1 个环。（系统自动执行）
已创建 1 个面域。（系统自动执行）
```

执行"面域"命令前后的效果如图 13.6 所示。

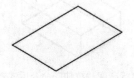 

（a）原图（封闭线框）　　　　（b）执行"面域"命令后的效果（"着色"视角样式）

图 13.6　执行"面域"命令前后的效果

（四）通过二维图形创建实体

在 AutoCAD 2016 中，通过拉伸二维轮廓曲线或者将二维曲线沿指定轴旋转，可以创建出三维实体。在 AutoCAD 2016 中使用"拉伸""旋转""扫掠""放样"等命令，也可以将二维图形创建成三维实体。

微课："拉伸"命令

1．"拉伸"命令

执行"拉伸"命令可以将二维对象沿 Z 轴或者某个方向拉伸生成实体。被拉伸的对象可以是任何二维封闭多段线、圆、椭圆、封闭样条曲线和面域。在 AutoCAD 2016 中，执行"拉伸"命令的方法有以下两种。

（1）在"默认"选项卡功能区的"创建"面板中，单击"拉伸"按钮 ⊡。

（2）在命令行窗口中输入"extrude"。

执行命令后，命令行提示如下

```
命令：_extrude
当前线框密度：  ISOLINES=4，闭合轮廓创建模式 = 实体
选择要拉伸的对象或[模式(MO)]：_mo 闭合轮廓创建模式[实体(SO)/曲面(SU)] <实体>：_so
                                        //（系统自动执行）
```

选择要拉伸的对象或[模式(MO)]：找到 1 个	//选择要拉伸的对象（单击要拉伸的对象）
选择要拉伸的对象或[模式(MO)]：	//继续选择要拉伸的对象或结束对象的选择（按 Enter 键结束对象的选择）
指定拉伸的高度或[方向(D)/路径(P)/倾斜角(T)/表达式(E)] <40.0000>：20	//指定拉伸的高度或选择"[方向(D)/路径(P)/倾斜角(T)/表达式(E)]"选项（输入 20 并按 Enter 键结束命令）

在命令执行过程中，命令各选项的功能说明如下。

① 模式（MO）：选择此选项，控制拉伸对象是实体还是曲面，曲面会被拉伸为 NURBS 曲面或程序曲面，具体取决于 SURFACE MODE LING MODE 系统变量的值。

② 方向（D）：选择此选项，通过指定两个点来确定拉伸的高度和方向。

③ 路径（P）：选择此选项，将指定基于选定对象的拉伸路径，路径将移动到轮廓的质心，然后沿选定路径拉伸选定对象的轮廓以创建实体或曲面。

④ 倾斜角（T）：选择此选项，输入拉伸对象时倾斜的角度。

⑤ 表达式（E）：选择此选项，输入公式或方程式以指定拉伸高度。

执行高度"拉伸"命令前后的效果如图 13.7 所示。

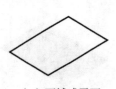
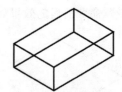

（a）面域或平面　　　　　　　　　　（b）执行高度"拉伸"命令后的效果

图 13.7　执行高度"拉伸"命令前后的效果

在执行"拉伸"命令的过程中，"路径（P）"选项为常用选项，当命令行提示"指定拉伸的高度或[方向(D)/路径(P)/倾斜角(T)/表达式(E)]"时，若输入"P"选择"路径（P）"选项，命令行提示如下。

选择拉伸路径或[倾斜角(T)]：	//选择拉伸路径并结束命令（单击路径对象，同时结束命令）

执行路径"拉伸"命令前后的效果如图 13.8 所示。

（a）面域（或平面）和路径对象　　　　（b）路径"拉伸"后的效果

图 13.8　执行路径"拉伸"命令前后的效果

2. "旋转"命令

使用"旋转"命令可以将二维图形绕指定的轴旋转来生成三维实体。
在 AutoCAD 2016 中,执行"旋转"命令的方法有以下两种。

微课:"旋转"命令

(1)在"默认"选项卡功能区的"创建"面板中,单击"旋转"按钮。
(2)在命令行窗口中输入"revolve"。

执行"旋转"命令后,命令行提示如下。

```
命令: _revolve
当前线框密度:  ISOLINES=4,闭合轮廓创建模式 = 实体
选择要旋转的对象或[模式(MO)]: _mo 闭合轮廓创建模式[实体(SO)/曲面(SU)] <实体>: _so
                       //(系统自动执行)
选择要旋转的对象或[模式(MO)]: 找到 1 个  //选择要旋转的对象(单击要拉伸的对象)
选择要旋转的对象或[模式(MO)]:      //继续选择要旋转的对象或结束对象的选择(按 Enter 键结束对象的选择)
指定轴起点或根据以下选项之一定义轴[对象(O)/X/Y/Z] <对象>:
                       //指定旋转轴起点或定义旋转轴[输入字母 O 选择"对象(O)"选项
                        或按 Enter 键选择默认的"<对象>"选项,后者较为方便]
选择对象:              //选择旋转轴对象(单击已绘制的旋转轴)
指定旋转角度或[起点角度(ST)/反转(R)/表达式(EX)] <360>:
                       //指定旋转角度(输入 360 并按 Enter 键确认或直接按 Enter 键确认)
```

在命令执行过程中,"指定轴起点"是指以指定旋转轴的第一、第二个端点确定一条旋转轴,轴的正方向从第一点指向第二点,其他选项的功能如下。

① 模式(MO):选择此选项,控制拉伸对象是实体还是曲面,曲面会被拉伸为 NURBS 曲面或程序曲面,具体取决于 SURFACE MODE LING MODE 系统变量的值。

② 对象(O):选择此选项,选择现有的线段或多段线中的单条线段定义轴,这个对象将绕该轴旋转。

③ X:选择此选项,使用当前用户坐标系的 X 轴正方向作为轴的正方向。

④ Y:选择此选项,使用当前用户坐标系的 Y 轴正方向作为轴的正方向。

⑤ Z:选择此选项,使用当前用户坐标系的 Z 轴正方向作为轴的正方向。

⑥ 起点角度(ST):选择此选项,表示为从旋转对象所在平面开始的旋转指定偏移角度,可以拖动鼠标指针来指定和预览对象的起点角度。

⑦ 反转(R):选择此选项,表示更改旋转方向;类似于输入负角度值,右侧的旋转对象显示按照与左侧对象相同的角度旋转,但使用"反转"选项的样条曲线。

⑧ 表达式(EX):用于指定是通过输入公式还是方程式来指定旋转角度。

执行"旋转"命令前后的效果如图 13.9 所示。

(a)面域(或平面)和旋转轴   (b)执行"旋转"命令后的效果

图 13.9 执行"旋转"命令前后的效果

（五）"放样"命令

"放样"命令是指在若干横截面之间的空间中创建三维实体或曲面，横截面定义了结果实体或曲面的形状。放样所需横截面的数量不少于 2，放样的横截面可以是开放或闭合的平面或非平面，也可以是边子对象。开放的横截面可用于创建曲面，闭合的横截面可用于创建实体或曲面（具体取决于指定的模式）。在 AutoCAD 2016 中，执行"放样"命令的方法有以下两种。

微课："放样"命令

（1）在"默认"选项卡功能区的"创建"面板中，单击"放样"按钮 。
（2）在命令行窗口中输入"loft"。

执行"放样"命令后，命令行提示如下。

```
命令：_loft
当前线框密度： ISOLINES=4，闭合轮廓创建模式 = 实体
按放样次序选择横截面或[点(PO)/合并多条边(J)/模式(MO)]：_mo 闭合轮廓创建模式 [实体(SO)/曲面
(SU)] <实体>：_so      //（系统自动执行）
按放样次序选择横截面或[点(PO)/合并多条边(J)/模式(MO)]：找到 1 个
                        //按放样次序选择横截面（单击对象 A）
按放样次序选择横截面或[点(PO)/合并多条边(J)/模式(MO)]：找到 1 个，总计 2 个
                        //按放样次序选择横截面（单击对象 B）
按放样次序选择横截面或[点(PO)/合并多条边(J)/模式(MO)]：找到 1 个，总计 3 个
                        //按放样次序选择横截面（单击对象 C）
按放样次序选择横截面或[点(PO)/合并多条边(J)/模式(MO)]：
                        //结束对象的选择（按 Enter 键结束对象的选择）
选中了 3 个横截面
输入选项[导向(G)/路径(P)/仅横截面(C)/设置(S)] <仅横截面>：
                        //选择"放样"选项或选择"仅横截面(C)"默认选项[输入 C 并按 Enter 键选择"仅横截面
                        (C)"选项，或按 Enter 键直接选择"仅横截面(C)"默认选项]
```

在命令执行过程中，命令各选项的功能说明如下。

① 点（PO）：选择此选项，表示指定放样操作的第一个点或最后一个点，如果以"点"选项开始，接下来就必须选择闭合曲线。

② 合并多条边（J）：选择此选项，将多个端点相交的边处理为一个横截面。

③ 模式（MO）：选择此选项，选择放样对象是实体还是曲面。

④ 导向（G）：选择此选项，指定放样实体或曲面形状的导向曲线，可以使用导向曲线来控制点匹配相应的横截面的方式，防止出现不希望看到的效果（如结果实体或曲面中的皱褶）。

⑤ 路径（P）：选择此选项，指定放样实体或曲面的单一路径，路径曲线必须与横截面的所有平面相交。

⑥ 仅横截面（C）：选择此选项，在不使用导向或路径的情况下，创建放样对象。

⑦ 设置（S）：选择此选项，系统将弹出"放样设置"对话框，用户可以对横截面上的曲面进行设置。

执行"放样"命令前后的效果（开放和闭合两种情况）如图 13.10 所示。

（a）开放和闭合线框　　　　　（b）执行"放样"命令后的效果

图 13.10　执行"放样"命令前后的效果

（六）"扫掠"命令

"扫掠"命令是通过沿开放或闭合路径扫掠二维对象或子对象来创建三维实体或三维曲面的。开口对象可以创建为三维曲面，封闭区域的对象可以创建为三维实体或三维曲面。

微课："扫掠"命令

在 AutoCAD 2016 中，执行"放样"命令的方法有以下两种。

（1）在"默认"选项卡功能区的"创建"面板中，单击"扫掠"按钮 。

（2）在命令行窗口中输入"sweep"。

执行"扫掠"命令后，命令行提示如下。

```
命令：_sweep
当前线框密度： ISOLINES=4，闭合轮廓创建模式 = 实体
选择要扫掠的对象或[模式(MO)]：_mo 闭合轮廓创建模式[实体(SO)/曲面(SU)] <实体>：_so
                                      //（系统自动执行）
选择要扫掠的对象或[模式(MO)]：找到 1 个      //选择要扫掠的对象（单击要扫掠的对象）
选择要扫掠的对象或[模式(MO)]：            //结束扫掠对象的选择( 按 Enter 键结束对象的选择 )
选择扫掠路径或[对齐(A)/基点(B)/比例(S)/扭曲(T)]：//选择扫掠路径，结束命令（单击扫掠路径对象,结束命令）
```
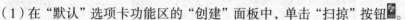

在命令执行过程中，各命令选项的功能说明如下。

① 模式（MO）：选择此选项，控制扫掠动作是创建实体还是创建曲面，系统会将曲面扫掠为 NURBS 曲面或程序曲面，具体取决于 SURFACE MODE LING MODE 系统变量的值。

② 实体（SO）：选择此选项，表示扫掠动作创建的是实体。

③ 曲面（SU）：选择此选项，表示扫掠动作创建的是曲面。

④ 对齐（A）：选择此选项，指定是否对齐轮廓以使其作为扫掠路径切向的法线，如果轮廓与路径起点的切向不垂直（法线未指向路径起点的切向方向），则轮廓将自动对齐。

⑤ 基点（B）：选择此选项，指定要扫掠对象的基点。

⑥ 比例（S）：选择此选项，指定比例因子以进行扫掠操作，从扫掠路径的开始到结束，比

例因子将统一应用到扫掠的对象上。

⑦ 扭曲（T）：选择此选项，表示设置正被扫掠的对象的扭曲角度，扭曲角度指定沿扫掠路径全部长度的旋转量。

执行"扫掠"命令前后的效果如图 13.11 所示。

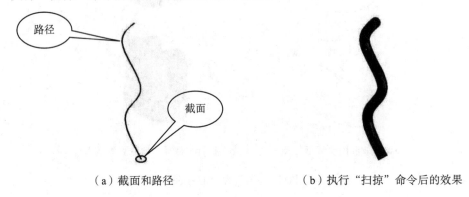

（a）截面和路径　　　　　　　　　（b）执行"扫掠"命令后的效果

图 13.11　执行"扫掠"命令前后的效果

（七）"截面"命令

"截面"命令可利用平面和实体的交集创建面域或创建穿过实体的横截面。通常指定 3 个点定义横截面，也可以通过其他对象、当前视图、Z 轴、XY 平面、YZ 平面或 ZX 平面来定义横截面。横截面将被放置在当前图层上。执行"截面"命令的方法是在命令行窗口中输入"section"。

微课："截面"命令

如果在"三维建模"工作空间界面中创建截面，也可在"默认"选项卡功能区的"截面"面板中，单击"截面平面"按钮 。

执行"截面"命令后，命令行提示如下。

```
命令：_section
选择对象：找到 1 个        //选择实体对象（单击要创建截面的实体对象）
选择对象：               //继续选择实体对象或结束对象的选择（按 Enter 键确认，结束对象的选择）
指定 截面 上的第一个点，依照[对象(O)/Z 轴(Z)/视图(V)/XY(XY)/YZ(YZ)/ZX(ZX)/三点(3)] <三点>：
                        //指定截面上的第一个点或选择"对象(O)/Z 轴(Z)/视图(V)/XY(XY)/YZ(YZ)/ZX
                        (ZX)/三点(3)"选项[输入 3 并按 Enter 键确认，选择"三点(3)"选项或直接按
                        Enter 键选择"三点(3)"默认选项]
指定平面上的第一个点：     //指定平面上的第一个点（单击拾取实体棱线中点 A）
指定平面上的第二个点：     //指定平面上的第二个点（单击拾取实体棱线中点 B）
指定平面上的第三个点：     //指定平面上的第三个点，结束命令（单击拾取实体棱线中点 C，结束命令）
```

在命令执行过程中，各选项的功能说明如下。

① 对象（O）：选择此选项，将截面平面与圆、椭圆、圆弧、椭圆弧、二维样条曲线或二维多段线对齐。

② Z 轴（Z）：选择此选项，指定截面上的一点及该平面的 Z 轴或法线上的另一点来定义截面平面。

③ 视图（V）：选择此选项，将截面平面与当前视口的视图平面对齐，指定一点以定义截面的位置。

④ XY（XY）、YZ（YZ）、ZX（ZX）：选择相应选项，将截面平面与当前用户坐标系的 *XY*、*YZ*、*ZX* 平面对齐，指定一点以定义截面的位置。

⑤ 三点（3）：选择此选项，使用"三点"法定义截面平面

执行"截面"命令前后的效果如图 13.12 所示。

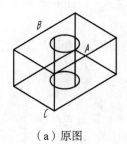
（a）原图

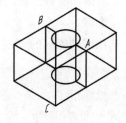
（b）执行"截面"命令后的效果

图 13.12　执行"截面"命令前后的效果

三、项目实施

（一）新建文件

启动 AutoCAD 2016，进入"三维基础"工作空间界面，新建一个图形文件，文件命名为"图 13.1"。

（二）设置绘图环境

在"默认"选项卡功能区"图层与视图"面板中的"三维导航"下拉列表 ◆ 西南等轴测　▼ 中，选择"西南等轴测"标准视图。

（三）三维建模

创建图 13.1 所示复杂组合体的三维模型，要求：建模准确，图形正确，不标注尺寸。

操作步骤如下。

1. 绘制底座

在"默认"选项卡功能区的"绘图"面板中，单击"多边形"按钮右边的下拉按钮 ▼ ，在弹出的下拉列表中，选择"矩形"命令，绘制一个长为 76，宽为 36，并且圆角半径为 7 的矩形。

在"默认"选项卡功能区的"绘图"面板中，单击"直线"按钮 ，利用"中点"捕捉功

能，分别连接矩形两对边的中点，绘制两条辅助线段 AB 和 CD。

在"默认"选项卡功能区的"修改"面板中，单击"偏移"按钮▦，执行"偏移"命令，将线段 AB 和 CD 分别以偏移距离 11 和 28 向前后、左右偏移，得到两两相交的 4 条辅助线段，交点分别为 1、2、3 和 4。

在"默认"选项卡功能区的"绘图"面板下拉菜单中，单击"圆"按钮，分别以交点 1、2、3 和 4 为圆心绘制直径为 8 的 4 个圆，结果如图 13.13 所示。

删除线段 AB 和偏移所得的辅助线，在命令行窗口中输入"region"，将矩形和 4 个圆共 5 个对象转化为 5 个面域。

在"默认"选项卡功能区的"创建"面板中，单击"拉伸"按钮▦，命令行提示如下。

```
命令: _region
当前线框密度: ISOLINES=4,闭合轮廓创建模式 = 实体
选择要拉伸的对象或[模式(MO)]: _mo闭合轮廓创建模式[实体(SO)/曲面(SU)] <实体>: _so
选择要拉伸的对象或[模式(MO)]: 找到5个
                        //选择要拉伸的对象（框选所有要拉伸的对象或用鼠标依次单击要拉伸的对象）
选择要拉伸的对象或[模式(MO)]: //结束对象的选择（按 Enter 键，结束对象的选择）
指定拉伸的高度或[方向(D)/路径(P)/倾斜角(T)/表达式(E)] <40.0000>: 10
                        //指定拉伸的高度（输入 10 并按 Enter 键，结束命令）
```

得到一个高度为 10 的长方体和 4 个高度为 10 的圆柱体。

执行"差集"命令，选择长方体作为"从中减去的实体"，选择 4 个圆柱体作为"要减去的实体"，结果如图 13.14 所示。

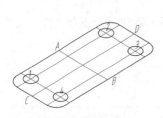

图 13.13　绘制底面截面

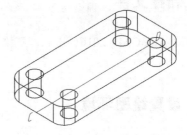

图 13.14　绘制底座

2. 绘制圆筒

执行"圆柱体"命令，以辅助线段 CD 的中点为圆心，创建底圆半径为 10 和 17，高度为 44 的两个圆柱体。

执行"差集"命令，选择底板和底圆半径为 17 的圆柱体这两个实体作为从中减去的实体，选择半径为 10 的圆柱体作为"要减去的实体"，从底板和底圆半径为 17 的圆柱体两个实体中共同减去半径为 10 的圆柱体，结果如图 13.15 所示。

3. 绘制左右肋板

执行"偏移"命令，将线段 CD 向后偏移 3.5（肋板厚度一半），偏移复制出另一条辅助线 EF。

在命令行窗口中输入"section"，按 Enter 键确认，命令行提示如下。

命令: _section
选择对象: 找到 1 个　　　　　　∥选择实体对象（单击图 13.15 所示的实体对象）
选择对象: 　　　　　　　　　　∥结束对象的选择（按 Enter 键确认, 结束对象的选择）
指定截面上的第一个点, 依照 [对象(O)/Z轴(Z)/视图(V)/XY(XY)/YZ(YZ)/ZX(ZX)/三点(3)] <三点>:
　　　　　　　　　　　　　　　∥选择截面创建方式（输入 ZX 按 Enter 键确认, 选择 ZX 坐标平面）
指定 ZX 平面上的点 <0,0,0>: 　∥指定 ZX 平面上的点（拾取点 E）
指定平面上的第三个点: 　　　　∥指定平面上的第三个点, 结束命令（单击拾取实体上的点 E, 同时结束命令）

命令结束后, 系统创建出过点 E 且平行于 ZX 坐标平面的截面。

执行"分解"命令, 将创建的截面分解为若干线段; 执行"复制"命令, 以偏移距离为 29, 将线段 GJ 向上复制出一条线段, 与截面线交点为 H; 执行"直线"命令, 连接 G 和 H 两点与 J 和 H 点; 执行"面域"命令, 将线框 GHJ 转换成平面。

执行"拉伸"命令, 将 GHJ 平面以高度 7 拉伸为"三棱柱"。

运用相同的方法完成右肋板的绘制, 结果如图 13.16 所示。用户也可用"三维镜像"命令完成另一肋板。

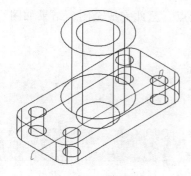

图 13.15　绘制圆筒

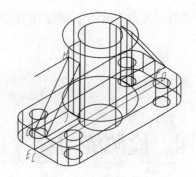

图 13.16　绘制左右肋板

执行"并集"命令, 将所有实体合并。

4. 绘制前方长方体

在"坐标"面板中, 单击"世界"按钮，执行"WCS"命令, 将当前坐标系还原为世界坐标系。

执行"直线"命令, 在底板前底边棱线位置绘制一条与实体棱边重合的辅助线段（为后面移动对象创造条件）。

执行"长方体"命令, 在图 13.16 所示对象旁边绘制一个长为 22, 宽为 22, 高为 38 的长方体。

在"坐标"面板中, 单击"X"按钮，将坐标系绕 X 轴旋转 90°。

执行"直线"命令, 在长方体前底边位置绘制一条线段, 执行"偏移"命令, 将此线段向上偏移 20, 偏移复制一条线段 OP。

执行"圆柱体"命令, 以线段 OP 的中点为圆心, 绘制一个半径为 12、高度为-22 的圆柱体。

执行"移动"命令, 将长方体和圆柱体一起以长方体前底边的中点为基点, 移动到线段 MN 中点的位置, 结果如图 13.17 所示。

单击"世界"按钮，将用户坐标系还原为世界坐标系。

执行"圆柱体"命令，以"圆筒"底圆的圆心为底圆圆心，重新绘制一个半径为 10、高度为 44 的圆柱体。

执行"差集"命令，从长方体和底板、圆筒、肋实体中减去直径为 12 和直径为 20 的圆柱体，结果如图 13.18 所示。

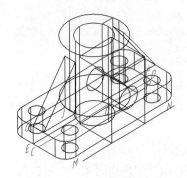

图 13.17　绘制前方长方体

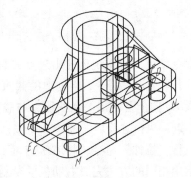

图 13.18　差集运算效果

执行"删除"命令，删除所有不用的辅助线和标记点。至此完成全图，结果如图 13.1 所示。

5. 保存文件

将文件保存。

四、检测练习

（1）按 1：1 的比例绘制图 13.19 所示的组合体的三维模型，要求：建模准确，图形正确，不标注尺寸。

（2）按 1：1 的比例绘制图 13.20 所示的组合体的三维模型，要求：建模准确，图形正确，不标注尺寸。

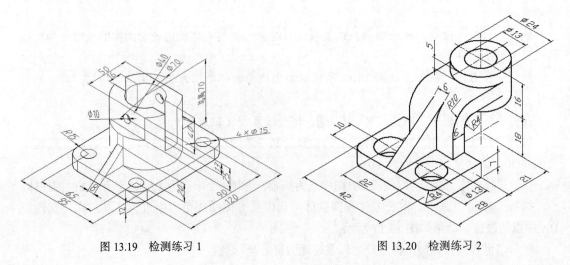

图 13.19　检测练习 1　　　　　　　　　图 13.20　检测练习 2

（3）按 1：1 的比例绘制图 13.21 所示的组合体的三维模型，要求：建模准确，图形正确，不标注尺寸。

（4）按 1：1 的比例绘制图 13.22 所示的组合体的三维模型，要求：建模准确，图形正确，不标注尺寸。

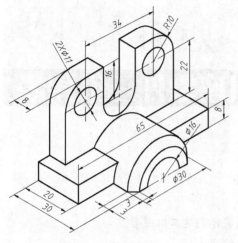

图 13.21　检测练习 3

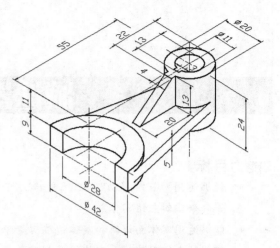

图 13.22　检测练习 4

五、提高练习

根据图 13.23 所示的组合体的三视图完成其三维建模，要求：建模准确，图形正确，不标注尺寸。

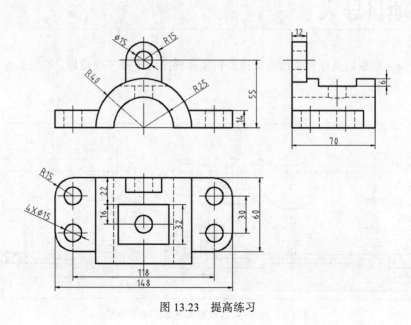

图 13.23　提高练习

项目十四

减速器机座零件三维建模

【能力目标】

- 能够运用"三维移动""三维旋转""三维对齐""三维镜像""三维阵列"和"抽壳"等命令编辑三维实体。
- 能够运用实体面编辑和实体边编辑等命令根据实体创建二维图形。
- 能够综合运用建模、实体编辑创建复杂零件三维实体。

【知识目标】

- 掌握"三维移动""三维旋转""三维对齐""三维镜像""三维阵列"和"抽壳"等实体编辑命令的操作方法。
- 掌握实体面编辑和实体边编辑等命令的操作方法。

一、项目导入

根据图 14.1 所示的圆柱直齿齿轮减速器机座零件图完成其三维建模，要求：建模准确，图形正确，标注尺寸。

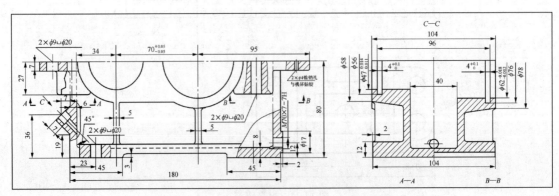

图 14.1　圆柱直齿齿轮减速器机座零件图

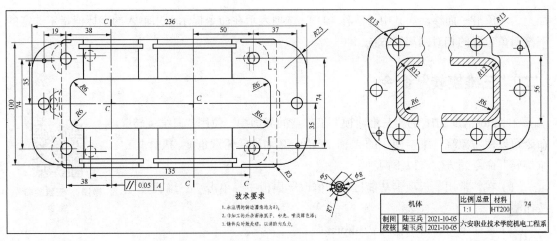

图 14.1　圆柱直齿齿轮减速器机座零件图（续）

二、项目知识

"三维建模"工作空间界面较"三维基础"工作空间界面的建模工具按钮更多，可用于较复杂三维建模场合。下面将以"三维建模"工作空间界面中的操作为讲述内容，对于项目十二和项目十三已经讲述过"三维基础"工作空间界面中的工具图标与命令按钮，由于其虽与"三维建模"工作空间界面中的显示位置不同，但操作过程完全一致，下面不再重复介绍。

（一）"三维移动"命令

在 AutoCAD 2016 的"三维建模"工作空间界面中，使用"三维移动"命令可以在三维空间中任意移动选中的对象，执行"三维移动"命令的方法有以下两种。

（1）在"常用"选项卡功能区的"修改"面板中，单击"三维移动"按钮 。

（2）在命令行窗口中输入"3dmove"。

执行命令后，命令行提示如下。

微课："三维移动"
命令

```
命令：_3dmove
选择对象：指定对角点：找到 19 个      //选择对象（单击或框选要移动的对象）
选择对象：                          //结束对象的选择（按 Enter 键或单击鼠标右键结束对象的选择）
指定基点或[位移(D)]<位移>：          //指定基点（在移动对象上单击指定基点）
指定第二个点或<使用第一个点作为位移>：
                                   //指定移动对象至第二个点（在需要移动至的点上单击，将移动对象放置
                                     在指定点上）
```

在执行命令过程中，选中对象后，对象上将显示小控件，可以单击小控件上的不同位置约束移动：单击轴将移动约束到该轴上，对象可沿轴移动；单击轴之间的区域将移动约束到该平

面上，对象沿平面移动。其中"位移（D）"选项表示在命令提示下用输入的坐标值指定选定的三维对象位置的相对距离和方向。

（二）"三维旋转"命令

在 AutoCAD 2016 的"三维建模"工作空间界面中，使用"三维旋转"命令可以使对象绕三维空间中的 X 轴、Y 轴或 Z 轴旋转任意角度。执行"三维旋转"命令的方法有以下两种。

微课："三维旋转"命令

（1）在"常用"选项卡功能区的"修改"面板中，单击"三维旋转"按钮 。

（2）在命令行窗口中输入"3drotate"。

执行命令后，命令行提示如下。

```
命令：_3drotate
UCS 当前的正角方向：  ANGDIR=逆时针   ANGBASE=0
选择对象：指定对角点：找到 1 个 //选择对象(单击框选要旋转的对象)
选择对象：                //结束对象的选择（按 Enter 键或单击鼠标右键结束对象的选择）
指定基点：                //指定基点（在旋转对象上单击指定基点）
拾取旋转轴：               //拾取旋转轴（移动鼠标指针至系统弹出的坐标球上，再单击相应的旋转轴）
指定角的起点或键入角度：90   //指定角的起点或输入角度，结束命令（输入 90 并按 Enter 键确认，结束命令）
```

执行"三维旋转"命令时，完成指定基点操作后，系统会显示图 14.2 所示的"三维旋转"坐标球，移动鼠标指针到坐标球附近，单击并选中该坐标球中的轴柄（带颜色的圆环，分别用于表示 X 轴、Y 轴和 Z 轴），即可指定旋转轴。

图 14.2 "三维旋转"坐标球

（三）"三维对齐"命令

在 AutoCAD 2016 的"三维建模"工作空间界面中，使用"三维对齐"命令可以按指定的源点和目标点对齐选定的三维对象。执行"三维对齐"命令的方法有以下两种。

微课："三维对齐"命令

（1）在"常用"选项卡功能区的"修改"面板中，单击"三维对齐"按钮 。

（2）在命令行窗口中输入"3dalign"。

执行命令后，命令行提示如下。

```
命令：_3dalign
选择对象：找到 1 个           //选择对象(单击或框选圆柱体)
选择对象：                  //结束对象的选择（按 Enter 键或单击鼠标右键结束对象的选择）
 指定源平面和方向 ...
指定基点或[复制(C)]：        //在源平面上指定基点（在选择对象圆柱体上单击 D 点）
指定第二个点或[继续(C)]  <C>： //在源平面上指定第二个点（在选择对象圆柱体上单击 E 点）
指定第三个点或[继续(C)]  <C>： //在源平面上指定第三个点（在选择对象圆柱体上单击 F 点）
```

指定目标平面和方向 ...
指定第一个目标点:	//在目标平面上指定第一个目标点（在斜面体上单击 A 点）
指定第二个目标点或[退出(X)] <X>:	//在目标平面上指定第二个目标点（在斜面体上单击 B 点）
指定第三个目标点或[退出(X)] <X>:	//在目标平面上指定第三个目标点，命令结束（在斜面体上单击 C 点，结束命令）

执行"三维对齐"命令时需要指定 3 个源点和 3 个目标点，这样才能准确地对齐选中的三维对象，如图 14.3（a）所示圆柱体为选择的对象，D、E 和 F 为源平面上的点，其中点 D 为基点，A 点、B 点和 C 点为目标平面上的点。执行"三维对齐"命令前后的效果如图 14.3（b）所示。

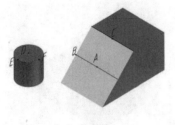
（a）对齐前

（b）对齐后

图 14.3　执行"三维对齐"命令前后的效果

（四）"三维镜像"命令

在 AutoCAD 2016 的"三维建模"工作空间界面中，使用"三维镜像"命令可以将选定的对象相对于某一平面进行镜像。执行"三维镜像"命令的方法有以下两种。

微课："三维镜像"命令

（1）在"常用"选项卡功能区的"修改"面板中，单击"三维镜像"按钮 。

（2）在命令行窗口中输入"mirror3d"。

执行命令后，命令行提示如下。

命令: _mirror3d
选择对象: 找到 1 个	//选择镜像对象（单击拾取第一个圆柱体）
选择对象: 找到 1 个, 总计 2 个	//选择镜像对象（单击拾取第二个圆柱体）
选择对象:	//结束对象的选择（按 Enter 键或单击鼠标右键结束对象的选择）

指定镜像平面 （三点） 的第一个点或
  [对象(O)/最近的(L)/Z 轴(Z)/视图(V)/XY 平面(XY)/YZ 平面(YZ)/ZX 平面(ZX)/三点(3)] <三点>:
                      //指定镜像平面方式，系统默认"<三点>"选项（按 Enter 键确认，选择默认选项）
在镜像平面上指定第一点：在镜像平面上指定第二点：在镜像平面上指定第三点：
                      //指定镜像平面 （三点） 的第一个点（在圆柱体上依次单击 A、B、C 点）
是否删除源对象？ [是(Y)/否(N)] <否>:   //确认是否删除源对象，系统默认为"<否>"选项，结束命令（按
                      Enter 键确认，选择默认选项，结束命令）

在命令执行过程中，各选项的功能说明如下。

①"对象（O）"：选择此选项，使用选定的平面作为镜像平面，可用于选择的对象包括圆、圆弧或二维多段线。

② 最近的（L）：选择此选项，使用上一次指定的平面作为镜像平面进行镜像操作。

③ Z 轴（Z）：选择此选项，根据平面上的一个点和平面法线上的一个点定义镜像平面。

④ 视图（V）：选择此选项，将镜像平面与当前视口中通过指定点的视图平面对齐。

⑤ XY 平面（XY）、YZ 平面（YZ）、ZX 平面（ZX）：选择相应的选项，将镜像平面与一个通过指定点的标准平面（XY 平面、YZ 平面或 ZX 平面）对齐。

⑥ 三点（3）：选择此选项，通过指定 3 点确定镜像平面。

⑦ 是（Y）：选择此选项，表示"镜像"命令完成后删除原始对象。

⑧ 否（N）：选择此选项，镜像命令完成后保留原始对象。

执行"三维镜像"命令前后的效果如图 14.4 所示。

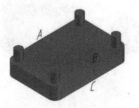

（a）三维镜像前　　　　　　　　　　　　（b）三维镜像后

图 14.4　执行"三维镜像"命令前后的效果

（五）"三维阵列"命令

执行"三维阵列"命令可以在三维空间中以"环形阵列""矩形阵列""路径阵列"的方式复制对象。在 AutoCAD 2016 中，三维阵列功能已经合并至"阵列"命令中（二维、三维图形均可用）。单击"修改"面板中相应的"环形阵列"按钮 █ 环形阵列、"矩形阵列"按钮 █ 矩形阵列 或"路径阵列"按钮 █ 路径阵列，即可执行对应的"三维阵列"命令。"三维阵列"命令在项目四中已经讲述，此处不再重复介绍。

对于习惯于运用"三维阵列"命令的用户，可直接在命令行窗口中输入"3darray"命令，并按命令行的提示完成各步操作，限于篇幅，此处不再详述，请读者根据命令行提示自行操作。

（六）"三维缩放"命令

执行"三维缩放"命令可以将选定的对象按指定的比例统一调整大小，也可通过三维缩放小控件，将网格对象沿轴或平面调整选定对象和子对象的大小。在 AutoCAD 2016 的"三维建模"工作空间界面中，执行"三维缩放"命令的方法有以下两种。

微课："三维缩放"命令

（1）在"常用"选项卡功能区的"修改"面板中单击"三维缩放"按钮 █。

（2）在命令行窗口中输入"3dscale"。

执行命令后，命令行提示如下。

```
命令：_3dscale
```

选择对象：指定对角点：找到 1 个	//选择缩放对象（单击拾取要缩放对象）
选择对象：	//结束对象的选择（按 Enter 键或单击鼠标右键结束对象的选择）
指定基点：	//在实体上指定基点（在选择对象上单击一个特征点作为基点）
拾取比例轴或平面：	//指定统一比例缩放对象（在实体控件上单击）
指定比例因子或[复制(C)/参照(R)]：0.8	//指定缩放比例因子，结束命令（输入 0.8 并按 Enter 键确认，结束命令）

（七）实体面编辑命令

在 AutoCAD 2016 中，可以单独对实体的面进行拉伸、移动、偏移、删除、旋转、倾斜、着色和复制等操作。在"三维建模"工作空间界面中，单击"常用"选项卡功能区"实体编辑"面板中"拉伸面"按钮  右边的下拉按钮，在弹出的图 14.5 所示的下拉列表中选择相应的命令。

1．"拉伸面"命令

"拉伸面"命令是将选定的三维实体对象的面拉伸到指定的高度或沿路径拉伸。在 AutoCAD 2016 中，执行"拉伸面"命令的方法有以下两种。

图 14.5　实体面编辑下拉列表

（1）单击"常用"选项卡功能区"实体编辑"面板中的"拉伸面"按钮（系统默认显示，若当前界面为非默认显示，则单击其右侧的下拉按钮，在弹出图 14.5 所示的下拉列表中选择"拉伸面"命令）。

微课："拉伸面"命令

（2）在命令行窗口中输入"solidedit"，按 Enter 键确认，并依次选择"面（F）""拉伸（E）"选项。

按方法（1）执行"拉伸面"命令后，命令行提示如下。

```
命令：_solidedit
实体编辑自动检查：  SOLIDCHECK=1
输入实体编辑选项[面(F)/边(E)/体(B)/放弃(U)/退出(X)] <退出>：_face
                              //（系统自动提示）
输入面编辑选项
  [拉伸(E)/移动(M)/旋转(R)/偏移(O)/倾斜(T)/删除(D)/复制(C)/颜色(L)/材质(A)/放弃(U)/退出
(X)] <退出>：_extrude        //（系统自动提示）
选择面或[放弃(U)/删除(R)]：找到一个面。//选择要拉伸的实体面（单击要拉伸的实体面）
选择面或[放弃(U)/删除(R)/全部(ALL)]：//结束要拉伸面的选择（单击鼠标右键，在弹出的快捷菜单中
                              选择"确认"命令或按 Enter 键结束对象的选择）
指定拉伸高度或[路径(P)]：20    //指定拉伸高度（输入 20 并按 Enter 键确认）
指定拉伸的倾斜角度 <0>：       //指定拉伸的倾斜角度（输入 0 并按 Enter 键确认或直接按 Enter
                              键选择默认选项）

已开始实体校验。
已完成实体校验。
输入面编辑选项
```

```
[拉伸(E)/移动(M)/旋转(R)/偏移(O)/倾斜(T)/删除(D)/复制(C)/颜色(L)/材质(A)/放弃(U)/退出(X)] <退出>:
                                    //结束命令[按 Enter 键选择默认的"退出(X)"选项，命令继续执行]
实体编辑自动检查：   SOLIDCHECK=1
输入实体编辑选项[面(F)/边(E)/体(B)/放弃(U)/退出(X)] <退出>:
                                    //结束命令[按 Enter 键执行选择的"退出(X)"选项，结束命令]
```

限于篇幅，在执行命令过程中，命令行中各选项的功能请读者自行操作认知。执行"拉伸面"命令前后的效果如图 14.6 所示。

（a）拉伸前   （b）拉伸后

图 14.6   执行"拉伸面"命令前后的效果

2."移动面"命令

"移动面"命令用于按指定的高度或距离移动选定的三维实体对象的面。在 AutoCAD 2016 的"三维建模"工作空间界面中，执行"移动面"命令的方法有以下两种。

微课："移动面"命令

（1）单击"常用"选项卡功能区"实体编辑"面板中"拉伸面"按钮 🔲 拉伸面 右边的下拉按钮 ▼，在弹出图 14.5 所示的下拉列表中，选择"移动面"命令。

（2）在命令行窗口中输入"solidedit"，按 Enter 键确认，并依次选择"面（F）""移动（M）"选项。

按方法（1）执行"移动面"命令后，命令行提示如下。

```
命令: _solidedit
实体编辑自动检查：   SOLIDCHECK=1
输入实体编辑选项[面(F)/边(E)/体(B)/放弃(U)/退出(X)] <退出>: _face
                              //（系统自动提示）

输入面编辑选项
[拉伸(E)/移动(M)/旋转(R)/偏移(O)/倾斜(T)/删除(D)/复制(C)/颜色(L)/材质(A)/放弃(U)/退出(X)] <退
出>: _move                    //（系统自动提示）
选择面或[放弃(U)/删除(R)]: 找到一个面。    //选择要移动的面（单击实体左边的第一个圆孔内表面）
选择面或[放弃(U)/删除(R)/全部(ALL)]: 找到一个面。
                              //继续选择要移动的面（单击实体左边的第二个圆孔内表面）
选择面或[放弃(U)/删除(R)/全部(ALL)]:    //结束要移动的面的选择（单击鼠标右键，在弹出的快捷菜
                                  单中选择"确认"命令或按 Enter 键结束对象的选择）
指定基点或位移:                //指定基点（单击实体或要移动面上的任意特征点）
指定位移的第二点: 20           //指定移动到第二点[移动鼠标指针在出现"X"追踪线（沿
                                 X轴）时，输入 20 并按 Enter 键确认]

已开始实体校验。
已完成实体校验。
```

输入面编辑选项

[拉伸(E)/移动(M)/旋转(R)/偏移(O)/倾斜(T)/删除(D)/复制(C)/颜色(L)/材质(A)/放弃(U)/退出(X)] <退出>:
∥结束命令[按Enter键选择默认的"退出(X)"选项,命令继续执行]

实体编辑自动检查: SOLIDCHECK=1

输入实体编辑选项[面(F)/边(E)/体(B)/放弃(U)/退出(X)] <退出>:
∥结束命令[按Enter键选择默认的"退出(X)"选项,结束命令]

限于篇幅,在执行命令过程中,命令行各选项的功能请读者自行操作体会。执行"移动面"命令前后的效果如图14.7所示。

(a)移动前　　　　　　　　　　　(b)移动后

图14.7　执行"移动面"命令前后的效果

3. "偏移面"命令

"偏移面"命令用于按指定的距离或通过指定的点,将面均匀地移动。在AutoCAD 2016的"三维建模"工作空间界面中,执行"偏移面"命令的方法有以下两种。

微课:"偏移面"命令

(1)单击"常用"选项卡功能区"实体编辑"面板中"拉伸面"按钮 拉伸面 右边的下拉按钮 ▼,在弹出图14.5所示的下拉列表中选择"偏移面"命令。

(2)在命令行窗口中输入"solidedit",按Enter键确认,并依次选择"面(F)""偏移(O)"选项。

按方法(1)执行"偏移面"命令后,命令行提示如下。

命令: _solidedit

实体编辑自动检查: SOLIDCHECK=1

输入实体编辑选项[面(F)/边(E)/体(B)/放弃(U)/退出(X)] <退出>: _face
∥(系统自动提示)

输入面编辑选项

[拉伸(E)/移动(M)/旋转(R)/偏移(O)/倾斜(T)/删除(D)/复制(C)/颜色(L)/材质(A)/放弃(U)/退出(X)] <退出>: _offset
∥(系统自动提示)

选择面或[放弃(U)/删除(R)]: 找到一个面。　∥选择要偏移的面(单击实体中间圆孔内表面)

选择面或[放弃(U)/删除(R)/全部(ALL)]: 　∥结束要偏移的面的选择(单击鼠标右键,在弹出的快捷菜单中选择"确认"命令或按Enter键结束对象的选择)

指定偏移距离: -5　∥指定偏移距离[输入-5(输入数值为正表示向内偏移,输入数值为负表示向外偏移)并按Enter键确认]

已开始实体校验。

已完成实体校验。

输入面编辑选项

[拉伸(E)/移动(M)/旋转(R)/偏移(O)/倾斜(T)/删除(D)/复制(C)/颜色(L)/材质(A)/放弃(U)/退出
(X)] <退出>：　　　　　　　　//结束命令[按 Enter 键选择默认的"退出(X)"选项，命令继续执行]
实体编辑自动检查：　SOLIDCHECK=1

输入实体编辑选项[面(F)/边(E)/体(B)/放弃(U)/退出(X)] <退出>：
　　　　　　　　　　　　　　//结束命令[按 Enter 键选择默认的"退出(X)"选项，命令结束]

　　　限于篇幅，在执行命令过程中，命令行各选项的功能请读者自行操作体会。执行"偏移面"
命令前后的效果如图 14.8 所示。

　　　　　　（a）偏移前　　　　　　　　　　　　　　　　（b）偏移后

图 14.8　执行"偏移面"命令前后的效果

4. "删除面"命令

　　　"删除面"命令用于将实体表面没用的对象清除，包括圆角和倒角等对
象。在 AutoCAD 2016 的"三维建模"工作空间界面中，执行"删除面"
命令的方法有以下两种。

　　　（1）单击"常用"选项卡功能区"实体编辑"面板中"拉伸面"按钮

微课："删除面"命令

[图] 拉伸面 右边的下拉按钮 [▼]，在弹出图 14.5 所示的下拉列表中选择"删除
面"命令。

　　　（2）在命令行窗口中输入"solidedit"，按 Enter 键确认，并依次选择"面（F）""删除（D）"
选项。

　　　按方法（1）执行"删除面"命令后，命令行提示如下。

命令：_solidedit
实体编辑自动检查：　SOLIDCHECK=1
输入实体编辑选项[面(F)/边(E)/体(B)/放弃(U)/退出(X)] <退出>：_face
　　　　　　　　　　　　　　　　　　　　　//（系统自动提示）

输入面编辑选项
[拉伸(E)/移动(M)/旋转(R)/偏移(O)/倾斜(T)/删除(D)/复制(C)/颜色(L)/材质(A)/放弃(U)/退出(X)] <退
出>：_delete　　　　　　　　　　//（系统自动提示）
选择面或[放弃(U)/删除(R)]：找到一个面。　//选择要删除的面（单击实体中间圆孔内表面）
选择面或[放弃(U)/删除(R)/全部(ALL)]：　//结束要删除的面的选择（单击鼠标右键，在弹出的快捷菜
　　　　　　　　　　　　　　　　　　　　单中选择"确认"命令或按 Enter 键结束对象的选择）

已开始实体校验。
已完成实体校验。
输入面编辑选项
[拉伸(E)/移动(M)/旋转(R)/偏移(O)/倾斜(T)/删除(D)/复制(C)/颜色(L)/材质(A)/放弃(U)/退出(X)] <退出>：
　　　　　　　　　　　　　　//结束命令[按 Enter 键选择默认的"退出(X)"选项，命令继续执行]
实体编辑自动检查：　SOLIDCHECK=1

输入实体编辑选项[面(F)/边(E)/体(B)/放弃(U)/退出(X)] <退出>:
//结束命令[按 Enter 键选择默认的"退出(X)"选项,命令结束]

限于篇幅,在执行命令过程中,命令行各选项的功能请读者自行操作体会。执行"删除面"命令前后的效果如图 14.9 所示。

（a）删除前　　　　　　　　　　（b）删除后

图 14.9　执行"删除面"命令前后的效果

5. "旋转面"命令

"旋转面"命令用于绕指定的轴旋转一个或多个面或实体的某些部分。在 AutoCAD 2016 的"三维建模"工作空间界面中,执行"旋转面"命令的方法有以下两种。

微课:"旋转面"命令

（1）单击"常用"选项卡功能区"实体编辑"面板中"拉伸面"按钮 拉伸面 右边的下拉按钮 ,在弹出图 14.5 所示的下拉列表中选择"旋转面"命令。

（2）在命令行窗口中输入"solidedit",按 Enter 键确认,并依次选择"面(F)""旋转(R)"选项。

按方法（1）执行"旋转面"命令后,命令行提示如下。

```
命令: _solidedit
实体编辑自动检查:  SOLIDCHECK=1
输入实体编辑选项[面(F)/边(E)/体(B)/放弃(U)/退出(X)] <退出>: _face
                      //（系统自动提示）
输入面编辑选项
 [拉伸(E)/移动(M)/旋转(R)/偏移(O)/倾斜(T)/删除(D)/复制(C)/颜色(L)/材质(A)/放弃(U)/退出
(X)] <退出>:_rotate          //（系统自动提示）
选择面或[放弃(U)/删除(R)]: 找到一个面。//选择要旋转的面（单击实体上表面）
选择面或[放弃(U)/删除(R)/全部(ALL)]:  //结束要旋转的面的选择（单击鼠标右键,在弹出的快捷菜单中选
                              择"确认"命令或按 Enter 键结束对象的选择）
指定轴点或[经过对象的轴(A)/视图(V)/x轴(X)/y轴(Y)/z轴(Z)] <两点>:
                      //指定旋转轴第一个端点（单击实体上表面左边棱线的一个端点）
在旋转轴上指定第二个点:      //指定旋转轴第二个端点（单击实体上表面左边棱线的另一个端点）
指定旋转角度或[参照(R)]: 10    //指定旋转角度（输入 10 并按 Enter 键确认）
已开始实体校验。
已完成实体校验。
输入面编辑选项
[拉伸(E)/移动(M)/旋转(R)/偏移(O)/倾斜(T)/删除(D)/复制(C)/颜色(L)/材质(A)/放弃(U)/退出(X)] <退出>:
                      //结束命令[按 Enter 键选择默认的"退出(X)"选项,命令继续执行]
```

```
实体编辑自动检查：SOLIDCHECK=1
输入实体编辑选项[面(F)/边(E)/体(B)/放弃(U)/退出(X)] <退出>：
                    //结束命令[按 Enter 键选择默认的"退出(X)"选项，命令结束]
```

限于篇幅，在执行命令过程中，命令行各选项的功能请读者自行操作体会。执行"旋转面"命令前后的效果如图 14.10 所示。

（a）旋转前　　　　　　　　　　（b）旋转后

图 14.10　执行"旋转面"命令前后的效果

6. "倾斜面"命令

"倾斜面"命令用于按指定角度将实体的面进行倾斜。在 AutoCAD 2016 的"三维建模"工作空间界面中，执行"倾斜面"命令的方法有以下两种。

（1）单击"常用"选项卡功能区"实体编辑"面板中"拉伸面"按钮 拉伸面 右边的下拉按钮 ，在弹出图 14.5 所示的下拉列表中选择"倾斜面"命令。

微课："倾斜面"命令

（2）在命令行窗口中输入"solidedit"，按 Enter 键确认，并依次选择"面（F）""倾斜（T）"选项。

按方法（1）执行"倾斜面"命令后，命令行提示如下。

```
命令：_solidedit
实体编辑自动检查：SOLIDCHECK=1
输入实体编辑选项[面(F)/边(E)/体(B)/放弃(U)/退出(X)] <退出>：_face
                                            //（系统自动提示）
输入面编辑选项
 [拉伸(E)/移动(M)/旋转(R)/偏移(O)/倾斜(T)/删除(D)/复制(C)/颜色(L)/材质(A)/放弃(U)/退出
(X)] <退出>：_taper                          //（系统自动提示）
选择面或[放弃(U)/删除(R)]：找到一个面。      //选择要倾斜的面（单击实体上表面）
选择面或[放弃(U)/删除(R)/全部(ALL)]：         //结束要倾斜的面的选择（单击鼠标右键，在弹出的快捷菜单中选
                                            择"确认"命令或按 Enter 键结束对象的选择）
指定基点：                                   //指定倾斜面基点（单击实体上表面左边的棱线后端点）
正在检查 630 个交点...
指定沿倾斜轴的另一个点：                      //指定倾斜面的第二个点（单击实体上表面左边的棱线前一端点）
指定倾斜角度：10                             //指定倾斜角度[输入 10（输入数值为正表示向上倾斜，输入数值
                                            为负表示向下倾斜）并按 Enter 键确认]
已开始实体校验。
已完成实体校验。
输入面编辑选项
[拉伸(E)/移动(M)/旋转(R)/偏移(O)/倾斜(T)/删除(D)/复制(C)/颜色(L)/材质(A)/放弃(U)/退出(X)] <退出>：
```

> //结束命令[按 Enter 键选择默认的"退出(X)"选项]
> 实体编辑自动检查： SOLIDCHECK=1
> 输入实体编辑选项[面(F)/边(E)/体(B)/放弃(U)/退出(X)] <退出>：
> //结束命令[按 Enter 键选择默认的"退出(X)"选项，命令结束]

限于篇幅，执行命令过程中，命令行各选项的功能请读者自行操作体会。执行"倾斜面"命令前后的效果如图 14.11 所示。

（a）倾斜前

（b）倾斜后

图 14.11　执行"倾斜面"命令前后的效果

7. "着色面"命令

"着色面"命令用于为实体的面选择指定的颜色。在 AutoCAD 2016 的"三维建模"工作空间界面中，执行"着色面"命令的方法有以下两种。

（1）单击"常用"选项卡功能区"实体编辑"面板中"拉伸面"按钮 🔲拉伸面 右边的下拉按钮 ▼，在弹出图 14.5 所示的下拉列表中选择"着色面"命令。

微课："着色面"命令

（2）在命令行窗口中输入"solidedit"，按 Enter 键确认，并依次选择"面（F）""颜色（L）"选项。

按方法（1）执行"着色面"命令后，命令行提示如下。

> 命令：_solidedit
> 实体编辑自动检查： SOLIDCHECK=1
> 输入实体编辑选项[面(F)/边(E)/体(B)/放弃(U)/退出(X)] <退出>：_face
> //（系统自动提示）
> 输入面编辑选项
> [拉伸(E)/移动(M)/旋转(R)/偏移(O)/倾斜(T)/删除(D)/复制(C)/颜色(L)/材质(A)/放弃(U)/退出(X)] <退出>：_color　//（系统自动提示）
> 选择面或[放弃(U)/删除(R)]： 找到一个面。//选择要着色的面（单击实体上表面）
> 选择面或[放弃(U)/删除(R)/全部(ALL)]： 结束要着色的面的选择，并选择颜色（单击鼠标右键，在弹出的快捷菜单中选择"确认"命令或按 Enter 键结束对象的选择，系统弹出"选择颜色"对话框）
> 输入面编辑选项
> [拉伸(E)/移动(M)/旋转(R)/偏移(O)/倾斜(T)/删除(D)/复制(C)/颜色(L)/材质(A)/放弃(U)/退出(X)] <退出>：
> //结束命令[按 Enter 键选择默认的"退出(X)"选项，命令继续执行]
> 实体编辑自动检查： SOLIDCHECK=1
> 输入实体编辑选项[面(F)/边(E)/体(B)/放弃(U)/退出(X)] <退出>：
> //结束命令[按 Enter 键选择默认的"退出(X)"选项，命令结束]

在执行命令过程中，系统弹出"选择颜色"对话框，在该对话框中为实体的面选择一种颜色，然后单击"确定"按钮。限于篇幅，在执行命令过程中，命令行各选项的功能请读者自行操作体会。执行"着色面"命令前后的效果如图14.12所示。

（a）着色前　　　　　　　　　　　（b）着色后

图14.12　执行"着色面"命令前后的效果

8．"复制面"命令

"复制面"命令用于为三维实体的面创建副本。在AutoCAD 2016的"三维建模"工作空间界面中，执行"复制面"命令的方法有以下两种。

微课："复制面"命令

（1）单击"常用"选项卡功能区"实体编辑"面板中"拉伸面"按钮 拉伸面 右边的下拉按钮 ，在弹出图14.5所示的下拉列表中选择"复制面"命令。

（2）在命令行窗口中输入"solidedit"，按Enter键确认，并依次选择"面（F）""复制（C）"选项。

按方法（1）执行"复制面"命令后，命令行提示如下。

```
命令：_solidedit
实体编辑自动检查：  SOLIDCHECK=1
输入实体编辑选项[面(F)/边(E)/体(B)/放弃(U)/退出(X)] <退出>：_face
                                  //（系统自动提示）
输入面编辑选项
[拉伸(E)/移动(M)/旋转(R)/偏移(O)/倾斜(T)/删除(D)/复制(C)/颜色(L)/材质(A)/放弃(U)/退出
(X)] <退出>：_copy                //（系统自动提示）
选择面或[放弃(U)/删除(R)]：找到一个面。//选择要复制的面（单击实体上表面）
选择面或[放弃(U)/删除(R)/全部(ALL)]：  //结束要复制的面的选择（单击鼠标右键，在弹出的快捷菜单中选
                                    择"确认"命令或按Enter键结束对象的选择）
指定基点或位移：                  //指定复制面基点（单击实体上的任意特征点）
INTERSECT 所选对象太多
指定位移的第二点：50              //指定复制面所在的位置点（向左移动鼠标指针，出现向上追踪线
                                    时输入50并按Enter键确认）
输入面编辑选项
[拉伸(E)/移动(M)/旋转(R)/偏移(O)/倾斜(T)/删除(D)/复制(C)/颜色(L)/材质(A)/放弃(U)/退出(X)] <退出>：
                                  //结束命令[按Enter键选择默认的"退出(X)"选项，命令继续执行]
实体编辑自动检查：  SOLIDCHECK=1
输入实体编辑选项[面(F)/边(E)/体(B)/放弃(U)/退出(X)] <退出>：
                                  //结束命令[按Enter键选择默认的"退出(X)"选项，命令结束]
```

限于篇幅，在执行命令过程中，命令行各选项的功能请读者自行操作体会。执行"复制面"命令的效果如图14.13所示。

（八）实体边编辑命令

在 AutoCAD 2016 中，可以对实体的边进行各种编辑。在"三维建模"工作空间界面中，单击"常用"选项卡功能区"实体编辑"面板中"提取边"按钮 ⊞ 提取边 ▾ 右边的下拉按钮 ▾，在弹出图 14.14 所示的下拉列表中选择相应的命令，即可执行相应的实体边编辑操作。"着色边"不介绍。

图 14.13　执行"复制面"命令的效果　　　　图 14.14　实体边编辑下拉列表

1. "提取边"命令

"提取边"命令用于从三维实体、面域等对象中提取所有边，并创建线框几何体。在 AutoCAD 2016 的"三维建模"工作空间界面中，执行"提取边"命令的方法有以下两种。

微课："提取边"命令

（1）单击"常用"选项卡功能区"实体编辑"面板中"提取边"按钮 ⊞ 提取边 ▾（系统默认显示，如当前界面为非默认显示，则单击其右侧的下拉按钮 ▾，在弹出图 14.14 所示的下拉列表中选择"提取边"命令）。

（2）在命令行窗口中输入"xedges"。

执行命令后，命令行提示如下。

```
命令：_xedges
选择对象：找到 1 个      //选择可提取边的实体对象（单击实体对象）
选择对象：            //结束提取边的实体对象的选择，结束命令（按 Enter 键确认，结束命令）
```

执行"提取边"命令的效果如图 14.15 所示。

2. "压印"命令

"压印"命令用于在实体的表面压制出一个对象。在 AutoCAD 2016 的"三维建模"工作空间界面中，执行"压印"命令的方法有以下两种。

（1）单击"常用"选项卡功能区"实体编辑"面板中"提取边"按钮 ⊞ 提取边 ▾ 右边的下拉按钮 ▾，在弹出的图 14.14 所示的下拉列表中选择"压印"命令。

（2）在命令行窗口中输入"imprint"。

执行命令后，命令行提示如下。

```
命令：_imprint
选择三维实体或曲面：           //选择三维实体对象（单击斜面体）
选择要压印的对象：            //选择要压印的对象（单击圆形面域）
是否删除源对象[是(Y)/否(N)] <N>:_y//输入是否删除源对象功能选项（输入 Y 并按 Enter 键确认）
```

选择要压印的对象：　　　　　//选择是否继续执行或是结束命令（按 Enter 键确认，结束命令）

（a）提取边

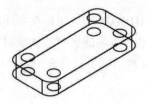
（b）从实体中移出的提取边

图 14.15　执行"提取边"命令的效果

执行"压印"命令前后的效果如图 14.16 所示。

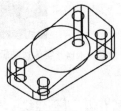
（a）"压印"前

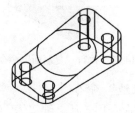
（b）"压印"后

图 14.16　执行"压印"命令前后的效果

3."复制边"命令

"复制边"命令通过创建实体的边来编辑三维实体。在 AutoCAD 2016 的"三维建模"工作空间界面中，执行"复制边"命令的方法有以下两种。

微课："复制边"命令

（1）单击"常用"选项卡功能区"实体编辑"面板中"提取边"按钮 `提取边` 右边的下拉按钮 ▼，在弹出图 14.14 所示的下拉列表中选择"复制边"命令。

（2）在命令行窗口中输入"solidedit"，按 Enter 键确认，并依次选择"边（E）""复制（C）"选项。

按方法（1）执行"复制边"命令后，命令行提示如下。

```
命令：_solidedit
实体编辑自动检查：  SOLIDCHECK=1
输入实体编辑选项[面(F)/边(E)/体(B)/放弃(U)/退出(X)] <退出>：_edge
                        //（系统自动提示）
输入边编辑选项[复制(C)/着色(L)/放弃(U)/退出(X)] <退出>：_copy
                        //（系统自动提示）
选择边或[放弃(U)/删除(R)]：  //选择要复制的边（单击实体上的第 1 条棱线）
选择边或[放弃(U)/删除(R)]：  //选择要复制的边（单击实体上的第 2 条棱线）
选择边或[放弃(U)/删除(R)]：  //选择要复制的边（单击实体上的第 3 条棱线）
选择边或[放弃(U)/删除(R)]：  //选择要复制的边（单击实体上的第 4 条棱线）
选择边或[放弃(U)/删除(R)]：  //选择要复制的边（单击实体上的第 5 条棱线）
选择边或[放弃(U)/删除(R)]：  //选择要复制的边（单击实体上的第 6 条棱线）
选择边或[放弃(U)/删除(R)]：  //选择要复制的边（单击实体上的第 7 条棱线）
```

选择边或[放弃(U)/删除(R)]：　　　　//选择要复制的边（单击实体上的第 8 条棱线）
指定基点或位移：　　　　　　　　　//在实体上指定基点（单击在实体指定一个特征点）
指定位移的第二点：　　　　　　　　//指定复制的边所在位置点（在复制的边所在位置单击）
输入边编辑选项[复制(C)/着色(L)/放弃(U)/退出(X)] <退出>：
　　　　　　　　　　　　　//结束命令[按 Enter 键选择默认的"退出(X)"选项，命令继续执行]
实体编辑自动检查：　SOLIDCHECK=1
输入实体编辑选项[面(F)/边(E)/体(B)/放弃(U)/退出(X)] <退出>：
　　　　　　　　　　　　　//结束命令[按 Enter 键选择默认的"退出(X)"选项，命令结束]

执行"复制边"命令的效果如图 14.17 所示。

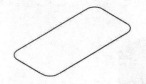

（a）实体　　　　　　　　　　　　（b）执行"复制边"命令后的线框

图 14.17　执行"复制边"命令的效果

（九）"抽壳"命令

"抽壳"命令用于在指定的实体上用指定的厚度创建一个空的薄层，可以为所有的面指定一个固定的薄层厚度，也可以选择面并将这些面排除在壳外，从而创建开腔。在 AutoCAD 2016 中，执行"抽壳"命令的方法有以下两种。

微课："抽壳"命令

（1）单击"常用"选项卡功能区"实体编辑"面板中"分割"按钮 **分割** ▾（系统默认显示）右边的下拉按钮 ▾，在弹出图 14.18 所示的下拉列表中选择"抽壳"命令。

（2）在命令行窗口中输入"solidedit"，按 Enter 键确认，并依次选择"体（B）""抽壳（S）"命令行选项。

按方法（1）执行"抽壳"命令后，命令行提示如下。

图 14.18　"分割"
下拉列表

命令：_solidedit
实体编辑自动检查：　SOLIDCHECK=1
输入实体编辑选项[面(F)/边(E)/体(B)/放弃(U)/退出(X)] <退出>：_body
　　　　　　　　　　　　　//（系统自动提示）
输入体编辑选项
[压印(I)/分割实体(P)/抽壳(S)/清除(L)/检查(C)/放弃(U)/退出(X)] <退出>：_shell
　　　　　　　　　　　　　//（系统自动提示）
选择三维实体：　　　　　　　　　　//选择三维实体对象（单击要选择的实体对象）
删除面或[放弃(U)/添加(A)/全部(ALL)]：找到一个面，已删除 1 个。
　　　　　　　　　　　　　//选择要删除的面（单击实体顶面）
删除面或[放弃(U)/添加(A)/全部(ALL)]：//结束要删除的面的选择（按 Enter 键确认，结束对象的选择）
输入抽壳偏移距离：5　　　　　　　　//输入抽壳偏移距离，输入正值向内抽壳，实体大小不变，输入负值

向外抽壳,实体各面将增大偏移距离（输入 5 并按 Enter 键确认）

已开始实体校验。

已完成实体校验。

输入体编辑选项

[压印(I)/分割实体(P)/抽壳(S)/清除(L)/检查(C)/放弃(U)/退出(X)] <退出>:

//结束命令[按 Enter 键选择默认的"退出(X)"选项,命令继续执行]

实体编辑自动检查: SOLIDCHECK=1

输入实体编辑选项[面(F)/边(E)/体(B)/放弃(U)/退出(X)] <退出>:

//结束命令[按 Enter 键选择默认的"退出(X)"选项,命令结束]

执行"抽壳"命令的效果如图 14.19 所示。

（a）实体

（b）偏移距离为 5 的"抽壳"效果

（c）偏移距离为–5 的
"抽壳"效果

图 14.19　执行"抽壳"命令的效果

（十）三维实体的尺寸标注和文字注写

三维图形的尺寸标注和文字注写与二维绘图中的操作过程完全一致,只是三维图形的尺寸标注和文字注写都需要在 XOY 坐标平面上完成,因此在对三维图形进行尺寸标注和文字注写时,需要根据所注写尺寸和文字内容所在坐标平面不断地转换用户坐标系,使所注写尺寸和文字内容所在的 XOY 坐标平面和实体表面一致,并注意文字符号的方向。

对图 14.20 所示的图形外部轮廓进行尺寸标注的步骤如下。

（1）在"三维建模"工作空间界面中,单击"常用"选项卡功能区"坐标"面板中的"原点"按钮，在命令行提示"指定新原点<0,0,0>:"时,单击实体底面任意一个特征点（底面左边上中点）,建立以底面左边上的中点为坐标原点,坐标轴方向不变的用户坐标系,结果如图 14.21 所示。

图 14.20　三维实体

（2）单击"注释"选项卡功能区"标注"面板中的"线性"按钮，执行"线性"命令,标注三维实体的长、宽尺寸。单击"线性"按钮右边的下拉按钮，在弹出的下拉列表中选择"半径"命令,标注半径尺寸,结果如图 14.22 所示。

（3）单击"坐标"面板中"面"按钮右边的下拉按钮，在弹出的下拉列表中,选择"面"命令（将用户坐标系与三维实体上的面对齐）,在命令行提示"选择实体面、曲面或网格:"时单击三维实体前表面,并选择"接受"选项,建立一个以三维实体前表面为 XY 坐标平面的用户坐标系,结果如图 14.23 所示。

图 14.21　建立基于底面为 *XY* 坐标平面的
用户坐标系

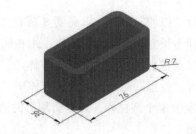

图 14.22　标注长度、宽度和半径尺寸

（4）在"标注"面板中执行"线性"命令，标注出高度尺寸，结果如图 14.24 所示。

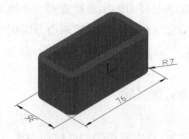

图 14.23　建立以三维实体前表面
为 *XY* 坐标平面的用户坐标系

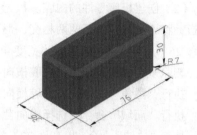

图 14.24　标注高度尺寸

在新建用户坐标系的过程中，应注意文字方向与坐标方向要一致，若不一致，用户可在命令行窗口提示"输入选项[下一个（N）/X 轴反向（X）/Y 轴反向（Y）]:"时，选择"X 轴反向（X）"或"Y 轴反向（Y）"选项调整。

三、项目实施

（一）新建文件

启动 AutoCAD 2016，进入"三维建模"工作空间界面，即新建一个图形文件，文件命名为"图 14.1"。

（二）三维建模

根据图 14.1 所示的圆柱直齿齿轮减速器机座零件图，创建其三维建模的操作步骤如下。

（1）创建机座零件的底座。复制机座二维图形（图样）至建模起始位置，复制俯视图底座轮廓线和 4 个圆，并将虚线图层修改为粗实线图层（CSX）。

执行"偏移"命令，将左右两边分别以偏移距离 47 和 45 向中间偏移，并将偏移所得的两条线延伸至前后两轮廓线边界。结果如图 14.25 所示。

执行"面域"命令，选择轮廓矩形、矩形 *ABCD* 及 4 个圆，共获得 6 个平面。

执行"拉伸"命令，以高度 8 将轮廓矩形及 4 个圆拉伸为长方体和 4 个圆柱体，用相同的方法将矩形 ABCD 拉伸为高度为 3 的长方体。

执行"差集"命令，从大长方体中"切割"出小长方体和 4 个圆柱体，并对切割后的槽以 R3 进行倒圆角。

在"常用"选项卡功能区的"视图"面板中，单击"三维导航"按钮，选择"西南等轴测"标准视图，显示结果如图 14.26 所示。

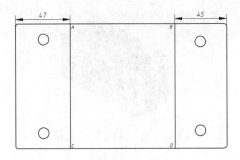

图 14.25　绘制机座零件的底座 1

（2）创建机座零件的内腔。执行"复制边"命令，将底座上表面的四条边复制，并拖动鼠标指针将 4 条线延长至两两相交，形成一个矩形。执行"偏移"命令，将前后两边分别向中间偏移 26（总宽 104，减去内腔宽度 40 和两侧壁厚 6），执行"修剪"命令和"删除"命令，修剪并删除多余的线条，得到内腔横向截面。

执行"圆角"命令，将内腔横向截面 4 个拐角以 R12 进行倒圆角。

执行"面域"命令，选择横向截面获得一个平面。

执行"拉伸"命令，以高度 72（总高度 80 减去底座厚度 8）将内腔横向截面拉伸为长方体。

执行"抽壳"命令，将长方体以抽壳偏移距离 6 和"删除"上表面进行抽壳。执行"移动面"命令，将内腔底面向下移动 6，结果如图 14.27 所示。

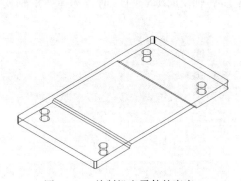

图 14.26　绘制机座零件的底座 2

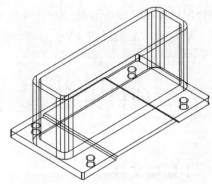

图 14.27　创建机座零件的内腔

说明　　　　　抽壳时如能同时删除长方体的上表面和下表面，就可省去"移动面"操作，但操作时同时选择上、下两表面存在一定困难。

（3）创建 4 个支撑肋。执行"复制边"命令，在内腔左面上边的原位置复制图 14.28 所示的线段 EF。

执行"原点"命令，将坐标系平移至线段 EF 的中间位置处，并将此线段分别向右偏移 34 和 104，得到线段 GH 和线段 IJ。

执行"截面"命令，选择合适的坐标平面以线段 GH 和线段 IJ 的中点(0, 0, 0)为原点得到两个截面，结果如图 14.28 所示。

执行"分解"命令，将过线段 GH 的截面分解（体分解为面，面分解为线）为线，选择图

14.29 所示的加粗线段（位于中间位置的竖直线）作为偏移对象。

选择"坐标"面板中"视图"下拉列表中的"面"命令，选择内腔前外表面作为 *XY* 坐标平面建立用户坐标系。

执行"偏移"命令，将上述偏移对象分别向左、向右偏移 2.5，并连接偏移所得的线段，得到一个封闭线矩形，结果如图 14.29 所示。

执行"面域"命令，将此封闭矩形转换为平面。

执行"拉伸"命令，在此坐标系状态下，以高度 28 将上述两面拉伸成一个矩形。执行"复制"命令，选择合适的基点和第二点，在相应位置复制 4 个支撑肋，结果如图 14.30 所示。

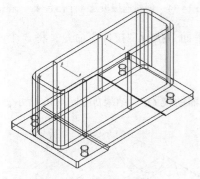
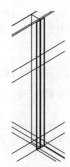
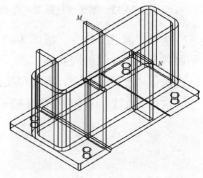

图 14.28　创建支撑肋 1　　　图 14.29　创建支撑肋 2　　　图 14.30　创建支撑肋 3

（4）创建连接板及 4 个凸台。根据零件图复制有关轮廓线并对其进行修改，结果如图 14.31 所示。根据截取的连接板及 4 个凸台的轮廓线创建连接板、螺栓连接孔、销孔和 4 个凸台截面线框，结果如图 14.32 所示。

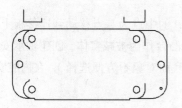
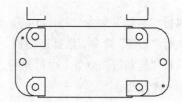

图 14.31　创建连接板及 4 个凸台 1　　　　　　图 14.32　创建连接板及 4 个凸台 2

执行"面域"命令，将所有的线框转化成平面，执行"拉伸"命令，将连接板、螺栓连接孔、销孔和 4 个凸台截面以高度 7 和 27 分别拉伸为实体。

执行"差集"命令，在连接板和 4 个凸台实体中创建出螺栓孔和销孔，结果如图 14.33 所示。

执行"复制边"命令，在图 14.33 所示的右边轮廓位置复制线段 *KL*，执行"偏移"命令（当前坐标系 *XY* 平面与连接板上的表面平行或重合），以偏移距离 95 向左偏移。执行"直线"命令，在图 14.30 所示的右边两肋板前后边上创建线段 *MN*。这样就完成了两条辅助线的创建，为下面的移动做好准备。

执行"移动"命令，以线段 *KL* 的中点为基点，将图 14.33 所示的连接板移动到内腔上的合适位置。结果如图 14.34 所示。

（5）创建连接板上的轴承安装孔及其凸台。根据零件图的主视图复制轴承安装孔及其凸台轮廓线并修改成封闭线框，结果如图 14.35 所示。

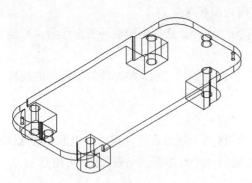

图 14.33 创建连接板及 4 个凸台 3

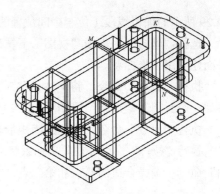

图 14.34 创建连接板及 4 个凸台 4

执行"面域"命令，将图 14.35 所示的线框转化成 3 个平面，执行"拉伸"命令，将 3 个平面以高度 104 拉伸成实体。

执行"旋转"命令，将所得实体以 X 轴为旋转轴旋转 90°。

执行"直线"命令，在图 14.36 所示的半圆柱中心处创建辅助线 OP，结果如图 14.36 所示。

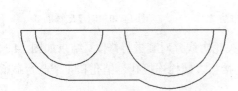

图 14.35 轴承安装孔及其凸台轮廓线

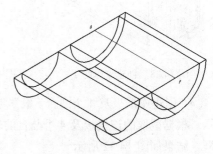

图 14.36 轴承安装孔及其凸台三维模型 1

执行"移动"命令，将图 14.36 所示的三维模型以 OP 的中点为基点移动到连接板上。

执行"差集"命令，选择连接板、4 个支撑肋、内腔和凸台作为被减实体，创建轴承安装孔。

执行"复制边"命令（也可执行"复制面"命令，但底面对象不方便选择），在内腔实体底面复制一个矩形。

执行"面域"命令，将创建的矩形转化为平面。

执行"拉伸"命令，将平面以拉伸高度 100（大于内腔深度 72 均可）拉伸为实体。

执行"差集"命令，创建出空腔实体。

执行"并集"命令，将所有实体合并。

执行"圆角"命令，将内腔底部各拐角以 R3 进行倒圆角，结果如图 14.37 所示。

（6）创建油标孔。根据零件图复制油标孔有关轮廓线并修改成封闭线框，保留中心线，结果如图 14.38 所示。

执行"面域"命令，将封闭线框转化为平面。

执行"旋转"命令，将所得平面绕中心线旋转一周得到油标孔实体。

执行"三维旋转"命令，将油标孔实体绕 X 轴旋转 90°。

执行"剖切"命令，以"三点"（指定坐标平面 YZ、下端圆孔下方象限点为平面 YZ 上点）方式剖切创建完成的油标孔结构，结果如图 14.39 所示。

执行"复制边"命令，在底板左边创建一条线段，执行"移动"命令，将该线段以其中点为基点，移动到相对位置(–7, 0, 36)位置（输入 "@ –7, 0, 36"）。

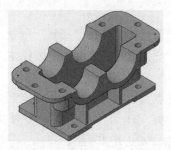

图 14.37　轴承安装孔及其凸台三维模型 2

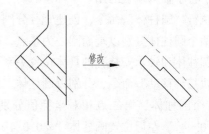

图 14.38　创建油标孔轮廓线

　　执行"移动"命令，将图 14.39 所示的油标孔以上端面中心点为基点移动到线段的中点位置。

　　执行"复制边"命令，在油标孔结构内的小孔上端面复制一个小圆并将其转化为平面，执行"拉伸"命令，将此平面向下拉伸 15（数据可在二维图形中测得）得到圆柱体。

　　执行"差集"命令，在内腔实体中减去此圆柱体，结果如图 14.40 所示。

图 14.39　剖切创建的油标孔结构

图 14.40　油标孔结构的安装

　　（7）补全油标孔端面凸台。选择"坐标"面板"视图"下拉列表中的"面"命令，在油标孔端面建立以端面为 XY 平面的坐标系。

　　执行"复制边"命令，在油标孔端面处复制一个圆，执行"旋转复制"命令，将上述所得辅助线垂直旋转，再以圆象限点为位置点复制此线段，执行"偏移"命令，将原辅助线以偏移距离 10（数据可在二维图形中测得）向上偏移，结果如图 14.41 所示。

　　修改图 14.41 所示的图线，执行"面域"命令，将线框转换成平面，执行"拉伸"命令，将平面以高度 9 拉伸为实体，结果如图 14.42 所示。

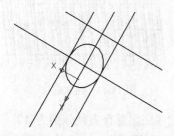

图 14.41　油标孔端面凸台

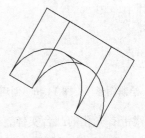

图 14.42　拉伸凸台

　　执行"移动"命令，选择图 14.42 所示的半圆柱上方圆心为基点，将其移到油标孔上端面圆心位置。

　　执行"并集"命令，将内腔、油标孔及其端面凸台合并为一体。删除所有的辅助线，结果如图 14.43 所示。

（8）创建轴承端盖安装槽。选择"坐标"面板"视图"下拉列表中的"面"命令，创建 *XY* 平面平行于轴承端盖的用户坐标系。

执行"圆柱体"命令，创建直径分别为 56 和 70 的两个圆柱体，执行"复制"命令，将创建的两个圆柱体分别以端面圆心为基点，轴承安装孔端面中心为位置点复制 4 个圆柱体，从而建立圆柱体和轴承安装孔的具体位置关系。

执行"移动"命令，分别以圆柱体上的一个特征点为基点，以相对坐标方式确定第二点移动 4 个圆柱体，第二点相对坐标值分别为左前位置圆柱体 "@0, 0, −4"、右前位置圆柱体 "@0, 0, −4"、左后位置圆柱体 "@0, 0, 4" 和右后位置圆柱体 "@0, 0, 4"。

执行"差集"命令，从完成的实体中减去 4 个圆柱体，结果如图 14.44 所示。

图 14.43　端面凸台的安装　　　　　　　　　　图 14.44　创建轴承端盖安装槽

（9）创建放油孔、凸台及内螺纹。由机座零件图可知内螺纹的尺寸为"M10×1"，放油孔、凸台及内螺纹的创建过程如下。

① 单击"坐标"面板中的"世界"按钮，将坐标系还原为世界坐标系。

② 执行"圆柱体"命令，创建一个高度为 8，底面直径为 17 的圆柱体。

③ 绘制图 14.45 所示的图形。执行"面域"命令，将图 14.45 中的五边形线框转化为平面。执行"旋转"命令，选择垂直线为旋转轴线将五边形旋转一周，得到单根螺纹裁剪体，结果如图 14.46 所示。

④ 执行"三维阵列"命令，将单根螺纹裁剪体以行数 1、列数 20（大于 10 就可以了，为方便操作可将数值设置得大些）、层数 1 和列距 1 进行矩形阵列，执行"并集"命令，将阵列后的所有的单根螺纹裁剪体合并，结果如图 14.47 所示。

  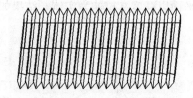

图 14.45　绘制图形　　图 14.46　创建单根螺纹裁剪体　　　　　图 14.47　创建螺纹

⑤ 创建带有光孔的凸台实体，执行"圆柱体"命令，创建底面重合直径分别为 17 和 8，高度分别为 8 和 9（考虑到孔内端结构工艺性）的圆柱体，为方便操作，小圆柱体需要用不同于内腔的图层完成。

⑥ 执行"三维旋转"命令，将两圆柱体绕 *Y* 轴旋转 90°。

⑦ 为获得端面平齐的螺纹裁剪体，可在螺纹裁剪体左端位置用直径为 17 的圆柱体截断（先执行"移动"命令，后执行"差集"命令，这里不赘述）得到图 14.48 所示的实体。

⑧ 执行"复制边"命令，在机座右边底端复制一边，执行"移动"命令，以线段的中点为基点，以相对坐标"2，0，12"（输入"@2，0，12"）将其移动到合适位置，得到一条辅助线。

⑨ 为方便操作，先关闭内腔所在的图层。执行"移动"命令，分别以两圆柱体左端面的中心点为基点，以辅助线中点为第二点，将两圆柱体移动到合适位置，再以图 14.48 所示的螺纹裁剪体左端面中心为基点，大圆柱体左端面中心点为第二点，将螺纹裁剪体移动到合适位置。

⑩ 打开内腔所在的图层，执行"并集"命令，将大圆柱体和内腔合并，执行"差集"命令，用小圆柱体和螺纹裁剪体减去已完成的实体。至此，完成全图，结果如图 14.49 所示。

图 14.48 螺纹裁剪体

图 14.49 圆柱直齿齿轮减速器机座三维模型

⑪ 由于篇幅所限，此处标注省略。

⑫ 保存文件。

四、检测练习

（1）根据图 14.50 所示的箱体零件图完成其三维建模，要求：建模准确，图形正确，标注尺寸。

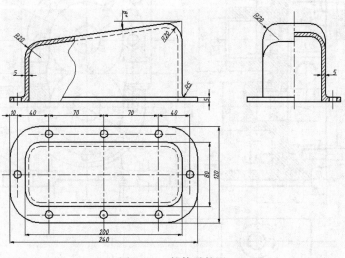

图 14.50 箱体零件图

（2）根据图 14.51 所示的齿轮油泵左泵盖零件图完成其三维建模，要求：建模准确，图形正确，标注尺寸。

（3）根据图 14.52 所示的齿轮油泵右泵盖零件图完成其三维建模，要求：建模准确，图形正确，标注尺寸。

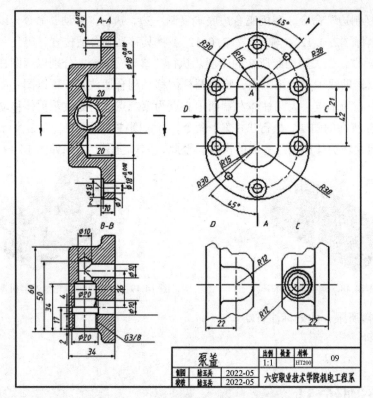

图 14.51　齿轮油泵左泵盖零件图

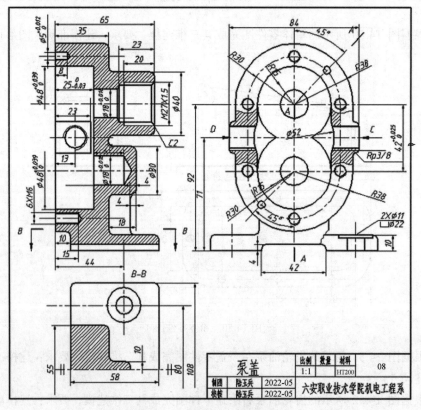

图 14.52　齿轮油泵右泵盖零件图

五、提高练习

根据图 14.53 所示的圆柱直齿齿轮减速器机盖零件图完成其三维建模，要求：建模准确，图形正确，不标注尺寸。

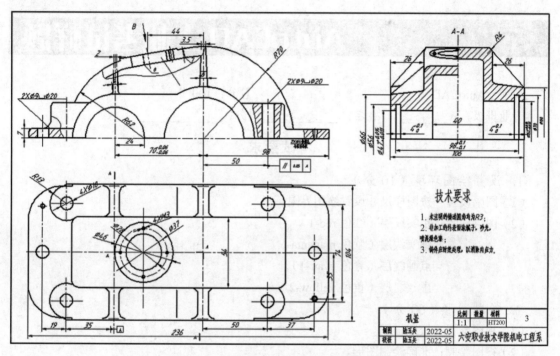

图 14.53　圆柱直齿齿轮减速器机盖零件图

附录A

AutoCAD 上机考试样题

课程：AutoCAD　　　　　　　　　　总分：100 分

专业班级：＿＿＿＿＿＿＿＿姓名：＿＿＿＿＿＿＿得分：＿＿＿＿＿＿＿

考试要求

1. 设置绘图环境（10 分）

（1）图幅设置：按图样尺寸设置绘图界限。

（2）图层设置：粗实线层（红色 red-1）。

　　　　　　　细实线层（紫色 magenta-6）。

　　　　　　　点画线层（青色 cyan-4）。

　　　　　　　虚 线 层（黄色 yellow-2）。

2. 绘制图形（60 分）

（1）视图配置：按照样图。

（2）视图绘制：准确绘制图形。

（3）剖切符号：按照样图。

（4）投射方向：按照样图。

（5）剖 面 线：按照样图。

3. 标注（20 分）

（1）尺寸标注：按照样图（设置名为"标注 1、标注 2……"的标注样式）。

（2）表面粗糙度：按照样图。

（3）公差与配合：按照样图。

（4）几何公差：按照样图。

4. 文字及图框（10 分）

（1）文字标注设置：按照样图（设置名为"文字 1、文字 2……"的文字样式）。

（2）图框及标题栏：按照样图。

5. 样图

二维绘图在"项目七""项目八""项目九"的"检测练习"中选择，三维绘图在"项目十二""项目十三"的"检测练习"中选择。

附录 B

项目考核参考标准

为适应课程考核的改革需要，方便教师在教学过程中评定学生的成绩，教师可根据学生在项目实施过程中的速度与质量进行评定，项目中未涉及的内容不作为评定内容，成绩评定为 A、B、C、D 这 4 等，具体评分细则如下。

1. A 等

（1）本人态度端正、作风严谨、出勤好，能提前、独立完成检测任务。

（2）绘图环境与图层的设置合理，图样内容完整、正确、清晰。

（3）图面整洁，视图布局合理、恰当。

2. B 等

（1）本人态度端正、作风严谨、出勤好，能按时、独立完成检测任务。

（2）绘图环境与图层的设置合理，图样内容基本完整、正确、清晰。

（3）视图布局合理。

3. C 等

（1）本人态度端正、作风严谨、出勤好，基本能独立完成检测任务。

（2）绘图环境与图层的设置基本合理，图样内容基本完整、正确、清晰。

（3）视图布局基本合理、恰当。

4. 符合下述 3 条之一者，视为 D 等

（1）有随意旷课、迟到、早退现象，不能独立完成检测任务。

（2）绘图环境与图层的设置不合理，图样内容不完整。

（3）视图布局不合理，线型粗细不分。

参考文献

[1] 赵国增. 计算机绘图——AutoCAD 2004[M]. 北京：高等教育出版社，2006.

[2] 崔洪斌，崔晓利，侯维芝，等. 中文版 AutoCAD 工程制图（2005 版）[M]. 北京：清华大学出版社，2004.

[3] 罗洪涛，万征. 中文 AutoCAD 2007 机械设计教程[M]. 西安：西北工业大学出版社，2007.

[4] 翟志强，孔祥丰. 中文版 AutoCAD 2004 三维图形设计[M]. 北京：清华大学出版社，2003.

[5] 刘宏丽，王宏. 计算机辅助设计——AutoCAD 教程[M]. 北京：高等教育出版社，2005.

[6] 陆玉兵，魏兴. 机械 AutoCAD 2010 项目应用教程[M]. 北京：人民邮电出版社，2012.

[7] 王慧，姜勇. AutoCAD 2014 机械制图实例教程[M]. 3 版. 北京：人民邮电出版社，2016.